国际电气工程先进技术译丛

电力传输系统和智能电网

［美］米洛斯拉夫 M. 贝戈维奇（Miroslav M. Begovic）主编

邢作霞　李媛　于红梅　宋艳　等　译

机　械　工　业　出　版　社

本书主要针对智能电网、分布式发电以及可再生能源并网发电的相关技术进行了介绍，具体包括电力传输系统、智能电网、分布式发电、变电站特点，可再生能源发电系统稳定性特点，分布式发电智能监控、量测、自我恢复和保护，无功和潮流控制，输配电中的电缆材料及应用，以及未来城市发展智能电网的趋势和政策。

本书推荐从事智能电网和分布式发电的科研工作者、相关领域工程技术人员进行阅读，可以作为智能电网方向相关专业高校师生的专业课教材使用。

图书在版编目（CIP）数据

电力传输系统和智能电网/（美）米洛斯拉夫·M. 贝戈维奇（Miroslav M. Begovic）主编；邢作霞等译．—北京：机械工业出版社，2016.12

（国际电气工程先进技术译丛）

书名原文：Electrical Transmission Systems and Smart Grids

ISBN 978-7-111-55112-6

Ⅰ.①电… Ⅱ.①米…②邢… Ⅲ.①输电-电力工程-研究②智能控制-电网-研究 Ⅳ.①TM7

中国版本图书馆 CIP 数据核字（2016）第 246266 号

机械工业出版社（北京市百万庄大街 22 号 邮政编码 100037）
策划编辑：顾 谦 责任编辑：顾 谦
责任校对：肖 琳 封面设计：马精明
责任印制：李 洋
三河市国英印务有限公司印刷
2017 年 1 月第 1 版第 1 次印刷
169mm×239mm · 16.75 印张 · 316 千字
0 001—3 000册
标准书号：ISBN 978-7-111-55112-6
定价：79.00 元

凡购本书，如有缺页、倒页、脱页，由本社发行部调换

电话服务	网络服务
服务咨询热线：010-88361066	机 工 官 网：www.cmpbook.com
读者购书热线：010-68326294	机 工 官 博：weibo.com/cmp1952
010-88379203	金 书 网：www.golden-book.com
封面无防伪标均为盗版	教育服务网：www.cmpedu.com

译 者 序

本书英文原版书是“Encyclopedia of Sustainability Science and Technology (ESST)”（可持续发展科学与技术百科全书）丛书中的一本，本书介绍了电力传输系统是最大的人造工程系统之一：例如，在美国，输电网线路覆盖30多万千米，由500家企业（电力公司）承担。传输和控制技术在21世纪初实现了一次重大的突破。新能源（可再生能源）发电技术的迅猛增长使应用到系统监控、策划、运作、控制和保护的信息处理显著发展。配电网发生了根本性的变化，并在用户终端进行切换（高级计量和控制需求响应），由此结合产生通常被称为智能电网的现代集成电力基础设施。本书共分9章：第1章 电力传输系统与智能电网简介；第2章 配电系统、变电站和集成分布式发电；第3章 可再生能源并网发电；第4章 停电：风险、成因及防范措施；第5章 广域监测、保护和控制；第6章 智能电网分布式控制；第7章 地下电缆系统；第8章 能源与水利的相互依赖性以及对城市地区的影响；第9章 可持续发展智能电网及政策框架的出现。每章涉及具体的主题，从地下输配电、能源和水的相互依存关系到它们对城市地区的影响。覆盖范围还包括作为变革催化剂的新的政策措施所起的关键作用。本书对选择新能源技术、工程和城市规划重点课题提供了一个详细的介绍。

为了向国内读者及时提供高质量的译本，邢作霞、李媛、于红梅、宋艳等组成了一个翻译小组，利用工作之余的时间努力攻关。邢作霞、李媛、于红梅、宋艳完成了其中的大部分翻译工作，邢作霞是本次翻译活动的倡议者和联络人。另外，郑伟、董丽萍、陈雷、马世平、马坪、赵盈洁、王海鑫、王鸿毅、芦彦东、董佳仪、赵凯、祁东亮、杨松迪、周瑞卿、董焕宝也参与了部分内容的翻译。

本书在翻译过程中，由于中西方文字表述的差异，原书中的一些内容可能使读者感到困惑，另外还有不少地方表述得很模糊。对于这些，我们都尽可能地加了译者注。

感谢机械工业出版社的顾谦编辑，他在本书编辑过程中所表现出来的热心、耐心和敬业精神令我们十分感动！

译者

目　　录

译者序

第 1 章　电力传输系统与智能电网简介 …… 1

第 2 章　配电系统、变电站和集成分布式发电 …… 4

2.1　简介 …… 4
2.2　配电系统 …… 5
2.2.1　配电设备 …… 6
2.2.2　自动化方案：FDIR …… 8
2.2.3　通信系统概述 …… 12
2.2.4　自动化功能 …… 15
2.2.5　自动化方案：电压/无功控制（VVC）系统 …… 21
2.2.6　注意事项 …… 23
2.3　变电站 …… 26
2.3.1　变电站的作用和类型 …… 26
2.3.2　变电站组成 …… 26
2.3.3　变电站设计注意事项 …… 36
2.3.4　变电站标准化建设 …… 37
2.3.5　变电站外观建设 …… 39
2.3.6　保护及自动化 …… 40
2.4　高渗透分布式发电及其对系统设计和运行中的影响 …… 44
2.4.1　现代电力企业前景 …… 44
2.4.2　“智能电网”的发展 …… 45
2.4.3　分布式发电技术前景 …… 47
2.4.4　需求响应设计和操作难题 …… 47
2.4.5　需求响应一体化与“穿透功率”级别 …… 48
2.4.6　分布式发电对电压调节的影响 …… 49
2.4.7　分布式发电对电能质量的影响 …… 50
2.4.8　分布式发电对铁磁谐振的影响 …… 52
2.4.9　分布式发电对系统保护的影响 …… 52
2.5　未来方向 …… 54
参考文献 …… 55
参考书 …… 55

第 3 章　可再生能源并网发电 …… 56

3.1　简介 …… 56
3.2　电力系统背景 …… 57
3.3　可再生能源特征 …… 60
3.4　发电机建模与互连 …… 63
3.4.1　故障穿越 …… 63
3.4.2　频率控制 …… 64
3.4.3　电压控制 …… 64
3.4.4　无功功率 …… 64
3.4.5　互连队列进程 …… 64
3.5　运营影响 …… 64
3.5.1　调控 …… 65
3.5.2　负荷跟踪 …… 65
3.5.3　风电出力不确定性损失 …… 65
3.5.4　热电机组循环 …… 66
3.6　市场因素 …… 67
3.6.1　平衡区域合作 …… 67
3.6.2　储备分享 …… 68
3.6.3　调度间隔 …… 68
3.6.4　辅助服务市场 …… 68
3.6.5　容量市场 …… 69
3.6.6　节点边际价格 …… 69
3.7　输电规划 …… 70
3.8　实现更大的可再生能源穿透率 …… 70
3.8.1　波动性发电预测 …… 71
3.8.2　随机规划和操作工具 …… 71
3.8.3　加快市场发展 …… 72
3.8.4　需求响应 …… 72
3.8.5　电力存储 …… 73
3.8.6　可再生能源发电削减 …… 75
3.8.7　新负载 …… 75
3.8.8　柔性发电 …… 75
3.9　未来方向 …… 76
参考文献 …… 77
参考书 …… 78

第 4 章　停电：风险、成因及防范措施 …… 79

4.1　简介 …… 80

4.2 电网发展史 …… 81
4.3 抑制电网大面积停电的挑战 …… 82
4.4 历史事件 …… 83
4.5 断电前的状态与断电风险 …… 85
4.6 停电的征兆 …… 87
4.7 电力系统建模与分析 …… 89
4.8 扰动如何演变为停电 …… 89
4.9 停电预防 …… 92
4.10 系统完整性保护方案 …… 95
4.11 系统恢复 …… 97
4.12 未来方向 …… 98
4.13 小结 …… 100
参考文献 …… 102
参考书 …… 102

第5章 广域监测、保护和控制 …… 103

5.1 电力系统监控 …… 108
5.1.1 事件重建 …… 108
5.1.2 状态估计 …… 109
5.1.3 仅有相量测量装置的估量设备 …… 111
5.1.4 用于所有相量测量装置的仪表互感器校验 …… 112
5.1.5 接口 …… 113
5.2 保护 …… 114
5.2.1 自适应安全性/可靠性 …… 114
5.2.2 继电器阻抗的监测方法 …… 116
5.2.3 自适应失步 …… 116
5.2.4 备份区管理 …… 118
5.2.5 自适应失磁 …… 118
5.2.6 智能孤岛效应 …… 119
5.2.7 智能负荷投切 …… 120
5.3 电力系统的控制 …… 121
5.3.1 持续振荡的控制 …… 121
5.3.2 强振荡的控制 …… 122
5.3.3 补救控制系统 …… 123
5.3.4 系统恢复 …… 123
5.4 未来方向 …… 123
参考文献 …… 124
参考书 …… 126

第 6 章　智能电网分布式控制 …… 127
6.1　简介 …… 127
6.2　新兴的挑战 …… 128
6.2.1　负荷的增长 …… 128
6.2.2　允许城市发电和输电的挑战 …… 128
6.2.3　可再生能源发电的政策推动 …… 129
6.2.4　新能源汽车的政策推动 …… 131
6.2.5　电网和其他商品传输网络的区别 …… 131
6.2.6　新兴经济体的可靠性挑战 …… 132
6.3　分布式控制技术 …… 132
6.3.1　最优潮流 …… 132
6.3.2　无功控制 …… 134
6.3.3　潮流控制 …… 134
6.4　现有分布式控制技术 …… 136
6.4.1　无功控制 …… 136
6.4.2　潮流控制 …… 140
6.5　新兴技术 …… 148
6.5.1　弱电交流变换器（TACC） …… 148
6.6　作为能源市场推动力的潮流控制 …… 152
6.7　小结和未来方向 …… 153
参考文献 …… 153
第 7 章　地下电缆系统 …… 156
7.1　简介 …… 159
7.2　电缆系统结构 …… 160
7.3　中压、高压和超高压电缆系统 …… 160
7.3.1　电应力 …… 161
7.4　电缆的应用 …… 164
7.5　交流和直流输电 …… 164
7.6　电缆类型 …… 165
7.7　电缆组件 …… 167
7.7.1　导体 …… 167
7.7.2　半导体 …… 168
7.7.3　绝缘 …… 168
7.7.4　金属护套 …… 169
7.7.5　外护套层（外套） …… 169
7.8　电缆制造 …… 170

7.8.1 制造阶段 …… 170
7.8.2 挤出电缆制造方法 …… 171
7.9 故障处理 …… 171
7.9.1 外部缺陷 …… 174
7.9.2 湿老化：水树 …… 177
7.10 干老化：热老化 …… 179
7.11 未来方向 …… 179
7.12 了解电缆系统的寿命 …… 181
7.13 针对老化问题提高电缆性能 …… 181
7.14 可回收/恢复的电缆设计 …… 182
7.15 增加使用加长链接 …… 183
7.15.1 海底电缆系统 …… 183
7.15.2 高效直流输电 …… 184
7.15.3 电缆系统的诊断趋势 …… 185
7.15.4 发展智能电网的影响 …… 188
7.15.5 高温超导体（HTS） …… 188
7.15.6 气体绝缘线（GIL） …… 189
参考文献 …… 189

第8章 能源与水利的相互依赖性以及对城市地区的影响 …… 191

8.1 简介 …… 193
8.2 方法学 …… 194
8.2.1 弹性 …… 194
8.2.2 寿命周期评估 …… 194
8.2.3 物质流分析 …… 195
8.2.4 工业生态学 …… 196
8.2.5 城市可持续发展 …… 196
8.3 目前的基础设施 …… 197
8.4 水与能源之间的联系 …… 197
8.5 水和能量之间的外在联系 …… 200
8.5.1 交通能源 …… 200
8.5.2 交通运输、土地使用、能源 …… 201
8.5.3 水上运输 …… 203
8.5.4 密度的复合动力 …… 203
8.5.5 就业机会、生活质量和税收收入 …… 204
8.6 步入一个更加可持续发展的未来 …… 204
8.6.1 水 …… 204
8.6.2 能源 …… 206

8.7　未来方向 …… 214
参考文献 …… 215
参考书 …… 217

第9章　可持续发展智能电网及政策框架的出现 …… 218

9.1　简介 …… 220
9.1.1　智能电网部署障碍 …… 221
9.1.2　智能电网推动 …… 222
9.2　促进智能电网发展的各种政策 …… 224
9.2.1　净计量 …… 225
9.2.2　并网规范 …… 225
9.2.3　智能计量指标 …… 226
9.2.4　需求响应和动态定价 …… 226
9.2.5　可再生能源补贴和规则 …… 227
9.2.6　其他 …… 228
9.3　美国的小型电网政策：联邦效应 …… 229
9.3.1　智能电网的立法和政策背景 …… 229
9.3.2　政府部门的作用 …… 230
9.4　美国智能电网政策：国家和地方的努力 …… 231
9.4.1　加利福尼亚州 …… 232
9.4.2　佐治亚州 …… 235
9.4.3　纽约州 …… 236
9.4.4　德克萨斯州 …… 239
9.5　欧盟智能电网政策 …… 240
9.5.1　智能电网的立法和政策背景 …… 241
9.5.2　智能电网标准 …… 242
9.5.3　政府机构和组织 …… 242
9.5.4　筹资机制 …… 242
9.5.5　意大利和英国的智能电网政策 …… 243
9.6　其他国家的智能电网政策 …… 245
9.6.1　日本 …… 245
9.6.2　韩国 …… 246
9.6.3　中国 …… 247
9.7　国际合作 …… 248
9.8　未来方向 …… 249
9.9　小结 …… 250
参考文献 …… 251
参考书 …… 257

第1章　电力传输系统与智能电网简介

Miroslav M. Begovic

电力传输是电力能源中最根本的组成部分，它将电从发电厂输送到居民区、工厂、商业中心以及大型综合联营中心等用户手中。在美国，有五百多家电力设备公司，电网线长达30多万km，可以说，电网是人类最大的工程。

现代电力系统的发展使得电力生产者和使用者之间的差距越来越小，因为很多用户有自己小巧、轻便的经济适用型发电机，完全可以自给自足，比如安装在居民屋顶的光伏发电机和住宅附近的风力发电机。这些发电机得以广泛应用的原因有很多（如几乎不需要维护、降低电力成本、利用可再生能源发电、减少因长距离大功率电力输送而造成的电力拥堵、减少电力输送损失、政府的法规政策和经济诱因、减少碳足迹、提高再生能源的可持续利用等。）人们对电能的需求不仅要求电力部门负责好居民区的这些供电设备，还要通过各种方式与其他基础设施联合（如水利、天然气、交通、信息等）。这些基础设施之间互相依存，而要高效、可靠的运作需要相互理解、支持和周密计划（参见“能源与水利的相互依赖性以及对城市地区的影响”章）。

在电流穿越波导管（导体）时，导体的电阻会导致电流耗散。高压架空导线不需要绝缘，导体材料几乎都是铝合金制成，通常是几股，并用钢链加强机械强度。在以前，铜是作导体材料的最佳选择，但是质量轻便、价格低廉且导电性与铜相差无几的铝现已成为电网传输中的新宠。在电力传输中大功率、高压输电会造成相当大的损耗，而高压输电最好是较小电流（这种较小电流在导体传输中的损耗与电流二次方成正比，即输电线电压提高一倍会减少75%的电能损耗）。运行电压等级作为能量吞吐量的一个功能特点，有必要将最初的直流传输过渡到交流传输（托马斯·爱迪生提出）。在19世纪80年代，为了把尼亚加拉瀑布电厂所生产的电顺利输送出去，Nikola Tesla和George Westinghouse两人最先运用直流变交流，现今这种逆变已被广泛应用。今天，操作交流传输电压最高可达500kV甚至800kV，讽刺的是，大功率传输需要800kV以上电压时，要通过直流传输并使用超高压直流变电站来实现。因为高架输电线路的电感在极高电压时会严重影响电能的有效传输。

传输电压通常设为110kV及以上，像66kV和33kV这样的较低压通常称为副变电压，低于33kV的电压通常用作配电。配电网络的设计需要考虑其传统作用，作为一项基础设施，它必须把大量电能输送到用户手里，如此分散的输电需要配电网在一个小容量（低电压）范围内运行，并且能覆盖地广人稀的区域（如农村地区）或者面积小但人口密集地区（如人口越来越多的现代都市），就像心血管系统里的毛细血管那样遍布全身。传统设计正朝着径向配电网络方向发展，其中包括变电站供电的支路，变电站将这些支路与大型电力传输网络相连接。电量流动的单向性和简易的配电硬件使得这种简单的布局得以实现。配电系统连接用户端和（分布式）发电端，同时要求在配电等级上提高互连的标准，针对不同需求采取不同的设计方案。部分现代配电网络很可能正在向微网过渡（即更网络化、更灵活自主的控制配电网络，或作为与电网连接的基础设备，进行电能的分配）。

变电站的结构和功能也在迅速发展，变电站是电网基础设施中重要的一环并且功能颇多（重新配置拓扑结构、维修时隔离设备、监控各个系统参数和电变量并将其传送给控制中心或其他地方、启动控制程序或继电保护方案）。变电站自动化是现代（智能）电网发展中最迅速的部分，并且为了在输电和配电两方面对电力系统实现更加灵活有效的监测、控制及保护，这种发展势头还将继续保持（参见“配电系统、变电站和集成分布式发电”章）。

尤其在发达国家，配电网主要采用地下电缆而非架空线。这种解决方案有很多好处（可靠、美观、不易损坏等）但也有弊端（成本高、因潮湿和被雷电击中产生的电磁脉冲造成易老化、缺少有效诊断程序去评估运行状态，缺少有效维护以保证电缆寿命、维护费用高等）。然而，地下配电（有些地方称地下输电）在电力系统中的重要性和花费逐步增加，并在管理和维护方面也做了相当大的投入。

分布式发电（DG）可以看做是小规模、分散式、去中心化、就地利用的电能网络。目前，分布式发电容量通常在几千瓦到几百兆瓦范围内。随着更多的DG渗透到电力系统中，人们为了分析研究DG对各类微网和配电网的影响，精准高效的系统分析算法也更彰显其重要性。因为DG对配电系统的运行、保护及控制等方面产生诸多不利影响，所以电力公司不愿意将用户自有的小型发电机连接到他们的配电网中。电力公司往往把非公用发电进行广泛的技术层面分析，但政府鼓励建DG且支持并网尽可能简易、透明。不过，小型发电的利好特点，尤其是使用可再生能源发电，将使其分布越发广泛，也越来越受欢迎。甚至现在就有很多国家（爱尔兰、西班牙、丹麦等）采用大量可再生能源发电。目前，从装机容量角度看，风力发电是发展最快的一种新型发电技术，而且可再生能源发电量（包括水力发电）已经远远超过核能发电（2011年美国），此时很多规划、管理、操控以及保护新电网方面的工程挑战也随之涌来，所以一场大变革已经迫在眉睫（参见“可再生能源并网发电”章）。随着一些国家正逐渐从传统的核能发电向可持续能源发电的转变，这种变革显得越发重要。

在输配电中最受制约的一点就是电能无法存储，所以只要有需求就必须马上发电，很少有例外。目前最大难题是储能还无法规模化、高效化（抽水储能技术相对成熟)。在此期间，大批小容量储能技术得到开发和推进（超导磁体储能、飞轮储能、电池储能等），主要是为了给重要（但相对小型的）负荷持续供电，但很少能超过与大型电网连接的效果。当储能技术发展到可以商业化、规模化时，可能对电力系统带来革命性的影响，从而对其生产经营理念和运行管理模式产生巨大改变。

因为缺少有效的储能装置的选择，为了能保证发电与需求间的实时平衡，先进的监测、控制、保护设施必不可少。如果电力的发电端和消耗端不平衡，或者系统中复杂的电压控制设备受到超负荷冲击，或运行中遇到不可预见的中断(如设备主要部件故障)，电厂和输电线的关闭将会导致大面积停电。有时这种停电仅仅是因为初始扰动传播导致系统设备超载，从而导致级联设备停运，而这种初始扰动的影响在开始时非常微小。这一系列事故将产生无法想象的后果，即使大型计算机也很难预警。一个不可控制的扰动可能逐步被放大到使系统崩溃从而造成不可预见的后果。在大电网领域，某些地区的“蝴蝶效应”确实会给其他地区造成“风暴性”灾难（参见“停电：风险、成因及防范措施”章）。

为了减少断电产生的风险，各地区、国家、洲际网络间紧密互连，为电力输送提供多种渠道。为确保充足的备用容量和多方供电渠道，从而减少大规模网络瘫痪带来的严重后果，电力公司花费了大量精力。为了避免众多无法预见的危险，事前良好的协调计划（要慢，基于协调发电和控制系统的优化算法）和提前防范措施（要快，应急控制与保护）可以有效避免断电并减少系统恢复所耗时间与财力（参见“智能电网分布式控制”章）。特别需要注意的是系统对极端事件的应对能力，那些看起来不可能发生的连锁反应极有可能给消费者和电力公司造成巨大损失。

以上描述的是一般智能电网的功能特点和解决方案。高级电网管理和控制保护逐步采用新型技术的做法说明传统电网正向智能电网有效过渡，对此，不同学者有不同看法，但总体归结如下：

- 具有从重大损失和巨大干扰中修复的能力（自愈力）；
- 具有让消费者参与能源管理和需求响应的机会（让电力公司和消费者通过智能电表提供的额外支持和信息进行操作）；
- 具有回应、应对、加强自身反抗来自于自然界和网络攻击的能力；
- 具有将来为现代化设备提供高质电力的能力；
- 具有容纳所有的发电设备和储能设备的能力；
- 具有让新产品、服务和市场顺利实施的可能；
- 具有优化资产和高效运营的能力。

向智能电网的过渡阶段有时可能明显地受效益和成本所影响，有些可能受管理和政府政策所驱使（参见“可持续发展智能电网及政策框架的出现”章）。

第2章　配电系统、变电站和集成分布式发电

John D. McDonald、Baratosz Wojszczyk、Byron Flynn 和 Ilia Voloh

术语表

需求响应	允许针对客户需求侧进行管理，响应供电情况
分布式发电	电能从很多分散的区域连接到电网，比如风电场和太阳能发电板
配电网	可以直接为居民、商户和工厂供电的部分
配电管理系统	一种智能电网自动化技术，可以提供分布式电网的实时情况及远程操控电网设备
变电站	向电网输电的变电所
配电系统	变电站与客户连接的系统
可再生能源	来自自然界的能量，并由自然界不断补充，例如阳光、风、雨、潮汐、生物质燃料以及地热
智能电网	现代化输电系统，可自监视、保护、自动优化相关部件的运行

主题定义

本章介绍了配电系统的重要组件：配电网络、变电站、相关的电力设备和控制设备以及如何将这些自动的配电管理系统、设施、控制并入上述系统，建立一个可以处理整合大量利用可再生能源发电的分布式发电的“智能电网”。

2.1　简介

发电站（DG）或者分布式发电并非一个新的产业概念。早在1882年，托马斯·爱迪生建立了他的第一个商业电站“珍珠街”。珍珠街电站可以给下曼哈顿城里的59家商户提供110V的直流电。到了1887年，美国已有121家爱迪生电站给用户提供直流电。这些早期的电厂利用煤或水进行发电。当人们认识到交变电流可以通过升降压的方式降低输电成本和减少功率损耗进行远距离输电时，集

中式发电便成为可能。另外，改善系统性能（系统稳定性）和更有效利用发电设备的想法为广域集成电网提供了一个很好的平台。近来，美国对广泛部署分布式发电产生了浓厚的兴趣，因为它可以从各个分散地区为电网供电。市场上可提供的分布式发电的技术大多基于风机、内燃机、微小型汽轮机、燃料电池、太阳能（光伏）设备、低架式水设备和地热系统。

电力产业的放松管制、传统矿物燃料发电对环境造成的危害、电力能源的成本波动以及联邦和州政府机构对绿色清洁能源及技术发展的大力支持，都对分布式发电系统的推广起到了极大的促进作用。分布式发电的增长速率也充分证明以可替代能源为基础的解决方案在智能电网和现代电力中发挥着越来越重要的作用。

实施大规模分布式发电会引发电网革命，使电网从“被动性”（自动化的区域性/局限性、人工监控）变为“主动性”（全球化/集成化、自我监控、半自动化），可自动响应多种电网动态，使运行更高效、负荷管理更好、中断事故减少。然而分布式供电面临电网的设计、运行和管理方面的挑战，因为电网较之前相比已经大不相同。所以，对于新的电网而言，规划和运营必须使用新方法，要高度重视全球自动化电力系统所带来的挑战。

这里主要讲述了电力系统中的主要部件和相关工作，指出了大规模实施分布式供电对电网设计、可靠性及电网性能和操作的影响，同时也讲述了分布式供电的前景、相关工程和设计上的困难，以及对现代电力的畅想。

2.2　配电系统

配电系统连接着变电站和用户端，并在服务区域中为不同的用户提供安全可靠的电能。典型的配电系统以三相中压电路为开端，通常为 30 ~ 60kV，在用户要求的前提下，终端连接着通常低于 1kV 的低压二次侧三相或单相电压的电能表。

从电站到各用户端，配电线路通常由地上线路和地下线路混合成的横向分支组成。电路的设计因需求不同而有所差异，如所需的峰值负荷、电压、与用户的距离、地形状况、视觉效果以及客户的不同要求。这些不同的横向分支可以在径向配置和环形配置中操作，它们通常通过一个常开配电开关由两个或两个以上部分支线连接在一起。在高密度的市区，地下配电网络错综复杂，为客户提供高冗余、可靠性极强的连接方式。大部分三项系统都是为商业和工业用电大户提供大负荷的电力支持。三项系统的三种不同的单线线路如图 2. 1 所示。

在北美和部分拉丁美洲地区，二次电压由一个分裂的单相服务组成，为用户提供 240V 和 120V 的电压，然后用户根据电压等级连接各类用电设备。三相配

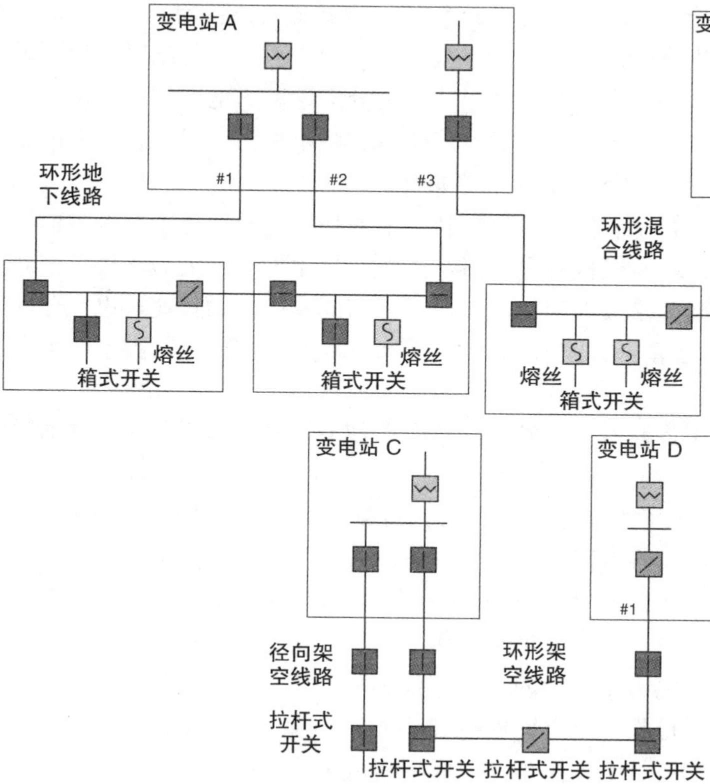

图 2.1　配电系统单线流程简图

电线路通常为Y联结，由一个零点的中心导体和各分相导体组成，标记为 A、B 和 C。

单相用户通过附近配电变压器连接，把单相连到零点，将电压从一次馈线电压降到二次供电电压。在北美，正常情况下一个配电变压器只连接 10 个用户或者更少。

世界很多地区，220V 和 230V 的单相电压可以直接由一个邻近的大型配电变压器提供，为数千万的客户提供二次电压回路。

图 2.1 显示的是各种变电站和为客户供电的馈电线路，变电站的主变压器标记为，各开关、断路器或自动重合器在关闭状态下标记为和，开启状态是，熔丝为。

2.2.1　配电设备

有些配电设备可以提高系统的安全性、可靠性和电能质量，本节将介绍几种此类设备。

开关：配电开关（见图 2.2）用于断开系统中不同的支路线路。这些开关可手动、远程遥控或自动操作。设计这些开关是为了断开负载电流而不是故障电流，通常用于地下电路或连接开关。

图 2.2　盘状式配电开关

断路器：类似开关，配电断路器被用于断开部分线路，然而断路器有能力干扰故障电流。通常这些断路器连接到一个保护继电器上，能够检测到错误状态并可以命令断路器断开。

自动重合器：这是一个特殊型号的断路器（见图 2.3），一般只配置在架空线路上，用来减少由于瞬时故障引起的断电时间。这些类型的故障可能由于植被或临时短路引起。在重合闸操作过程中，继电器检测到故障，断开开关，等待几秒，然后闭合。应用此技术，很多架空配电故障被成功排除并恢复服务，有效地减少了停机时间。

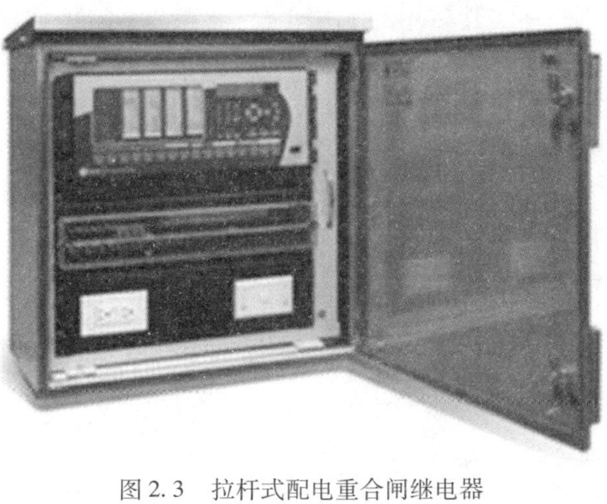

图 2.3　拉杆式配电重合闸继电器

电容器：这些三相电容器用来向配电网注入无功伏安（VAR），一般用来提高功率因数或支撑系统的电压（见图2.4）。电容器和供电电路平行运行并由一个电容控制器操控。这些控制器通常与远程通信连接从而实现自动控制或协同运行。

图2.4　600kVA架空配电电容器

熔丝：熔丝是常用设备，当断路器体积过大或过于昂贵时，熔丝可以保护部分电路。熔丝可以使单相侧脱离馈线或者保护三相地下线路。

避雷器：当雷电袭击电路时，避雷器被用来减少线路上的浪涌电压。

2.2.2　自动化方案：FDIR

以下重点描述一种实际使用的FDIR（故障探测、定位、隔离和负荷恢复）自动化方案、设备选择、功能和系统性能。自动化序列包括FDIR，FDIR检测错误信号，将故障定位到馈线的一端，断开故障附近的开关并通过变电站或其他备用资源修复非故障区域供电。这种算法可以在安全范围内使故障持续时间和故障程度最小化，大力改进SAIDI（系统平均停电持续时间）和SAIFI（系统平均停电频率）的性能指标。另一个重要序列是自动检查设备负载和热限制，从而确定负载转移是否可以安全进行。

现代化系统使用安全的宽带以太网无线系统进行数据交换，能显著提高以下方面：点对点通信、开关的多路访问和维修人员远程自动化操控。通信系统利用互联网IP进行通信——符合由NERC（北美电力可靠性公司）或配电网运营商最新提出的通信规约中所制定的安全条例。

自动化供电线路通常SAIDI指数相对较高，且都是为知名的商业区供电。方案1是利用两个盘状式开关与一个变电站连接；方案2是由架空线路和地下电缆混合而成，装有拱顶开关和拉杆式自动重合器装置；方案 3 是三个有拉杆式自动重合器的架空线路。

自动化方案 1、2 和 3（见图 2.5）用来检测配电线路故障，对故障区域进行恰当隔离，然后利用备用资源使无故障区域恢复供电。

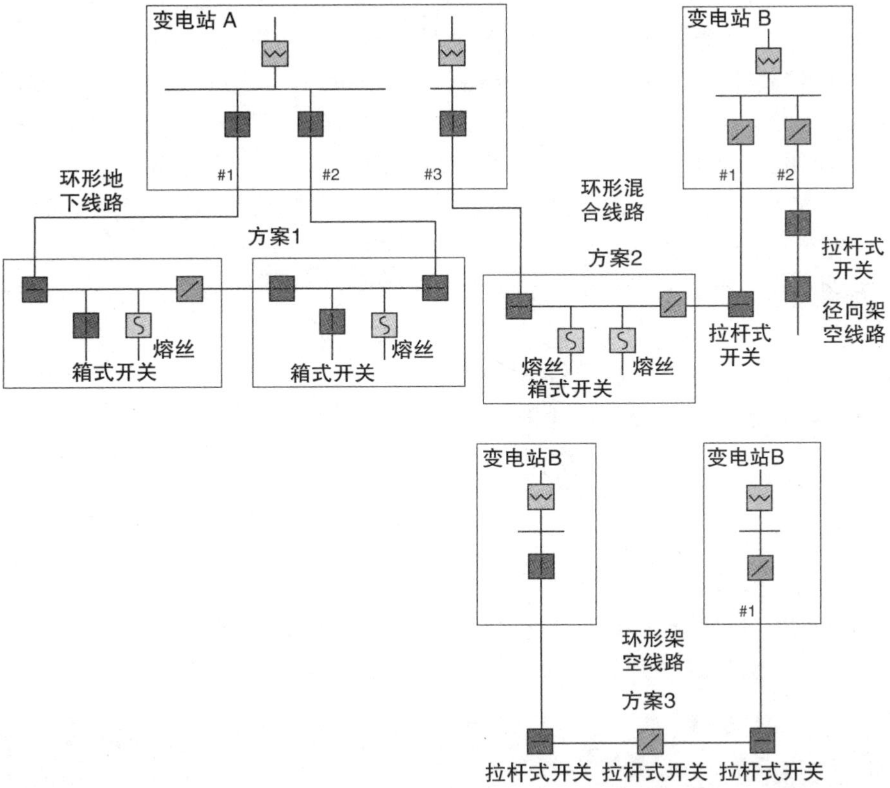

图 2.5　配电自动化（DA）系统单线图

安全性

安全性是系统运行至关重要的一项，任何运行开始前其算法都有好几种安全检查方式。在计划实施之前，有一系列的安全检查，包括：

- 在具体方案中启用自动恢复功能——调度程序通过配电管理系统或者 SCADA（数据采集与监控）系统来完成；
- 自动恢复功能没有被工作人员通过各元器件处的启停开关关闭；
- 自动恢复重置——当 DA 已经运行且系统已经重置到正常状态时，各个方案就必须通过调度程序来重置；
- 通信状态——保证所有必要设备在线并通信；

- 开关位置——检验每个线路开关是否在相应的位置（见图 2. 1）；
- 电压——检查总线/馈线是否在通电状态；
- 断路器位置——核实故障的馈线断路器已锁定断开，只能通过继电器断开，而不受 SCADA 系统或者断路器控制器的控制。

在关闭连接开关并恢复无故障区域用户供电前，进行如下安全检查：

- 确定故障前负载——确定故障前的负载是在无故障区域；
- 比较故障前负载和容量——判断备用资源是否可以承受无故障区域负载。

任何 DA 算法执行之后：

- 通知 DA 系统分配状态——是否成功恢复无故障区域负载；
- 重置的必要性——当故障消失，系统回到正常状态时，调度员重置系统后算法即可启用（见图 2. 1）。

总之，在一个方案中，只有每个设备都符合以下 5 种情况，自动化才能得以实现：

- 启用/禁用开关在启用位置；
- 本地/远程遥控开关在远程位置；
- 断路器“带电”的标签关闭；
- 断路器由继电器断开并且维持断开状态几秒（即锁定）；
- 在最后一次自动控制之后重置分配方案。

每个盘状式或拉杆式开关都有一个本地启用/禁用开关，如图 2. 6 所示。电工在对这 6 个自动化电路或电路断路器，或 7 个自动化线路开关中任何一个开始操作之前，都会把这些开关作为禁用 DA 方案的基本方式。

图 2. 6　盘状式控制器和带有启用/禁用开关的拉杆开关重合闸继电器

FDIR 系统组件

自动化系统由位于盘状式开关上的控制器、拉杆式自动重合器控制器（见图 2. 7）和变电站的控制器（见图 2. 8）组成。

图 2.7　典型的盘状式开关和拉杆式开关

图 2.8　典型的变电站控制器和拱顶开关

盘状式控制器

根据以下标准选择盘状式控制器：

- 与现有变电站的控制器类似——简化配置和整体兼容性；
- 与现有通信结构相兼容；
- 用 IEC 61131－3 编程；
- 多回路故障检测；
- 以太网通信；
- 支持多主站；
- 安装成本。

盘状式控制器（见图 2.7）是基于以太网的控制器，支持以上必要需求。IEC 61131－3 编程语言包括：

• 顺序功能图——用一个简单的图形来代表一个过程的不同步骤，描述该过程操作的顺序，并描绘了可以改变步骤的条件。它被认为控制器语言的核心，结合其他语言用来定义流程图步骤。

• 流程图——在结构文本、指令表或梯形图语言中由动作和测试组成的决策图表。这是一种标准化的 IEC 61131－3 语言。

• 功能块图——一种由不同种类公式组成的图示法。长方形代表运算符，框的左边是输入，右边是输出。也可以创造自定义的功能块。梯形图表达式可以是一个功能块程序的一部分。

• 梯形图——通常指“快速 LD”，LD 语言提供代表布尔表达式的图形。功能块可以插入到 LD 程序中。

• 结构化文本——高等级结构语言，用来表达不易用图形表示的自动过程，包括许多软件编程语言中常见的表达式（CASE、IF－THEN－ELSE 等）。它是描述顺序功能图步骤的默认语言。

• 指令列表——类似于汇编代码的一种低等级的结构语言。

带有自动重合闸开关的拉杆式控制器

重合器控制器选择标准如下：

• 与盘状式控制器要求类似；

• 控制必须提供必要的模拟和状态输出到配电自动化控制的远程终端设备（RTU）。

变电站控制器

图 2.8 中的变电站控制选择标准如下：

• 与磁场控制器相似，简化了配置和整体的兼容性；
• 与通信结构兼容；
• 用 IEC 61131－3 通信；
• 以太网和串联；
• 支持多主站，包括主站协议；
• 支持远程配置。

2.2.3 通信系统概述

简介

通信系统的基本要求就是在变电站和各开关之间开辟一个安全信道，从而为工程师和维护人员提供智能开关设备的远程连接（IED）。另外，配电自动化系统要对复合变电站设备提供支持以便对处于联络开关一端的控制器进行测验，是对多通道或无线宽带的需求。

无线电通信选择标准

选择无线电通信主要考虑以下6点：

- 安全性；
- 支持远程配置；
- 宽带或多通道；
- 兼容多种协议；
- 一个主供应商；
- 安装成本。

无线电通信的传播范围必须在900MHz以上，带宽为512kbit/s。WAN（广域网）基于以太网无线电，支持必要的协议并提供多种通信通道。

作为广域网的通信网络，只要插入10baseT通信接口，就能将任意两点连接进行通信联络。安装DA维护主导装置用以连接不同的控制器，从调度中心提供DA系统运行详情。DA系统也与调度主站相连，监控不同的算法，将来则会使用配电网络协议（DNP）实现开关的SCADA（在目前除了IP外发送器不支持DNP，所以发射中心安装以太网转换器串口来实现这种转换）。图2.9所示是通信架构例图。

无线通信使用点对多点与接入点的无线电台作为基站射频，以串口或以太网这两种类型的远程无线电来进行通信与操作。一些远程控制器只用DNP（配电网协议）串行通道，要求无线电串联到以太网。图2.9所示是基于以太网的远程设备使用标准的10BaseT连接无线电。

对于网站需要多个DNP主导装置连接至串行控制器，无线电和控制器有两个串行连接。串行控制器的一个新特性是支持点对点协议（PPP）。PPP是在串行点对点连接上转换数据的一种方法。PPP包括以下三要素：

- 在串行接口上进行数据封装的一种方法。点对点协议使用高级数据连接控制（HDLC）协议作为在串行连接上转换数据的基础。
- 可拓展链路控制协议（LCP），用来搭建、配置、维护、终止和测试数据链接。
- 一个网络控制协议（NCP）体系，建立LCP连接之后用来搭建和配置不同网络层协议。PPP和多种网络层协议允许同时使用。

建立一个可以为DNP多主站提供支持的PPP链接和一个用以维护单个串行通信线路的远程连接，在单个串行通道上，让以太网功能得以充分利用。

安全性

无线系统具有一些安全特性，表2.1概述了无线系统中出现的危险及针对这些危险采取的措施。

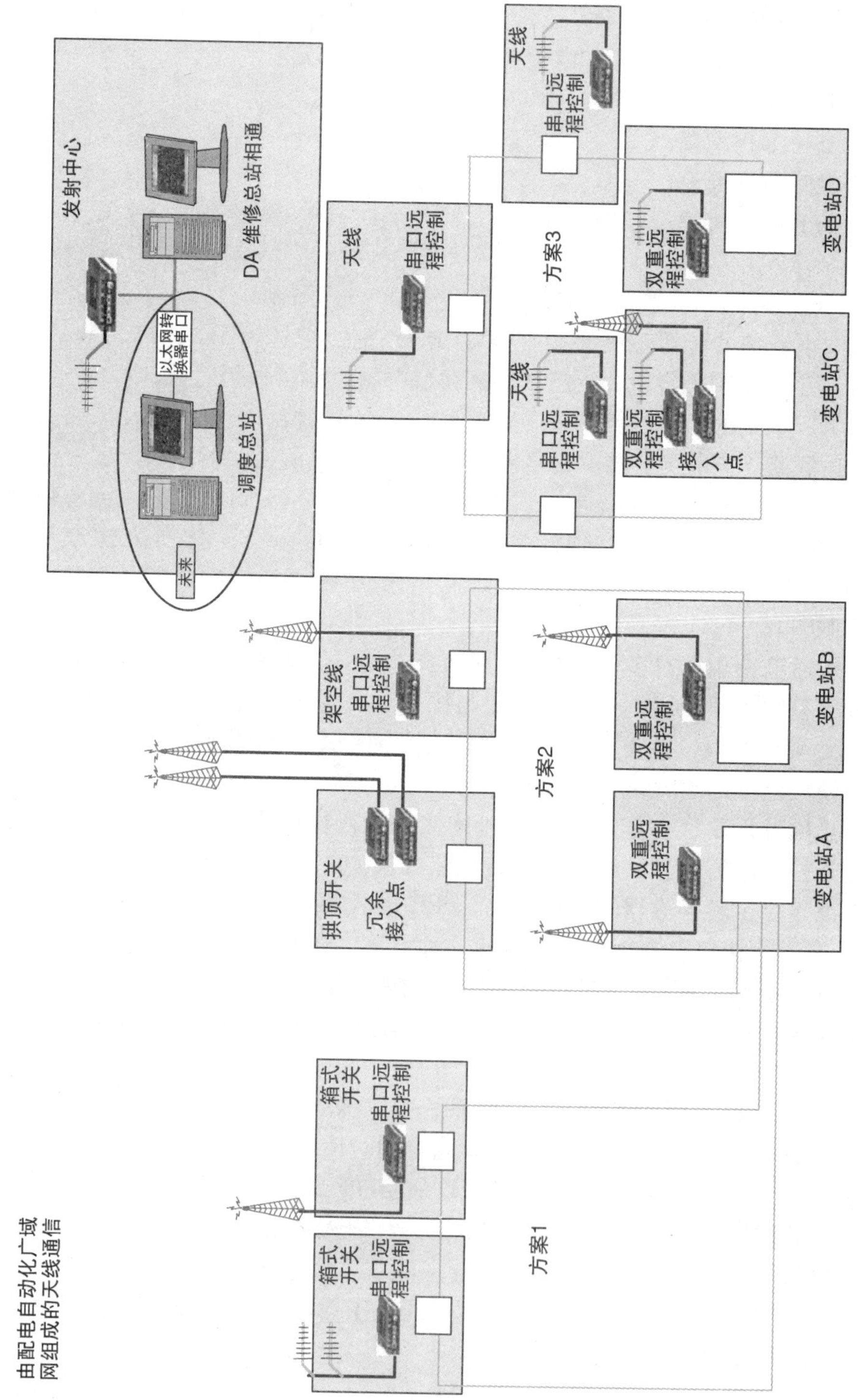
发射中心
DA 维修总站相通
以太网转换器串口
调度总站
未来
天线
串口远程控制
方案3
双重远程控制
变电站D
天线
串口远程控制
双重远程控制
接入点
变电站C
架空线
串口远程控制
双重远程控制
变电站B
方案2
拱顶开关
冗余接入点
双重远程控制
变电站A
箱式开关
串口远程控制
箱式开关
串口远程控制
方案1
由配电自动化广域网组成的天线通信

图 2.9 DA 通信架构

表 2.1　安全隐患管理

安全隐患	900MHz 无线电安全
未经授权，通过国外远程无线电的“无赖”接入点进入主网，国外接入点控制某些或全部远程无线网络，从而控制远程设备	获批的远程通信清单。只有收录在无线接入点（AP）清单上的通信设备才可以连接获批的 AP 清单。远程通信设备只能与那些收录在当地的 AP 连接
字典式攻击，即黑客利用计算机程序逐一尝试用户密码企图破译	登录失败被锁定。3 次登录失败，接收器就会拒绝在 5min 之内再次登录请求，同时给出问题报告
拒绝服务攻击，远程无线通信可能因为用错误的参数重构而导致网络瘫痪	• 远程登录 • 本地控制台登录 • 禁用 HTTP 与远程登录，只认可本地管理服务
电波搜索和停车场黑客	• 900MHz FHSS 与标准的 802.11b 卡不会隔空相连 • 接收器不能处于混合模式状态 • 专有数据帧
窃听、信息拦截、钥匙破解	128 位加密
信息重置	自动转位密钥算法 旋转键 128 位加密
通过 SNMPv1 未经保护直接进入网络配置中	实行 SNMPv3 安全运行模式
入侵检测	借助 SNMP 关键事件报告（如未授权，尝试登录等）实现早预警

2.2.4　自动化功能

配电自动化方案

本节讨论配电自动化方案实际运行情况。所有 3 套方案的配置不同之处是中点、开关连接点以及这两点未必都在同一变电站，其余完全相同。这 3 套方案都设置双区电路对，安装一个连接点和两个中间点。因为这三套方案十分相似，所以图 2.10 只描绘其中一套，即方案 1。它由两个盘状式开关和一个变电站组成。此开关与变电站控制器相连，而变电站控制器又与配电自动化维修总站相通，将来还会与调度总站相联系。

1 区永久性故障

在算法运行之前，先启动前面讲述的安全检查，如图 2.11 和图 2.12 所示。如果 1 区发生永久性故障（在开关 1 和变电站 CB14 之间），执行该算法并逻辑初始化，则会出现以下情况：

1）继电保护装置启动，变电站断路器断开，算法与现场设备和继电器保护进行消息互通以确定故障位置；

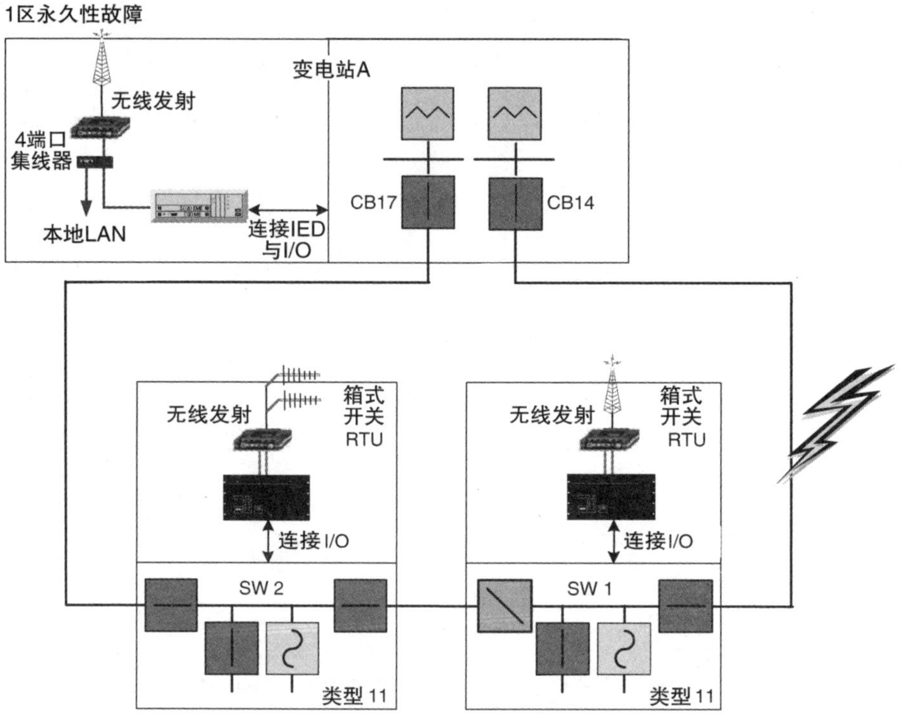

图 2.10 方案 1 架构

2）算法做出判断，故障出现在变电站和 SW1 之间；

3）算法断开从变电站接进来的 SW1 线路，用以隔离故障；

4）算法从现场设备中采集到 SW1 下游区域故障前的荷载信息；

5）算法判断备用电源和备用馈线处是否存有容量；

6）若有备用，算法关闭连接开关和负荷反馈，恢复无障碍端用户供电；

7）派送成功运行报告，如图 2.11 和图 2.12 所示，降低 SAIFI 和 SAIDI。

1 区永久性故障：负荷过高无法安全传输

1 区永久性故障在图 2.13 和之前案例中标出，但这一次由于负荷过高，致使备用源无法承受故障馈线的负荷。DA 调度屏具有展示功能，并以平实的语言呈现信息，如图 2.13 和图 2.14 所示。

2 区永久性故障

根据 SW1 装置类型（见图 2.15），会出现下列反应：

如果 SW1 是一个重合器（见方案 2 和方案 3）：

1）SW1 在三次短路后锁定断开。如果 SW1 是一个没有保护装置的盘状式开关（见方案 1），变电站断路器会断开，50% 的 CB11 的用户处于供电状态。

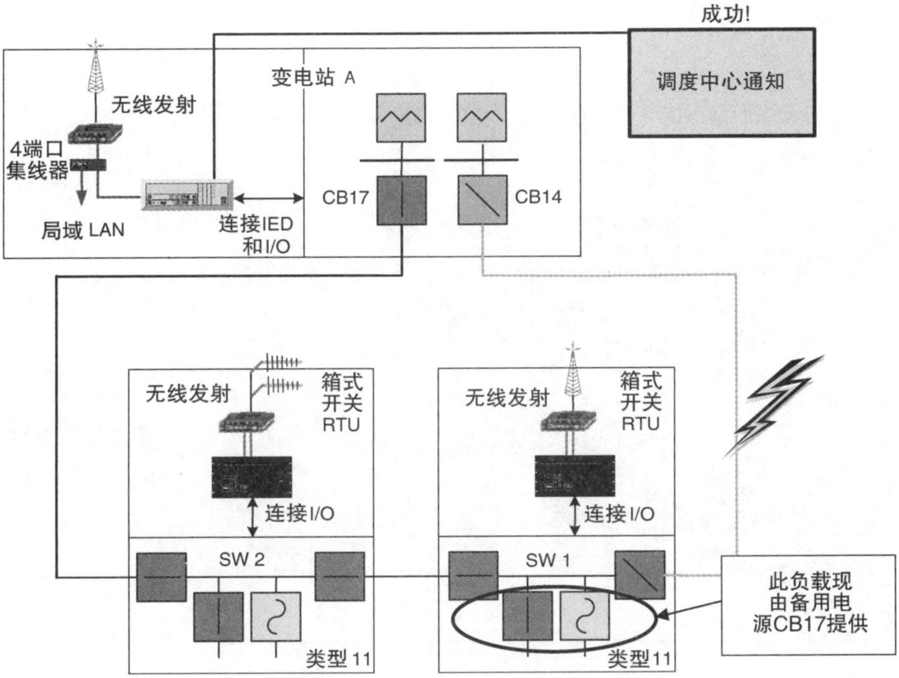

图 2. 11　方案 1 架构成功后的配电自动化操作图

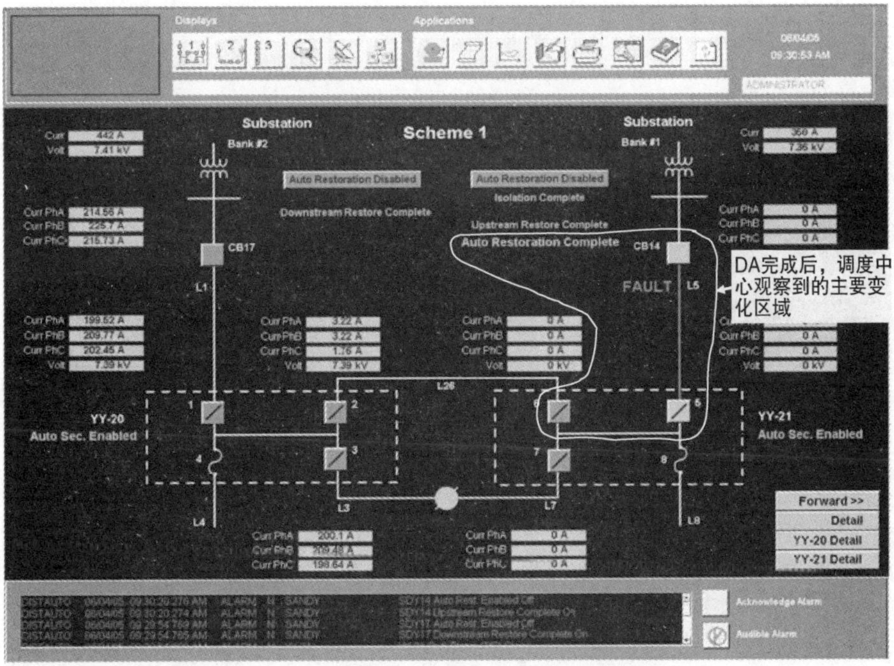

图 2. 12　调度方案 1 修复/绝缘成功通知

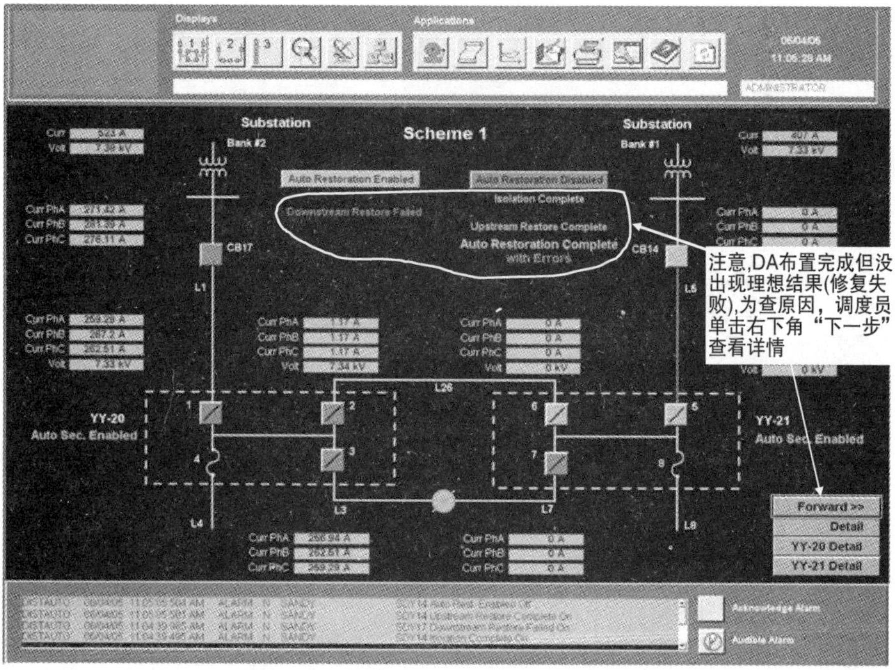

图 2. 13　调度方案 1 修复失败的通知

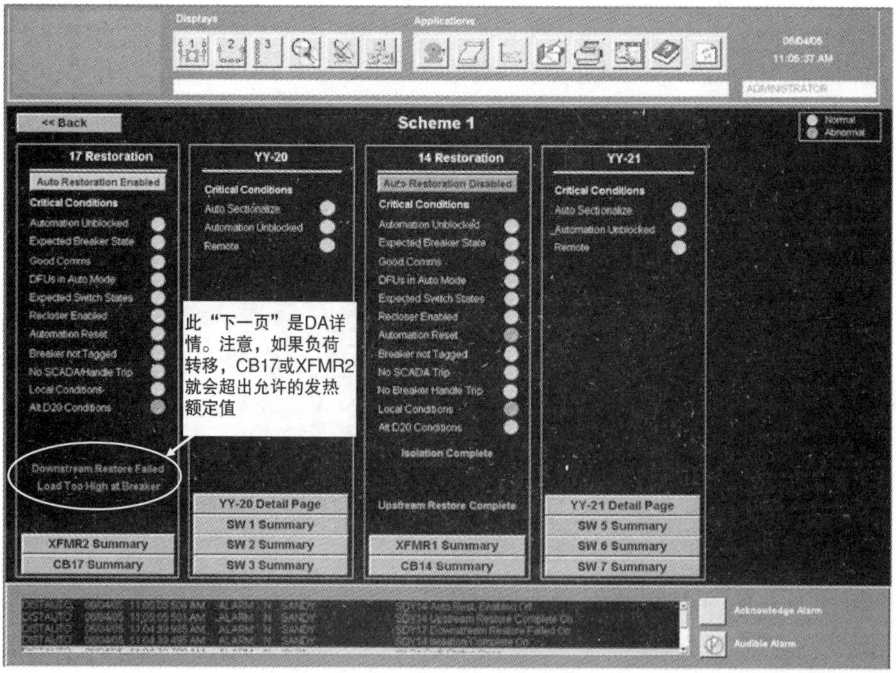

图 2. 14　调度方案 1 修复失败详情

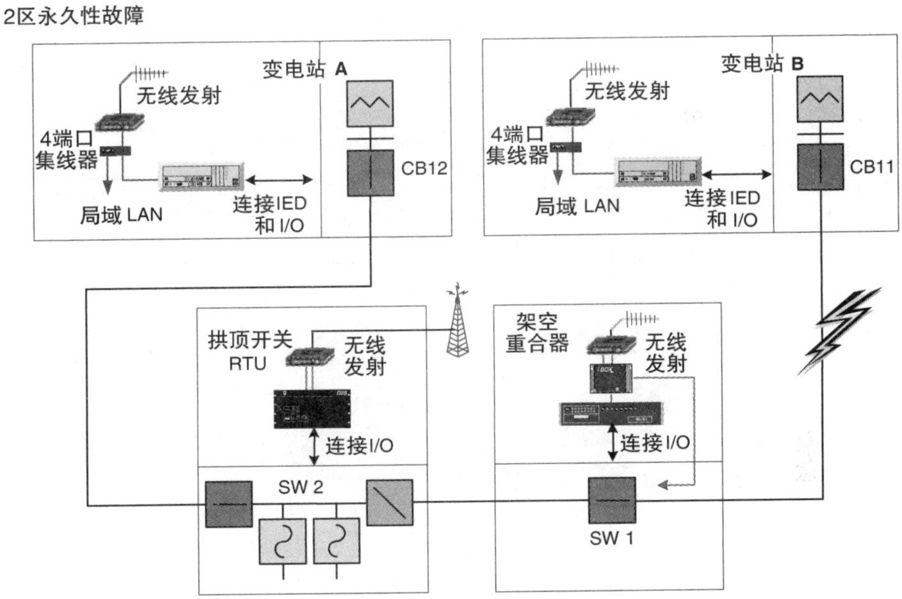

图 2.15　方案 2 架构

2）无论配电自动化是工作状态还是非工作状态都会有这样的反应，即现有电路保护不受任何配电自动化（DA）方案或逻辑影响。

3）例行安全检查以确保 DA 能够安全运行。

4）DA 逻辑检测到只有 SW1 之前电压损耗（重合器跳开状态）和故障电流通过 CB11 与 SW1，因此确认在 SW1 之前的线路是永久性故障。

5）DA 不会靠近故障线路，替补线路连接点（SW2 的断开点）保持断开状态。

6）SW1 和 SW2 线路之间的用户断电（大约 50% CB11 顾客）。

如果 SW1 是开关装置（见方案 1）：

1）变电站断路器 CB11 在三次短路后锁定断开。

2）无论 DA 启用还是禁用，都会有这样的反应。就是说，现有的电路保护不受任何 DA 方案或逻辑影响。

3）例行安全检查以确保 DA 安全运行。

4）DA 检测到 CB11 之前电压损耗（CB 跳开）和故障电流通过 CB11 和 SW1，因此它识别到在 SW1 之后（不是之前的）的线路出错。

5）DA 将故障隔离，向 SW1 发送打开命令。

6）DA 确认 SW1 上游线路正常（故障电流出现在两个装置中），关闭 CB11，断开的 SW1 侧源线被加热。此时 50% 客户用电得到恢复。

7）DA 不会关闭故障线路，备用联络开关（SW2 的断开点）处于断开状态（见图 2.16 和图 2.17）。

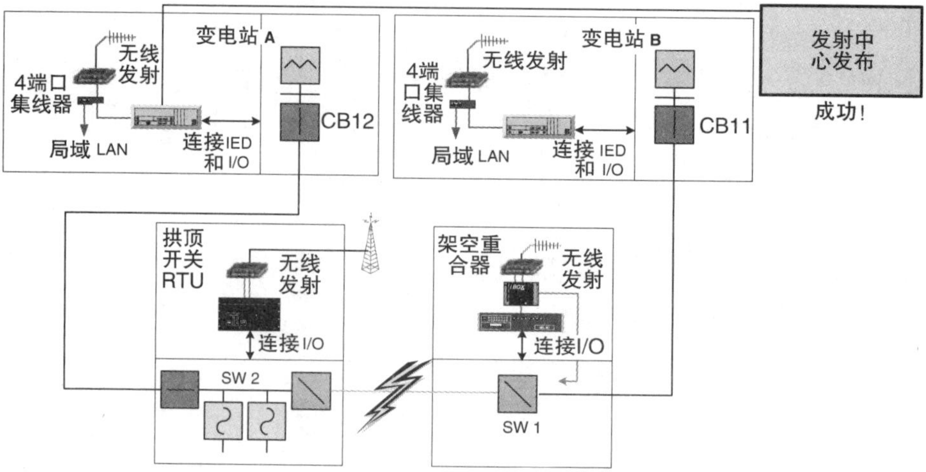

图 2.16　方案 2DA 成功运行架构

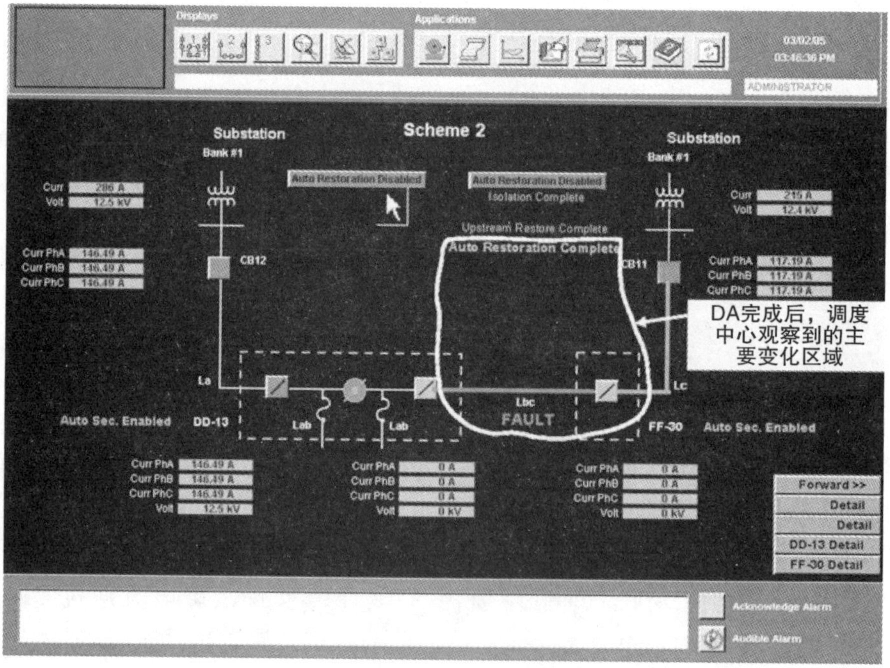

图 2.17　调度方案 2 修复/绝缘成功的通知

系统操作

迄今 DA 系统运行 5 个月，故障 21 处，都出现在方案 3 的 2 区（SW1 中点的下游区域）。其中 3 个故障为永久性，致使重合器 SW1 跳开。5 个月中，DA 导向器为 550 家用户节免了 6h 的停电时间（即挽回用户 3300h 的断电时间），也为这 550 家用户消除了 18 次瞬时断电的危险。

在任何方案中都没有 1 区的故障，因此不需要负载切入到备用电源。

2.2.5　自动化方案：电压/无功控制（VVC）系统

简介

配电馈线上各种负荷造成配电系统中的电阻（I^2R）和无功（I^2X）损失。如果这些损失得不到补偿，则会出现沿线电压分布降低这种额外的问题。解决此类电压问题最常用的方法是在发电站，或是沿着配电线路，或在主站变压器 LTC（有载分接开关）部署电压调节器；发电站和输电线各点的附加电容器也提供电压支持和补偿无功负载，如图 2.18 所示。

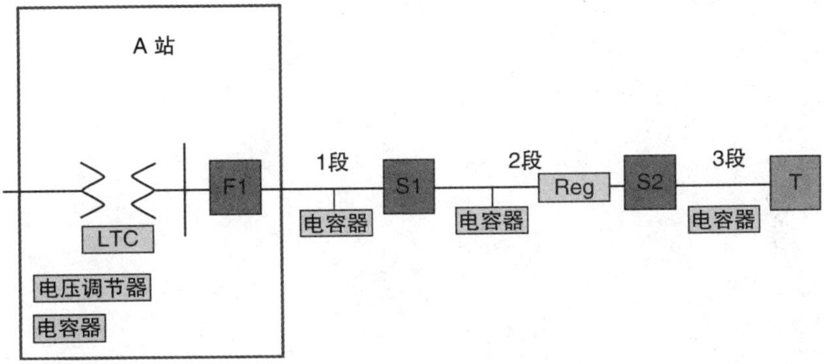

图 2.18　馈线电压/无功控制装置示例

许多电力公司正试图通过改善电压管理以得到额外利益。通过改善负荷管理和电压分布管理可以显著提高电压管理效益。

无功电压设备包括一个主变压器和变电站中的电容，主变压器配有 LTC（见图 2.18）或电压调节器。馈线包括线路电容和线电压调节器。

LTC 由自动开关控制器（ATC）控制，变电站电容器受电站电容控制器（SCC）控制，配电室电容器是由一个自动电容控制器（ACC）操控，而调节器则是由一个自动调节控制器（ARC）来控制。设计这些控制器是为了满足本地对包括电压和电流在内的监控需要。电容通常是由局部功率因数、负载电流、电压、无功流、温度或时间（一周中的某个时候）控制。

有些电力公司通过增加变电站通信设施实现本系统效益，许多现代控制器支持标准通信协议，如 DNP。该系统（见图 2.19 和图 2.20）包括远程监控和手动控制的电压无功源以及集成电压/无功控制（IVVC）。

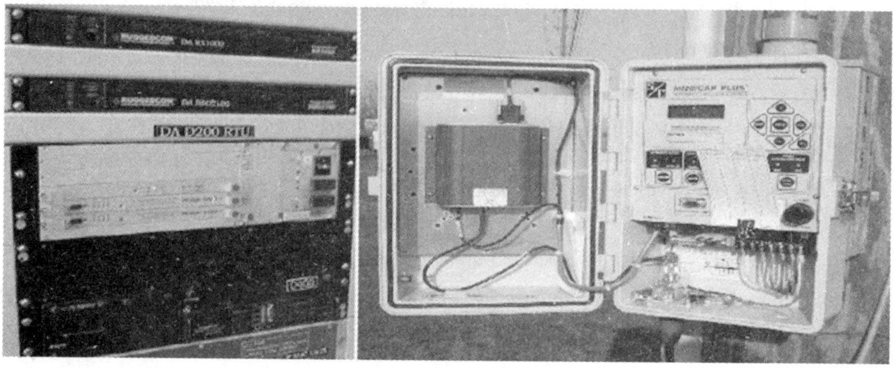

图 2.19　馈线电压/无功控制装置示例

图 2.20　三相电压调节器

电压/无功控制的益处

改进功率因数、提高检测电容器熔丝熔断的能力，使无功控制系统受益匪浅。研究和实际现场数据表明，无功自动控制系统经常给每条馈线平均增加 1Mvar，就会减少约 2% 的馈线损耗。

基于这样的假设，某些电力公司计算出来的线损优化效益展现出显著的成本效益回报。但是，电力公司面临的挑战是成本和效益没有相关性。电力公司营销部门通常会承担 IVVC 系统的开销。损失减少带来的效益最初都流向了输电部门，并且最终流向地方纳税人，因此损失由税赋填补。是否成功降低系统损耗取决于成本和效益的统一，许多电力公司已经通过纳税的手段成功地将电压/无功系统的成本和效益实现了统一。

电压控制系统可以通过降低高峰期的发电成本和增加容量来提高效益，这就需要用税收填补由于电压损耗而不是因为经济或容量原因导致的收入损失。这将高度依赖费率设计，但也会带来显著的效益。

在非高峰时段减压对终端用户有额外的好处。有些电力公司利用降低电压减少负荷，类似于需求响应（DR）。提倡需求响应费率可以使电力部门收回因降低负荷造成的收入损失。简单地说，消费者按照负荷减少量的多少所付的电费是正常电价和批发电价之差。图 2. 21 强调了电压作为负荷管理工具的影响。

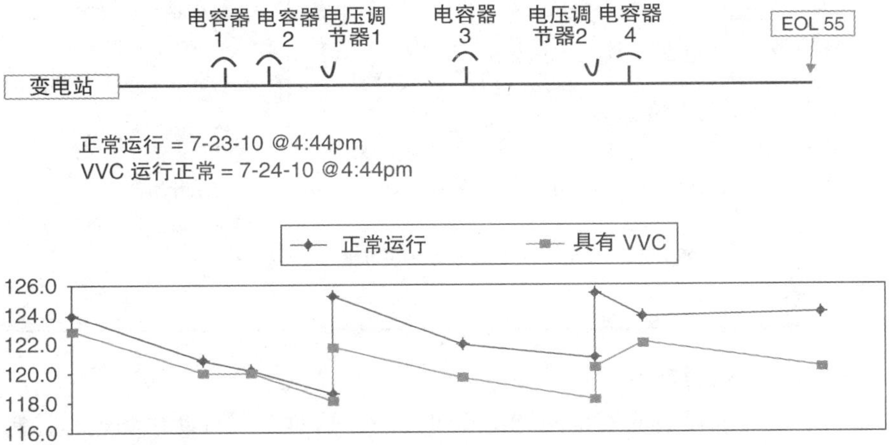

图 2. 21　三相电压

图 2. 21 收录了来自于馈线利用无功电压控制系统的真实数据，正如图 2. 21 所示，使用无功电压控制系统，输电线的电压分布更加平缓并且更低。

2. 2. 6　注意事项

集中、分散或本地算法

考虑到系统中日益复杂精密的多种装置，许多电力公司正在面临各种算法的选择问题（见图 2. 22）。通常它由设备的安装特点或自动化设备供应商所提供的各种替代品所驱使。

表 2. 2 对各种方案进行了比较。

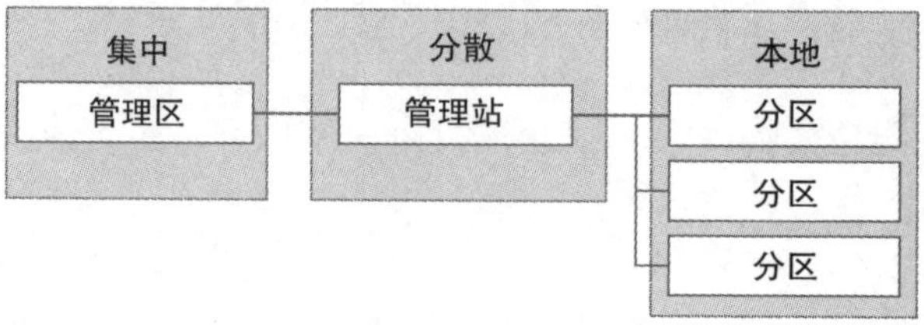

图 2.22　集中、分散以及本地算法间的关系

表 2.2　三相电压特点

集中	分散	本地
支持更复杂应用程序，如潮流、DTS、研究 支持全网模式 优化改进 动力系统配置 异常状态下的自动化 同其他资源，如 EMS、OMS、AMI、GIS 进行整合 整合加工方案、工艺设计、工程调度 易测量、易维护、易升级、易备份	多数 IED 部门支持自动化 比集中式 DA 响应速度快 扩大部署所付出的成本低 由于成本和复杂程度降低，适合初始部署 典型应用：包括初始反应、事前测量 灵活、有针对性、量身定制 初始部署程序简易、价格便宜 很难测量复杂性解决方案	本地 IED 通常包括本地算法 通常启动后通信中断时间延长，如局部电容控制器 由于保护、重合闸以及初始分段，运行比其他算法快 运行方式通常是局部感应或对等通信 复杂程度低、费用低 最容易开始部署 最难测量复杂性解决方案

安全性和工作过程

工人、群众和设备的安全问题绝不可妥协。这对部署自动化和远程控制系统提出了巨大挑战。新式自动化系统通常要求新式工作流程，所以必须对实用工作流程和人员进行良好培训，以保证安全操作并维护新型智能电网的运行。

为了能实时了解自动重合器装置状态，操作实践和程序要进行必要的审查和调整。

以下是 3 点安全建议：

- 要求"可见距离"断开开关；
- 初始故障之后的 2min 里没有出现开关自动复位现象，以保护工作人员。
- 维护期间禁止"带电"工作，通常在本地或者远程。

收益递减规律

大型电力公司为特定区域内的客户提供电力服务，因此，电压设定和断电的可能性也因线路不同而有差异。多数电力公司首先在最易出问题的馈线部分对配电线路进行分析，然后部署相应的自动化设施。图 2.23 描述了这种差异。

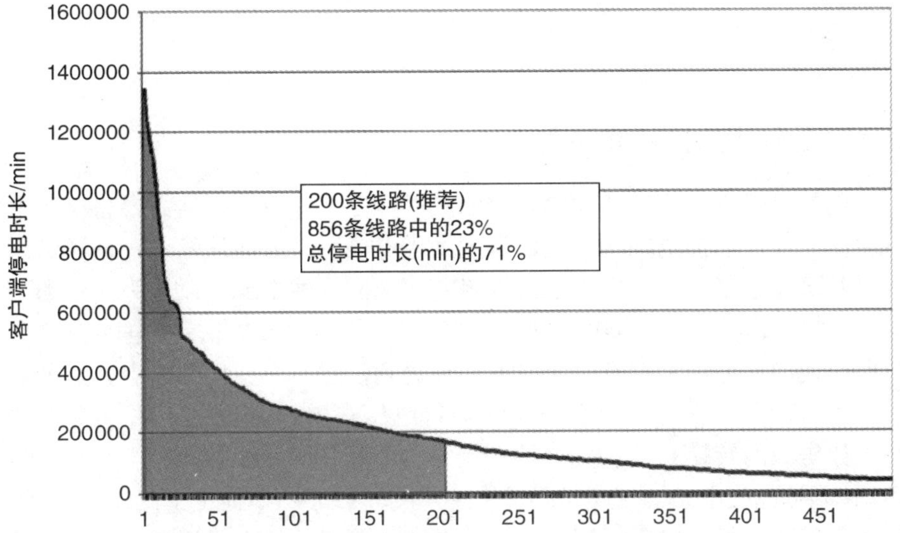

图 2. 23　电力用户因馈线停电的时间

图 2. 23 显示了某电力部门实现 25% 馈线自动化，占 70% 全部用户停电时间。

该理论分析在电路基础中同样适用。一条馈线上每增加一个传感和监视装置都会缩短停电时间，如图 2. 24 所示。

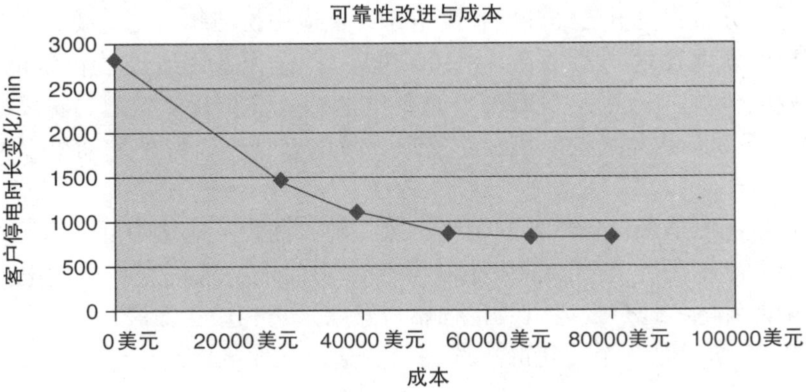

图 2. 24　电力用户停电时间成本图

对馈线自动化和增加传感监视装置进行仔细研究，不断模拟，可以判定出每家电力公司应该部署多少自动化电力设备。

2.3 变电站

2.3.1 变电站的作用和类型

变电站是发电、输电和配电系统的关键部分。变电站根据需要将电压由低变高或由高变低。它把电能从发电厂调度到用电场所，电能从发电厂输送给用户有时经过几级变电站，并且电压也会逐级变化，变电站主要可以分为3种类型：

1）输电变电站。将输电线网络与多个并联互连相结合，使电能在整个网络里长距离流动，可以从任意一个发电站输送到任意一个用户的家中，这种输电网被称为大容量电力系统。通常输电线运行电压在138kV以上，输电变电站常常进行电压等级的转换。

2）副输电变电站。工作电压一般在34.5～138kV，通过国家电网，将用于长距离有效传输的高电压传到各个副输电电压等级，从而保证电力输送从馈电线路到周边配电变电站的更大成本效益。这些馈电线路呈放射状，每一个线路都连着数个小型的配电变电站。

3）配电变电站。工作电压通常在2.4～34.5kV，将电能直接输送给工厂或者家庭，配电馈线将电能从配电变电站输送到终端用户，这些馈线服务多个用户，并且有许多分枝。在用户住处，配电变压器直接将高电压转变成为用户直接可用的电压等级，一般为110～600V。

最近，分布式发电已经开始在配电系统供应中扮演越来越重要的角色，这只是小规模的发电技术（通常在3～10000kW），作为备用或改善传统电力系统。分布式发电包括热电联供（CHP）、燃料电池、微型CHP、微型涡轮发电机、光伏（PV）系统、往复式发动机、小型风力发电系统、斯特林发动机以及可再生能源。

可再生能源是来自自然界的阳光、风、雨、潮汐及地热等可以源源不断得到补充的能源。新式可再生能源发电（小型水力发电、现代生物质发电、风力发电、太阳能发电、地热发电以及生物燃料发电）正在快速发展。

图2.25所示是一个简化的单线图，囊括了从发电厂到用电客户端所涉及的全部组件。

2.3.2 变电站组成

变电站包含以下主要部分：

馈电线

变电站与二次输电系统相连至少经由一条馈电线，即主要支线。然而，一个

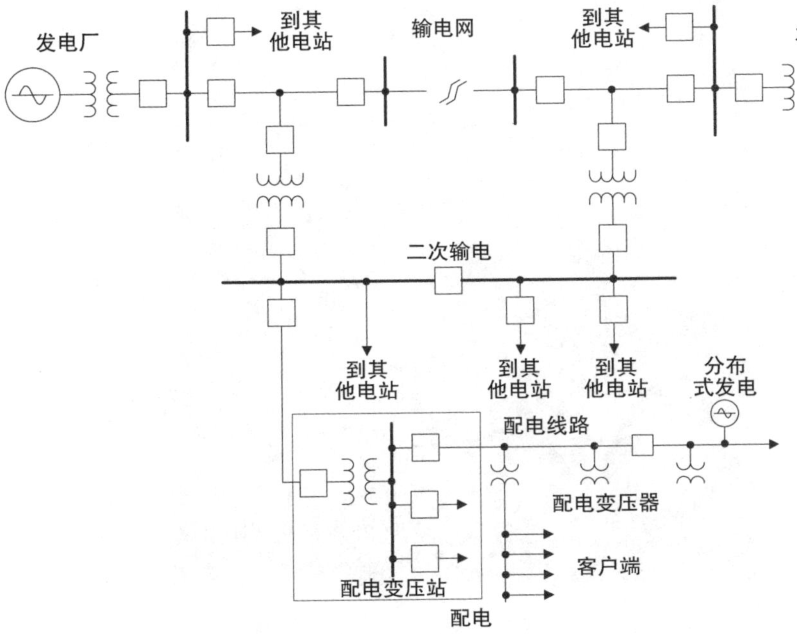

图 2.25　从发电厂到用户的电力系统主要组成单线图

变电站往往由两个或多个馈电线来供电，增加供电的安全性。馈电线可以为架空线，也可以是地下电缆，由变电站的位置决定。市区一般用地下电缆，农村或郊区常用架空线。馈电线与变电站之间用高压隔离开关连接，使线路与变电站隔离，来完成线路的检修与维护。

变压器

变压器“逐步减低”馈电线的电压，使其达到配电电压等级，如图 2.26 所示。变电站通常使用三相变压器。然而单相变压器组也可以用，从可靠性以及维护用途的角度考虑，变电站一般都会用两台变压器，不过根据电力用户的重要性和配电系统设计变压器数量会发生变化。变压器可以简单的按以下因素分类：

1）额定功率。用千伏安（kVA）或是兆伏安（MVA）表示，表明通过变压器被变换的电能的数量。变电站的变压器范围是 3kVA ~ 25MVA。

2）绝缘。包括液体式或者干式变压器绝缘。液态绝缘可以是不能燃烧或不易燃烧的矿物油；干式绝缘包括通风、浇注线圈、封闭不通风、密封气体。另外，也可以将液体、蒸汽以及气体填充相结合进行绝缘。

3）额定电压。它由副输电变电站和连接到变压器的变电站配电电压等级决定，并且标准电压等级由应用标准决定。变压器电压等级由制造商标明，如 115kV/34.5kV 意思是在不同的相之间，高压绕组被定在 115kV，而低压绕组为

图 2.26　电压变换器（通用电气公司提供）

34.5kV。电压等级规定变压器的结构和绝缘要求必须能够承受系统工作时的额定电压或更高电压。

4）冷却。它由变压器额定功率和温度允许的最大值（预期的最大值要求）决定。变压器等级也包括规定的温升的自冷等级或者强力冷却等级（如果已装备）。当外界温度为30℃时，一般变压器的额定绕组温升为55℃/65℃，如果系统工作临时需要，液态冷却的变压器允许超载100%或许更高。现代的低耗变压器可以承受更高的温度上升，不过高温工作可能影响绝缘和变压器的寿命。

5）绕组连接。它表明变压器的三相如何各自联系到一起。变压器的绕组有两个最基本的连接形式：三角形（三相绕组首尾相连，形成三角形）；星形（每项绕组尾部相连，形成一个中性点，各相的首部在变压器的外部连接）。通常配电变压器在高压侧连接成三角形，星形接在低压侧。三角形联结用一些谐波（尤其是三次谐波）来绝缘两个系统，这在电力系统中不够理想。在系统中星形联结建立了一个中性点来连接大地。

6）电压调整。变压器可以改变低压侧电压以维持正常的电压水平，使客户端电压保持稳定。客户端电压可以随着主系统电压波动而波动，或由于高负荷电流引起过多电压降。为了达到这个目标，变压器配备了电压调节器。如果是空载型，要求断开负载、改变分接头；若是负载型，当变压器在正常负荷情况下，分接头有变动。分接头有效地改变了变压器比例，每个电压抽头在1.75%～2.5%

变化时，电压调整在 ±10% ~15%。变压器分接头可以是自动或手动，但只有负载不足的分接头可以自动操作。

母线

从发电机到工业用电再到电路板，在所有电力系统中都使用母线。母线应用广泛，它用开关设备或装备将电流分配到各个电路（见图 2.27）。如果厂家要求，有断路器或熔丝开关的插入式设备在母线不停电的情况下就可以实施安装和连线。

最初，母线包括绝缘体上的裸露铜导体，例如安装在不通风的钢壳里的陶瓷。这种类型的构造可以应对 225 ~600A 的电流冲击。由于母线所有的作用都得到扩展和增强，因此负荷电流等级要求更高，并且外壳部分由于通风良好，即使在较高负荷时冷却效果也很好。为了安全，母线也被覆盖上了绝缘材料，并且可以允许母线排里的两相彼此更紧密，这样可以达到降低电抗和降低电压降。

图 2.27　带变压器式户外开关柜母线（通用电气公司提供）

利用电导，电流密度在全封闭母线中得以实现，它与之前通风式母线是有可比性的。无论何种情况，全封闭式母线有相同的额定电流，但配置可以是每相一组母线（0 ~800A），而高等级将用两或三组（500A），每组都有三相、中性点、接地导体，使电路电抗达到最小化。

根据用途不同，母线导体和带电部分可以是铜、铝或者铜合金。与铜相比，电工级铝具有较低的导电性和机械强度；一般来说，在同等导电性情况下，铝在重量上较轻且价格便宜。所有导电部分的接触部位都用锡或银来抗氧化。

在变电站里，母线在高、低压侧被用来连接不同的电路，将电能从供电所转送到各种支线。支线母线对于室内、室外均有效。户外母线无论在何种天气条件下都必须能正常运行。有效的额定电流范围为 600 ~ 5000A 连续电流，短路电流额定值为 42000 ~ 200000A，对称方均根（RMS）。

开关设备

开关设备（见图 2.28）是总称，包括主开关和阻断设备，还有控制和调节设备。电力开关设备包括断路开关、分离开关、母线导体、互连线路、绝缘、封闭柜体、用于监视和控制的辅助装置。从发电厂到工业化工厂的整个电力系统中，电力开关设备无处不在，起着连接输入电源和为用户分配电能的作用。开关可以分为室外开关、室内开关以及或混合开关。室外开关一般可承受 26kV 以上的电压，而室内开关可以承受的电压一般低于 26kV。

图 2.28　室内开关柜前视图（通用电气公司提供）

室内开关可以进一步分为金属封闭开关设备和开放式开关设备。它和户外开关相似，但用于低电压。而金属封闭开关设备可以进一步细分为金属外壳开关设备、低压断路器开关设备和中断开关设备。金属封闭式开关设备在工业中广泛应用，用在供电电压在 1000V 以上的设备。

金属封闭开关设备可以有以下特征：

1）主电压断路器和开关安装在可移动的机械装置上，以便移动和调整。

2）接地金属栅栏把主要的电路部件围起来，例如断路器或开关、母线、电力变压器和控制电能变压器。

3）所有带电部分都密封在接地金属区域内。即使拆下的部件处于测试中、断开抑或完全拆除，主要的电路部件都不能暴露在外。

4）在相与相之间和相与地之间，主要母线导体和连接部分全都绝缘。

5）机械和电力互锁确保正常、安全运行。

6）接地金属线将主电路与计量器、保护继电器、辅助控制装置和接线隔离。辅助控制装置上装有前仪表盘，并且通常为摆动式，见图 2.28。

开关额定值表明特定的操作条件，例如外界温度、高度、频率、短路电流耐受时间、高压耐受时间等。一个开关装置的额定持续电流是方均根（RMS）的最大值，在额定频率上，主电路部件能够持续承受，不会因超过规定的最高限度而引起温度过高。

输出馈线

许多输出馈线与变电站母线相连，把电能从变电站送到服务点。可以采用架空线，也可以采用埋在地下的电缆，把电能传送到附近用户的配电变压器。馈线断路器和绝缘体是变电站低压开关的组成部分，主要是金属封闭式。当馈线出现故障，保护装置就会启动探测然后断开断路器，经过自动或手动探测之后，会启用一种或多种方式恢复馈线供电；若只是临时性故障，断路器闭合，支线重新恢复供电；若是永久性故障，断路器会一直断开，工作人员将故障区隔离。

开关装置

开关是连接或断开电力系统组件的装置。开关装置包括开关、熔丝、断路器和服务保护器。

1）开关被用来绝缘、中断负荷，以及在不同电源之间转换服务。

隔离开关用于断开连接，保证隔离设备的安全。这些开关一般没有中断额定电流，这就意味着电路必须用其他方式（断路器）打开。为了防止工作时开关带电，一般都用互锁电路。

负荷中断器或负荷开关使中断开关和负荷中断器的功能合二为一，以使在额定电压和电流不超过开关所能承受的电压或者电流的极限。负荷中断开关可以是空气型或液态型。中断开关一般由手动控制操作，并且有“快速接通，快速断开”的机械特性，可以独立完成快速操作的工作任务。此种类型的开关主要用于高于 600V 电压的断开或者连接。

对于 600V 或低于 600V 的电压，常用安全断路器和开关，安全开关是封闭在柜体内并可能装有熔丝或者没有熔丝。这类开关的封闭箱体外有一个把手操控，并且为互锁状态，只有当开关处于断开状态或内锁失效时封闭式箱体才会打开。

转换开关可自动或手动操作。自动转换开关是一种双掷开关，并且主要用于紧急情况和电压等级为 600V 或低于 600V 的备用发电系统。这些开关用于正常系统故障的保护。

2）熔断器是电流保护装置，内有一个熔体，电流过大时熔体发热而熔断，断开电路。熔断器广泛应用于电压、电流、中断额定值、限流类型中，可以用在室内或室外。熔断器和断路器的功能一样，没有明确的规定应该选择哪一个。至于用熔断器还是断路器取决于特定的应用环境及其他因素，如电流中断需求、和相邻的保护设备相协调、空间需求、资金和维修费用、断路器等。

3）断路器（见图2.29）是自动或手动闭合电路的装置。在额定值内，断路器必须能自动断开预设的过载电流回路，且不损坏自身或者相邻的组件。断路器不可频繁地操作，但有些类型的断路器则不然。断路器瞬时中断阈值必须大于系统的等级短路电流。

图2.29 “母线”后侧的室内开关柜断路器（通用电气公司提供）

断路器必须适用于整个系统的电压范围，可以安装1P、2P、3P或4P，设在室内或室外。SF_6（六氟化硫）气体断路器可以用于中高电压，例如气体绝缘变电站。

当电流中断，会产生电弧，该电弧必须得到控制、冷却，并以可控方式将其熄灭，以便接触点之间的间隙可以再一次承受住电路中的电压。断路器的电弧可以在真空、空气、绝缘气体或者油等介质中存在。可以运用多种技术熄灭电弧，包括：

- 拉长电弧；
- 加强式冷却（在喷射室中）；
- 分解为局部电弧；
- 零点猝熄（触点在交流波形与零电流交叉处打开，有效断开空载电流的开路时间）；
- 直流回路中并联电容器。

从传统意义上来说，油断路器（见图 2.30）在电力行业中广泛应用，它使用油作为媒介，依靠少许油的蒸发，喷射油气来熄灭电弧。

气体（通常指六氟化硫）断路器有时利用磁场将电弧延伸，依靠六氟化硫的介电强度来熄灭电弧。

真空断路器的电弧最小（因为除了接触材料外没有其他可以电离的了），所以在它张开很小的空隙时（<2～3mm），电弧就已熄灭。真空断路器被广泛应用于高达 35kV 的中压开关装置。

空气灭弧断路器是用压缩空气吹灭电弧，或者将接触点迅速切换到一个小的密封舱，利用逸出的置换空气进行灭弧。

断路器通常可以极快速地中断所有电流，例如，根据断路器构造和使用年限的不同，在跳闸后 30～150ms 电弧熄灭。

室内断路器可以持续承受 1～3kA 的电流，并且在额定电压下可以中断 8～40kA 短路电流。

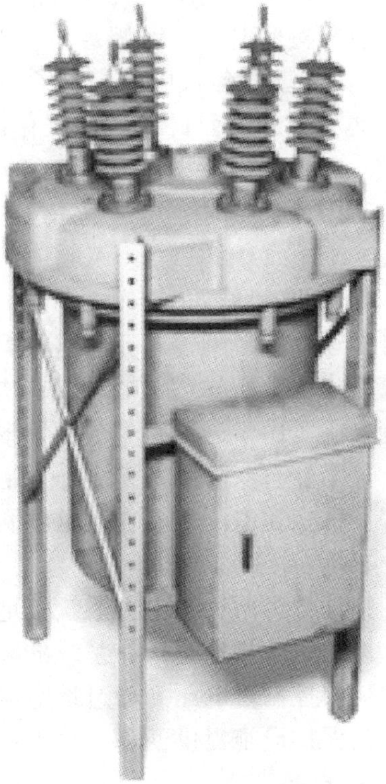

图 2.30　室外中压油浸式断路器
（通用电气公司提供）

冲击电压保护

瞬时过电压是由电力系统的自然特性和固有特性决定的。过电压可能因为闪电或者系统环境的突变造成（如开关操作、电路故障、甩负荷等），或者两者皆有。一般来说，过电压可以被分类为闪电生成和开关生成，过电压的大小可能超出允许等级的最大值，所以为了避免设备造成损害，或对系统性能产生不良的影响，过电压的幅度需要限制。

无论是短期还是长时间出现异常过电压都会造成绝缘过早失效。大量电流通过这个故障线路产生大量的热。如不能迅速有效地抑制过电压或阻断短路电流，会对电力系统大部分绝缘设备造成损害，最终导致漫长的维修。

合理运用冲击电压保护装置会减少电压冲击的级别和持续时间。因为绝缘失效是由于外加的过电压以及过电压状态重复出现造成，所以问题很复杂。

电力系统已经使用避雷器保护过电压对绝缘体的损害。从历史上看，避雷器材料技术的发展已经衍生了多种避雷器形态，最初的阀式避雷器已经在电力保护系统中应用了几十年。在避雷器中的这种活跃组件（即阀门）是非线性电阻元件，在系统运行电压中表现出相对高电阻（兆欧姆级），而在冲击电压快速上升时具有相对低电阻（欧姆级）。

20 世纪 70 年代中期出现了金属氧化物避雷器。金属氧化物避雷器的电阻阀片（也有烧结陶瓷材料）比碳化硅避雷器具有更好的非线性，并且不需要串联间隙。与硅碳化合物相比，金属氧化物有效提高了避雷器的保护特征和其他多种特性。因此在当时金属氧化物避雷器已经取代了碳化硅避雷器成为避雷器的新宠。

到了 20 世纪 80 年代中期，一些厂家生产的金属氧化物避雷器上的聚合物外壳开始逐渐取代陶瓷外壳。这种聚合物外壳是由 EPDM（三元乙丙橡胶）或者硅橡胶制成。分布式避雷器外壳首次采用聚合物，后来扩展到大中型电站。聚合物外壳减少了由于避雷器失效而导致的人或者设备受损的风险。

避雷器有双基频额定电压（占空比额定电压）和相应的最大持续运行电压等级。占空比电压表示在避雷器两个终端之间所指定允许的最大电压值。

接地

接地分为两种：电力系统接地和设备接地。

电力系统接地是指在系统的某处电力系统相导体和地之间的电气连接。系统接地需要控制过电压，为过地电流提供通道，根据探测接地电流情况为易损的接地故障保护设施提供便利。电力系统接地可以分为以下 3 种情况：

- 直接接地；
- 不接地；
- 阻抗接地。

每种接地安排都有其优缺点，这是由本地和全球的标准、实践和工程判断所决定的。

直接接地系统是电路保护设施探测到故障电路，无论何种故障类型，都会将其从系统中隔离。所有传输和大多数子传输系统为了达到其稳定性都有接地装置。为了确保生命安全，120～480V 四线制低压线必须直接接地。直接接地是通过连接变压器星形联结绕组中性点接地。

操作过程必须具有连续性，阻抗接地才发挥作用。其作用是单相导体和接地之间的任何接触都不会引起相电流保护装置运转。阻抗接地通常用于 480V ~ 15kV 的三线制。阻抗接地是通过电阻将地与变压器星形联结绕组中性点进行连接或专用接地变压器接地。

一个不接地系统的运行优势在于在单相接地故障期间还能继续运行，不会导致保护电路自动跳闸。不接地系统通常应用在配电级别中，最初起源于三角形联结的电力变压器。

设备接地是指电导体系统（接地导体和接地总线）的非载流金属结构在工业厂房内的互连和接地，设备接地的主要目的如下：

• 保持金属结构或零件之间的低电位差，最大限度地减少对该地区人员电击的可能性。

• 有助于发挥电力系统保护装置的性能，保证人员和设备的安全。

• 通过电导体把接地故障电流、雷电和静电中产生的电弧及其他电气设备中的热损害消除掉，从而避免挥发性物质和可燃气体起火。

变电站接地系统要进行彻底改造。变电站的接地网是金属网格与导电材料相连接并安装在地下。它的作用是当工作人员在对开关或其他装置进行操作时，防止危险的地电势上升。它与本地金属支撑结构和开关装置相结合共同发挥作用，使工作人员不会因为变电站故障而暴露于高电压差之下。

电能质量

电能质量可以用一组数值或参数来描述：

• 供电连续性；
• 电压幅值变化；
• 瞬态电压和电流；
• 电源电压谐波含量。

供电连续性要通过合理的设计、对设备的及时维修、所有变电站组件的可靠性和正确的操作程序来实现。最近，远程监测和控制大大地提高了供电连续性。

当使用设备的端电压与标示牌上标注电压相偏离时，设备的性能和使用寿命就会受影响。有些设备部件对电压变化非常敏感（如电动机）。若电源线电压下降，与变电站电压相比，服务端的电压会更低，电路末端就会出现异常低压。有时靠近电源电路一端也会出现异常高压，尤其在夜晚或周末这样的轻载条件下。变电站用电压调节器改善配电站的电压等级，这是通过变压器调压开关和自动电压调节器完成的；自动电压调节器根据负载电流大小感知电压和电压降，从而调节变电站电压的升降。

如果负载功率因数低，电容器组（见图 2.31）可以安装在变电站以提高功率因数，防止电压跌落。电容器组安装在工业客户附近的变电站特别有利，那里电动机运行需要无功功率。

图 2.31　电容器组（通用电气公司提供）

造成电压和电流的瞬变因素有很多，如大型电动机的起动、二次输电系统或配电系统故障、雷电、焊接设备及电弧炉运行、大型负载的起停等。照明设备输出功率对电压非常敏感，而人们对光照的突然变化又非常敏感。0.25% ~0.5%的电压变化就会造成白炽灯的光输出功率明显减少，这种电压效果被称为闪烁（电源电压的快速变化）和电压暂降（一段时间内电压降低）。无论是闪烁还是暂降都有其行业和地方规定的运行限值。

在理想的交流电源系统中，电压和电流具有纯粹的单一频率正弦波形状。电力系统中实际电压偏离正弦波形是因为越来越多的负载需要的电流不是纯正弦波，比如单、三相整流器，速度调节驱动器，电弧炉，计算机以及荧光灯。如果谐波控制不当，会造成电容器故障、变压器过早老化、中性线过载、电动机过热、继电器误动及其他问题。

谐波含量有相应的行业标准和地方标准，这也为电力系统中的谐波控制提供了可行性建议。

2.3.3　变电站设计注意事项

变电站设计要考虑它的可靠性、供电质量、安全性、经济因素、可维护性、操作简洁性以及功能性。保护生命和财产的安全是变电站设计中两个最重要因素，必须遵循原则，在材料的选择和运用上要考虑推荐的操作方法和执行标准。为了有一个安全的工作环境，应该加以考虑以下这些设计和运行界限：

- 无论出于何种艰苦条件，中断设备时必须保证安全准确；
- 用封闭导体、安装防护栏和联锁的方式避免与带电导体意外接触；
- 变电站的设计必须保证线路和设备在断开、接地情况下，维修工作正常进行；
- 在电气室入口处、电力设备周边防护栏以及超过 600V 电压的设备区必须安装警示标志以提醒专业和非专业人员；
- 安装足够的接地系统；
- 安装必要的应急灯以防止突然出现的照明故障；
- 对操作和维修人员进行全面的操作维修培训，包括接线图、设备额定值和保护装置。

变电站有各种基本线路编排，应根据供电过程的需求选择最好的系统或系统组合。一般来说，在组件质量同等情况下，随着系统可靠性的提高，系统成本也随之增加。每个变电站投资所取得的高可靠性与组件的精心设计和恰当的应用有关。

图 2. 32 所示是变电站单线图示例，安装两台变压器、两条供电线，高、低压两侧有两段母线和分段断路器。这种设计使得组件在将电力从一端输送到另一端时如果出现任何故障，都有冗余备份，增加了系统可靠性。另外，变电站的任何组件都可能拿去维修。

如果设计变电站是为了给工厂供电，则供电的连续性至关重要。有些工厂会允许断电但其他厂家却对供电连续性提出最高要求。所以系统设计应该做到以最小的扰动隔离故障，最大限度保证工厂用电，满足工厂要求和合理成本。如今大多数电力公司有专用变电站直接为大中型工业用户提供 34. 5kV、69kV、115kV、138kV、161kV 和 230kV 工业用电，小型工业园区用电可以低至 4kV。

劣质电压调节对电气设备的寿命和运行危害很大。在所有负载条件下，电压大小都必须保持在电气设备耐受极限内，或者选择可以在该电压下安全有效运行的设备。负载潮流研究和电动机起动计算可以判断电压调节情况。

2. 3. 4　变电站标准化建设

变电站的设计、设备安装、操作、维护要充分考虑变电站设计执行标准、操作规程建议和指导意见。执行标准规定了具体的电气设备范围、测量方法、测试程序以及设备的尺寸和等级；操作规程建议提出了在特定情况下完成目标的方法；指导意见给出了完成特定目标应该考虑的因素。这三条组合形成了标准性文件。

按照这些标准，从大量策划方案中选出少数几个最具有可行性且得到变电站

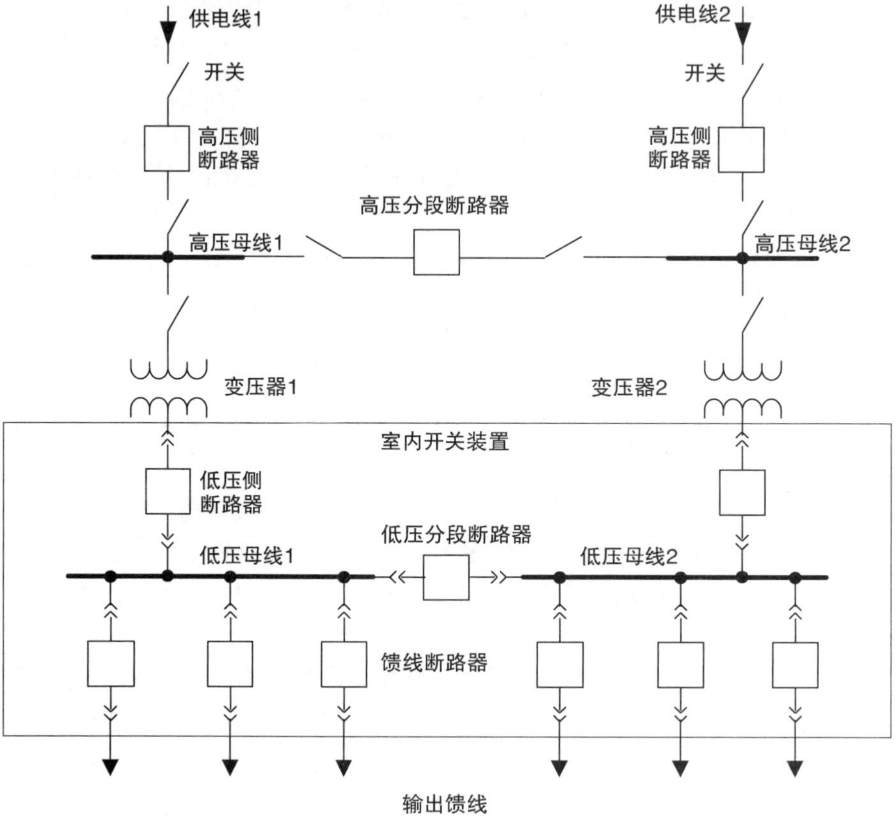

图 2.32　装有两台变压器和两条供电线的变电站单线图

许可的方案，使买方能够迅速选择出具体的标准方案，因为他们知道众多供应商会提供标准，并且不同厂商的产品能够相互配合。相反，这又让供应商只准备少量的解决方案即可，因为他们知道大量的客户会指定这些方案。这样可以避免那种“独一无二”的、昂贵且麻烦众多的提案设计和生产。例如，在三线制 60Hz 变电站低压侧设备所使用的无限范围额定电压等级中，NEMA C84.1 规定了 7 个标准：2400V、4160V、4800V、6900V、13800V、2300V 和 34500V。执行标准的创建和维护收录了大量的建站经验和专业知识，为方案顺利实施提供了高度自信。根据执行标准，买方也可以简洁、全面地陈述自己的要求，卖方言简意赅表述他们的产品性能。

有些机构颁布了变电站规范，这些代表机构如下：

1）美国电子电气工程师协会（IEEE）：这是一个跨国的、非营利性的、专业性的协会，拥有 38 个社团，其中电力能源社团（PES）业务范围涵盖了规划、调研、开发、建设、安装、系统设备运行，以保证安全、可靠、经济发电、输电、配电、测量和电能控制。PES 门下有委员会，专注于变电站的构建，出版了大量适用于变电站建设的标准规范。更多信息请访问 www. ieee - pes. org。

2）美国电气制造业协会（NEMA）：一个电气制造行业的贸易协会，生产的产品用于发电、输配电、控制系统和电力终端。NEMA 提供符合行业和用户利益的论坛，用于研讨技术标准的发展；提供关于立法和监管方面的产业政策宣传；收集、分析和行业数据发布。更多信息请访问 www. nema. org。

3）美国国家标准化组织（ANSI）：负责众多规范和准则的建立、颁布和执行，对包括能源分布在内的所有行业都有深远影响。ANSI 也从事标准化的认证，包括全球跨区域程序认证，如 ISO 9000 质量认证和 ISO 14000 环境认证等管理体系。更多信息请访问 www. ansi. org。

4）美国国家消防协会（NFPA）：一个国际性非营利组织，建于 1896 年，通过推行消防规范和标准，开展消防教育、研究和培训，减少火灾和其他灾害，保护人类生命财产和环境安全，提高人们的生活质量。NFPA 开发、出版、传播 300 多共识代码，旨在最大限度减少火灾和其他风险的可能性和影响。变电站对美国国家电气规程（NEC）尤其感兴趣。更多信息请访问 www. sohu. nfpa. org。

5）国际电工技术委员会（IEC）：负责电气工程、电子工程和相关技术领域国际性标准出版和发行的机构，这些统称为“电工”。IEC 为企业、行业和政府提供平台进行会议、研讨和制定所需的国际标准。所有 IEC 国际标准都是基于每一个参与国的需要并代表了他们的切身利益。在制定 IEC 国际标准上，每一位成员国，无论大小，都有投票和发言的权利。更多信息请访问 www. iec. ch。

6）国际标准化组织（ISO）：一个非政府组织，是联合政府和私人部门的一座桥梁。它的很多成员机构属于政府部门，或受政府委托，还有一些成员机构则完全是私营部门，由国家行业协会建立合作伙伴关系。ISO 体系下达成的共识和制定的方案既符合企业要求又满足社会广泛需要。更多信息请访问 www. iso. org。

7）国际电信联盟（ITU）：主管信息和通信技术的联合国机构，是政府和私营部门联系的纽带，从事发展互联网和通信服务。145 年以来，ITU 一直在致力于协调全球无线电频谱的合理使用；促进卫星轨道分配方面的国际合作；改善发展中国家电信基础设施；建立全球标准以培养广泛的通信系统的无缝互连；解决这个时代面临的全球挑战，如减缓气候变化和加强网络安全。更多信息请访问 www. itu. int。

2.3.5　变电站外观建设

找到一处距离负荷中心尽量近的场所建立变电站是非常令人向往但又很难实现的事情。符合工程和造价成本的地方往往又受到自然条件、电力方面、周边环境和美学设计的限制。从高低压和发电量的需求来看，低成本地上设计会满足供电要求。但是地上设计需要架空输电线（见图 2. 33），又导致周边环境看起来不雅。因此进线采用地下电缆，让整个变电站看起来尽可能舒服一些。

同等的电压和电容，地下电缆的耗资远远高于架空线。市区安装地下电缆有很多不便之处，且有潜在的危险性。

从当地情况或系统要求考虑，对变电站选址处或围挡变电站的建筑物进行景观美化处理。带有警示标志的围栏或其他防护措施可以阻止外人靠近高压线和变电设备。报警系统和视频监控是防止外来人员入侵的常用设备。

图 2.33 配变电站外观图（通用电气公司提供）

2.3.6 保护及自动化

保护配变电站就是将电力系统的故障组件，如馈线和变压器，从主电源中隔离，目的如下：

- 预防未发生故障的设备损坏，使之产生持续的故障电流或电压；
- 减少对民众、电力工作人员、财产造成危害和损失；
- 减少故障组件遭受的损害程度，包括维修费用、中断时间和对环境的危害；
- 清除瞬时故障，恢复供电。

当有故障出现时，保护装置必须快速做出反应并找到故障的位置，启动断路器和开关将故障组件断开，即使只是保护系统的单一故障也要及时将它清除。

变电站自动化设备对保护起到补充作用。过去变电站自动化设备仅局限于分接头控制自动化和电容自动开关调节电压。现代变电站的自动化和通信技术为变电站系统操作人员提供了可视化操作，可以迅速找到中断等故障来源及成因，派遣维修人员快速找到正确的故障位置，带上必要的设备和配件进行有效维修。在现代变电站里，自动化设施使操作人员能够远程开启和关闭断路器和开关，使电源线路重新规划。

保护装置的操作在很大程度上依赖于电路组件被保护的程度。常用的组件如下：

变电站接收的分输配电线路保护

以前变电站只能给负荷供电，即使有分布式发电也少得可怜。因此输入子传输电源线故障不会造成电能流出配电站进入供电线路（即馈入电网）。开放电站电源线终端就没有必要对故障线路进行隔离，开放保护系统终端就已足够。

近几年，风能发电、生物沼气发电、小型水力发电以及太阳能发电急剧增长，出现电源线故障应立即排除。变电站利用各种保护性技术检测故障，如逆流、距离、电流差动等。

防逆流保护装置能够探测到正常电源或电流的逆转，这种保护装置要求与负载量相关的发电量非常小，在正常非故障情况下，电流始终是从供电线流向变电站。当供电线路故障导致电压下降到负荷电流消失而发电机却还继续发电时，反向逆流产生。

距离保护可以估算变电站和供电线路故障之间的电源线阻抗。每单位距离的电源线通常有一个恒定的阻抗量，所以由供电线路末端故障产生的变电站的阻抗大于供电线路本身故障所产生的阻抗。这时距离保护就会辨别出这两种故障，从而避免因线路末端故障造成的不必要的跳闸。阻抗就是电压除以电流得到的近似值。

电流差动保护基于这样的事实，即所有的电源线终端电流的代数和等于电源线路故障电流。外部故障产生的电流和负载流向供电线的电流在流动时就被抵消掉了。在子传输电压等级上，充电电流可以忽略不计。

利用上述三种保护，电流互感器（CT）测量供电线电流，除了电流差动，电压互感器（VT）可以测量变电站电压。供电线另一端的通信信道同电流差动同等重要。继电器（也叫IED）可以探测到电源线路故障，然后将其同故障状态（如其他组件故障）区别开。断路器或开关接到继电器发来的指令，将供电线路连接断开。

配电站变压器保护

在使用相对较小的三角形/星形变压器（一般小于10MVA）的变电站里，变压器保护通常由简单的熔断器组成。变压器故障或低压侧母线故障会在高压侧产生大量电流，将导致熔断器断开，切断故障。内部绕组匝间故障只会产生较小的故障电流，直到故障演变成大电流故障时，才导致熔断器熔断。因为故障变压器的市场价格差异很小，而且用在小型变压器上的熔丝非常便宜，所以可以接受。

在大型或造价昂贵的变压器上，经常使用通过电流抑制差动继电器（见图2.34）。这些保护要求CT测量所有变压器的输入和输出电流。通常这些CT安装在变压器高压侧端子和与低压侧端子相连的断路器上。在变压器和低压侧母线之间没有断路器处的地方母线都有外包线。变压器电流差动保护的工作原理是在变压器正常运行和外部故障时，经过调整变压器的变比和内部连接（例如，三角形/星形），使得流入变压器的电流与流出电流大致相等。内部出现故障时，两侧会出现极大偏差。

实际上它们之间始终有差异（即使是正常的变压器），这是一个小但百分比恒定的电流流经变压器。有载分接开关就是造成这种差异的例子。比如大量电流出现在外部低压侧故障线路时，这种差异就非常显著，所以继电器采用直通电流限制。差分操作阈值通过在行程开关上附加一个测量的直通电流来实现动态变化。

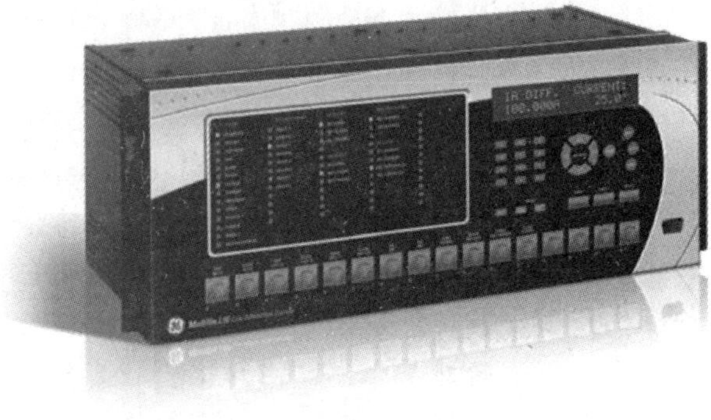

图 2.34 现代数字变压器保护继电器（通用电气公司提供）

变压器差动保护的另一个问题是通电时变压器饱和，大电流进入激励阻抗，这种保护呈现出来的是没有电流通过的电流差动。然而通电电流含有大量的谐波成分，因此继电器监控到谐波，最常见的是二次谐波，然后阻断差动元件。

当检测到变压器故障时，通过打开高压侧连接将变压器隔离。如果有熔丝，熔丝会熔断；如果有高压侧断路器或电流开关，就会跳闸。另外，跳闸信号发射到供电线路的远程端。信号可以通过无线电、光纤或金属极，或将电源的一相接地，从而造成远程端供电线路因为故障而关闭开关。如果配电系统有发电机，发电机或变电站的低压侧断路器也必须打开。有时即使没有发电机，低压侧断路器也会打开。

变电站母线保护

当熔丝保护变压器，没有变压器低压侧断路器，并且差动器使用馈线断路器 CT 时，保护装置就会覆盖低压侧母线和变压器。

使用单独的母线保护时会有一些备选方案以检测母线故障，包括低阻抗电流差动、高阻抗电流差动和联锁方案。

有电流限制的低阻抗母线差动与变压器差动保护的操作基本原理相同。母线没有强大的激励电流，所以谐波闭锁无法实现，也没必要调整变压器连接。但是，通常有比变压器差动应用更多的线路测量，所以设计母线保护的继电器很有必要。已经部署了无电流限制的低阻抗母线差动保护，不过常出现 CT 饱和问题，造成不必要的跳闸。

高阻抗母线差动保护包括一个大的稳定电阻串联连接的简单的过电流继电器。继电器的电流从并联连接的二次绕组 CT 处测量所有的总线连接。CT 在型号和比率方面应该是一样的。在没有故障情况下，进出母线的电流应该均等（CT 二次回路匹配模式），所以几乎没有电流通过过电流继电器。稳定的电阻会阻止大量外部故障电流浸透故障馈线 CT，从而产生错误的差动电流。

区域联锁方案（Zone - interlocked schemes，也叫总线闭锁方案）利用过电流继电器测量从主变压器过来的输入电流。只要测到故障电流，过电流继电器就会使母线跳闸，除非其中一条馈线保护发现故障并发送阻塞信号。母线跳闸会延迟片刻以确保馈线保护有足够时间去探测并阻塞支线故障。

无论采用哪种探测方法，只要发现母线故障，来自于主变压器的故障电流必须中断，变压器低压侧断路器同时打开。或者用变压器保护章节中的方法将变压器高压侧断开。如果有发电机，发电机或变电站低压侧断路器或电流开关也必须同时断开。没有分布式发电机时必须断开低压侧断路器。

配电网馈线保护

在变电站中配电网馈线保护往往是瞬间和定时的过电流功能。这些功能常常在自动重合器内实现，实质上这些功能都由重合器实现。当电流超过规定的阈值时就会反复跳闸，经过一系列设置的延迟后再重新接通或闭合，或者用一个带有瞬时和反时限过电流特征的电子继电器。

馈线（见图 2.35）在沿线或侧部都有熔断器，用来隔离故障区域，允许其他区域提供待修。馈线保护常常使用熔丝挽救法或跳闸挽救。

图 2.35　现代数字馈线保护继电器
（通用电气公司提供）

天线馈线容易发生瞬时故障，这种由雷电或绕组引起的摇摆（专业上称驰振）造成的故障会随着故障电流中断、电弧熄灭而消失。熔丝挽救方案往往用在这些天线馈线上。在正常的情况下，这种设计有一个瞬时过电流元件，当检测到故障时元件会使馈线断路器跳闸。高速跳闸用来防止介于变电站和故障间的熔丝熔断。故障电流被中断后，瞬时过电流元件被阻断，反时限元件被启动，馈线断路器重新合上。对于瞬时故障，断路器一旦重新闭合，故障也会消失，所有客户供电恢复正常。经过几秒的延迟之后，这种方案被重置，瞬时元件重新发挥作用。对于永久性故障，断路器一旦闭合，故障电流会再次流动，反时限继电器会启动。反时限继电器与熔断器互相协调，如果变电站和故障之间有熔断器，熔断器启动，中断该线路上的客户供电，而其他部分继续供电。如果故障的位置在熔断器前面，反时限继电器就会超时，整条馈线跳闸。

地下电缆线故障几乎都是永久性的，很少有瞬时故障。这里常用跳闸保护方案。正常情况下，这个方案有反时限装置，当变电站和故障区间的熔断器运行足够长时间后才会使馈线跳闸，中断该区域用户供电，留下剩余部分通电。如果故障出现在熔断器前，反时限继电器会延时、整条馈线跳闸。随后这种具有瞬时跳闸功能的自动重合器的馈线跳闸会试图恢复供电，在熔丝已经熔断的情况下，在第一次跳闸之前无法中断故障电流。

有时，变电站馈线保护包括远程监控，以防止因变电站附近大型变压器低压侧故障而引起不必要的馈线跳闸。这类故障应该在变压器处就被清除掉，以免该线路上的用户在用电时受到干扰。

2.4 高渗透分布式发电及其对系统设计和运行中的影响

高渗透分布式发电对设计、工程实践以及配电系统的可靠运行是一个很大的挑战。将分布式能源（DER）大规模应用到系统设计、性能和运行上需要运用综合方法，关注其互通性、适应性和扩展性。

2.4.1 现代电力企业前景

集中发电与分布式发电（DG）

世界各地的电力生产大部分都在集中发电厂，很多都是利用矿物燃料、水或核反应进行发电。多数集中发电厂的电力输出在30（工厂企业）~1700MW，所以无论是电厂规模还是设备需求，都要比 DG（分布式发电）大得多。相比之下，DG 是：

- 安装在整个电力系统的各个区域（靠近负荷）；
- 不集中调度（尽管虚拟电厂处于发展中，但是很多分散的 DG 单元作为一个独立的运行单元，这些单元可能不包括在虚拟电厂中）；
- 通过额定电流进行等级区分，从几千瓦到几十兆瓦（有些地区兆瓦限制由标准来界定，如美国 IEEE 1547 规定，DG 无论是作为一个独立的计量单元还是计入总功率，发电功率可高达 10MW）；
- 连接配电网络/中等电压网络——通常指运行电压在 600V ~ 110kV 的部分网络（电压高低取决于电力公司或国家）。

DG 的所有权不同并不能作为归类的依据，因为 DG 的拥有者可能是电力消费者、能源服务公司、独立的电力生产者（IPP）或电力公司。

如今集中发电（而不是 DG）在电力生产中仍然占据主导地位的主要原因是

规模经济、燃料成本和可用性以及使用寿命。扩大生产规模就可以降低每兆瓦的发电成本，但这种规模经济的优势在下降，因为能源转换的技术优势提高了小型电厂的经济效益。燃料成本及其可利用率仍是建立大型电厂的另一个原因。另外，因为有 25~50 年的工作寿命，所以在未来很长一段时间里大型发电厂仍是电能的主要来源[1]。

DG 的优点包括：高效；提高供电安全性；提高需求响应能力；避免生产能力过剩；良好的高峰期负荷管理；降低电网损失；电网基础设施成本延长（资本支出递延）；电力品质有保证；提高可靠性；减小环境压力，符合审美要求（为传统电力设计提供了多种选择）。DG 让运营成本和运营的可靠性能够灵活广泛地自由组合，具有不菲的价值。此外，DG 让人更为满意的一点就是它更能满足消费者的要求，比集中发电成本低、相关的传输设施少[2]。DG 的缺点是所有权和经营权、燃料输送（基于机械的 DG，位置偏远）、连接费用、分配能力和控制能力（风和太阳能）。

2.4.2 “智能电网”的发展

近年来，人们对“智能电网—数字化电网—未来电网”的兴趣越来越浓。智能电网的概念有很多，具体的定义和解释还要由具体的国家、地区以及行业利益相关者的驱动、期望的结果和收益决定。

智能电网欧洲技术平台（由欧洲利益相关人组成，包括研究团体）将“智能电网定义为能够智能结合所有相关使用者行为的电力网络——发电机、用户及两者的共同体，目的是高效地提供可持续、经济、安全的电力。”[1]

在北美，美国能源部（DOE）和美国电力科学研究院（EPRI）给出了两个定义：

- 美国能源部门：一个完全自动化的电力传输网络，能够监视和控制每个用户和电网节点，保证从电厂到终端用户整个输配电过程中所有节点之间的信息和电能的双向流动。[2]
- 美国电力科学研究院：“智能电网”一词指现代化电力输送系统，所以它能监视、保护、自动优化互连元件的运转——通过高压电网和配电系统，从集中发电和分布式发电到工业用户、建立自动化系统到储能装置、再到终端消费者和他们的温控器、电动汽车、家用电器及其他家用设备。[3]

除了与利益关系人相关的具体定义外，智能电网还应该指整个电网，从发电到传输到配电基础设施再到广大电力消费者（见图 2.36）。

有效的智能电网技术部署应该定义明确，利益量化。利益可以被量化的领域有技术、经营业绩、环境目标、供电安全、宏观经济增长和企业可持续发展。有效实现价值最大化的一个关键方法就是科技——技术的功能性和实用性得到广泛

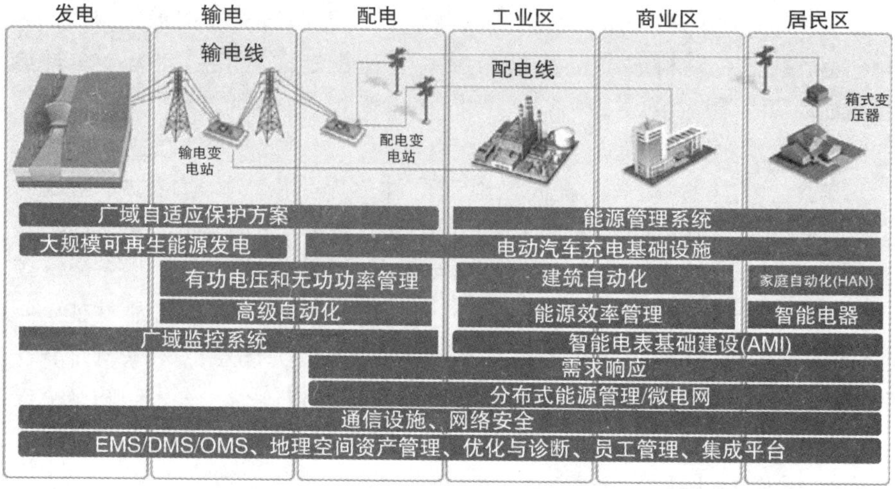

图 2.36 智能电网技术跨越整个电网（通用电气公司提供）

应用，两者作为一个紧密相连的整体，把可扩展性、互通性和适应性作为发展焦点。智能电网技术可在以下方面进行广泛开发：

- 低碳：例如大规模可再生能源发电、分散的能源资源（DER）、电动汽车（EV）、碳捕捉与存储（CCS）。
- 电网性能：例如先进的配电和变电站自动化（自愈能力）；大范围的适应保护方案（特殊的保护方案）；大范围的监控系统（电源管理单元——基于 PMU 的态势感知）；资产性能优化和调节（状态监控）；动态评价；现代电力电子技术［柔性交流输电系统（FACTS）、智能逆变器等］；高温超导（HTS）等。
- 提高智能电网应用：例如配电管理系统（DMS）；能源管理系统（EMS）；停电管理系统（OMS）；需求响应（DR）；高级应用程序启用有功电压和无功功率管理［集成电压/无功控制（IVVC）、协调电压/无功控制（CVVC）］；运用高级的分析方法来分析并进行运行、停运以及 BI 的决策；分布式能源资源管理；微型智能电网和“虚拟”电厂（VPP）；劳动力管理；地理空间资产管理［地理信息系统（GIS）］；关键绩效指标（KPI）仪表板和先进的可视化等。
- 顾客：例如高级测量体系（AMI）；家庭/楼宇自动化［家庭自动网络（HAN）］；能源管理系统和展示系统；电动汽车（EV）充电站；智能家电等。
- 网络安全和数据隐私。
- 通信与集成基础设施。

2.4.3　分布式发电技术前景

常见的 DG 包括：

- 不可再生能源发电

—燃气轮机发电机；

—微型轮机；

—内燃机；

—小型汽轮发电机组。

- 可再生能源发电

—低/高温燃料电池［例如碱性燃料电池（AFC）、熔融碳酸盐燃料电池（MCFC）、磷酸燃料电池（PAFC）、聚合物电解质膜燃料电池（PEMFC）、固体氧化物燃料电池（SOFC）、直接甲醇燃料电池（DMFC）］；

—光伏（PV，单晶硅、多晶硅）；

—聚光光伏（CPV）；

—薄膜太阳能；

—太阳能热；

—水力发电（流式）；

—风能/小型风力机；

—潮汐/波浪；

—海洋热能转换（OTEC）；

—能源存储（在调度模式下操作）。

上述技术皆因发电效率、性能、安装途径、资本和运营成本的差别而各具特色。

2.4.4　需求响应设计和操作难题

需求响应（DR）的互连工程与工程细节取决于具体的安装尺寸（kW 和 MW），但安装的整体部件应包括：

- DG 原动机（或主要能源来源）和它的电力转换器；
- 接口/升压变压器；
- 接地（接地类型取决于具体使用的系统需求）；
- 微处理器保护继电器：

—三相、单相错误检测和 DG 超载（50、51、51V、51N、59N、27N、67），

—孤岛效应和异常系统状态检测（81o/u、81R、27、59），

—电压和电流不平衡检测（46、47），

—不良的反向功率检测（32），
—基于电机的 DG 同步机（25）；
- 断开开关/开关装置；
- 测量、控制和数据采集设备；
- 通信链路传输跳闸和调度控制功能。

表 2.3 总结了各种 DG 规模和常见的 DG 相关设备（细节会因具体用途和工程实践进行不同设计）。

表 2.3　DG 并网要求

设备	DG < 10kW	10kW < DG < 100kW	100kW < DG < 1000kW	DG > 1000kW 或 DG > 20% 馈线负荷
隔离开关	是	是	是	是
继电保护器：孤岛效应保护与同步	是	是	是	是
其他保护继电器（如不平衡）	可选	可选	是	是
专用变压器	可选	可选	是	是
接地阻抗（由于接地故障导致电流）	否	否	可选	经常是
特殊的监测和控制需求	否	可选	是	是
通信与传输错误	否	可选	可选	是

2.4.5 需求响应一体化与“穿透功率”级别

DG 并网可能对系统性能有影响。这种影响可以通过以下情形进行评估：

- DG 规模和类型：功率转换器类型、额定功率、额定阻抗（unit impedance）、继电保护功能、接口变压器、接地等。
- DG 原动机的类型：风、光伏、内燃机（ICE）、电流互感器等。
- 与其他 DG 或负荷间的相互作用。
- 系统位置和电网特征：

—网络、自动循环、径向辐射等；
—在连接节点的系统阻抗；
—电压控制设备类型、位置和设置；

—接地设计；

—保护功能型号、位置和设置；

—其他。

需求响应影响也依赖于 DG 并网的“渗透”程度。当评估系统中 DG 渗透水平时，应当考虑一些因素：

- DG 作为馈线或局部互连点高峰负荷的比例（随馈线所在位置不同而变化）；
- DG 作为变电站高峰负荷或容量的比例；
- DG 源头故障电流作为电力源头故障电流的比例（各个位置）。

2.4.6　分布式发电对电压调节的影响

电压调节，尤其在电压上升时，是制约与系统连接的 DG 渗透水平的关键因素。图 2.37 所示是在公用变电所附近一个相对大型（兆瓦大小）的 DG 互连网络。

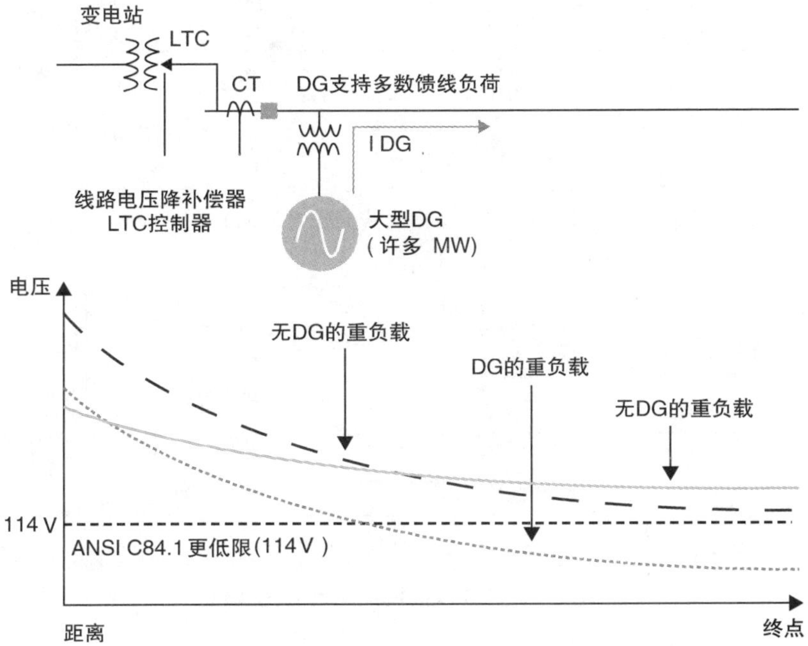

图 2.37　靠近变电站的 DG 连接

对电压分布进行认真调查发现，在重负载情况下与 DG 联网，电压会降到低于可接受的标准。通过变电站（DG 电流的贡献）的有载分接开关（LTC）可以看到，造成这种状况的原因是相对较大的 DG 减少了电路的电流值。由于负载分接开关中电流比实际值高（相当于轻载），负载分接开关会降低接头设置，以避免“低负荷、高电压”情况出现。这种行为使实际上的“高负荷、低电压”更糟。一般来说，如果 DG 少于负荷电流的 20%，那么 DG 电流影响就会非常小，多数情况下可能会被忽略。

图 2.38 和图 2.39 所示是 DG 连接末端双向线路电压调节器（VR）网络图。在“正常”电流条件下（见图 2.38），VR 可以从变电站源头到线路尽头检测到实际电流状态。VR 会按计划采取“向前”运行模式。该操作按计划进行，即使“负荷中心”已转向调压器。

然而，如果实际电流方向相反（见图 2.39），VR 会以反向模式运行（基础控制）。由于这种情况下变电站电压比 DG 电压大，所以 VR 会增加二次侧抽头的数量，二次电压会急剧升高。

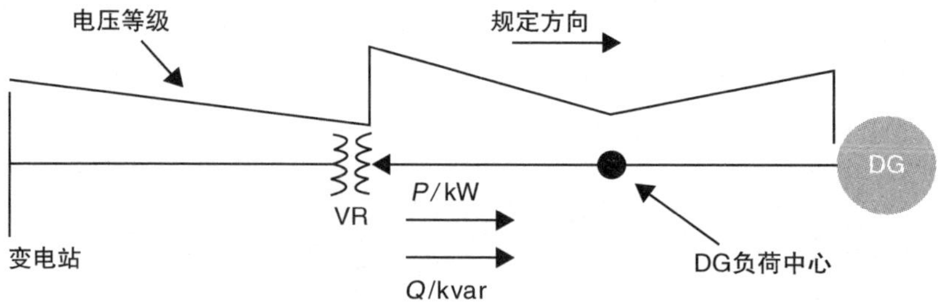

图 2.38　VR 双向模式（正常流向）

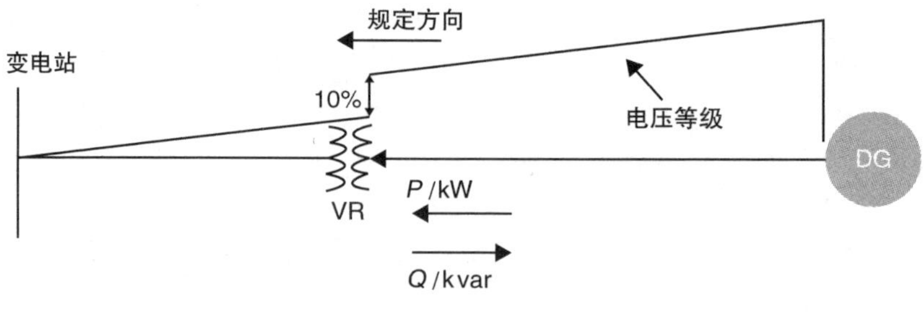

图 2.39　VR 双向模式（反向流向）

2.4.7　分布式发电对电能质量的影响

在评估 DG 对电能质量影响时，有两个重要方面：①电压闪变条件；②电压谐波失真。DG 根据具体情况能降低或提高配电网/中压供电网用户接收到的电压质量。电能质量成为越来越重要的问题，发电和负荷都要遵守相同的法规。通过增加发电提高电网故障电流的作用会改善电能质量，但也会对系统其他方面的性能产生消极影响（如保护协调）。一个值得注意的特例是，与“弱势”网络连接的一个大型 DG 或者几个小型 DG 组合在起动或关闭状态下，或输出波动大的情况下（正常或异常），可能会产生电能质量问题。对于某些 DG，电流波动属于正常运行的一部分，如风力发电和光伏发电，因为风或日光状况在不断发生变化（见图 2.40）。

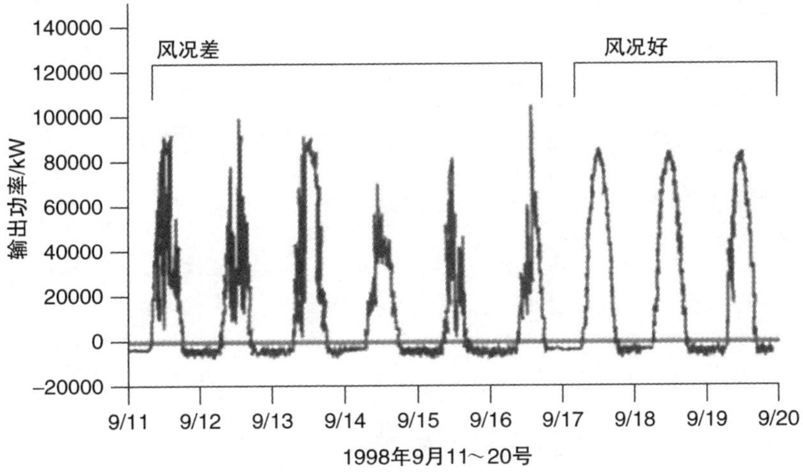

图 2.40　100kW 光伏发电厂功率输出波动

谐波会导致一些设备（变压器、电缆、电动机）在运行时产生过热、低速等干扰现象，缩短使用寿命。另外，它们会干扰电网附近的通信系统，严重时会造成谐振过电压、“熔断”熔丝、设备失灵等。DG 技术必须与预先设定的标准的谐波水平一致（见表 2.4）。

为了减小系统中的谐波影响，可以注意以下 6 点：

- 使用三角形绕组或非接地绕组接口的变压器尽量减少三次谐波注入；
- 使用中性点接地电抗器尽量减少三次谐波注入；
- 用指定的 2/3 绕组节距的旋转发电机；
- 用滤波器或相位修正补偿变压器侧谐波；
- 逆变器：用指定的高频开关逆变器脉宽调制（PWM），避免线性逆变器或转换频率低的 PWM，否则需要更多滤波器；
- 把有高比率实用短路电流处的 DG 放到 DG 评级上。

表 2.4 IEEE 519—1992 一般配电系统电流畸变限制

最大谐波电流畸变 I_L（%）						
个别谐波秩序（奇次谐波）						
I_{SC}/I_L	$h<11$	$11\leqslant h<17$	$17\leqslant h<23$	$23\leqslant h<35$	$35\leqslant h$	TDD
<20①	4.0	2.0	1.5	0.6	0.3	5.0
20<50	7.0	3.5	2.5	1.0	0.5	8.0
50<100	10.0	4.5	4.0	1.5	0.7	12.0
100<1000	12.0	5.5	5.0	2.0	1.0	15.0
>1000	15.0	7.0	6.0	2.5	1.4	20.0

注：1. 偶次谐波控制在奇次谐波限制的25%。TDD 指在基波频率中总需求失真和基于平均最大需求电流。

2. I_{SC}—在 PCC 中的最大短路电流；

I_L—在 PCC 中的最大需量负载电流（基本）；

h—谐波分量。

① 不考虑 $I_{SC}I_L$，所有发电设备都受限于这些电流畸变值。

2.4.8 分布式发电对铁磁谐振的影响

无论是否与 DG 相连，都会产生铁磁谐振（如变压器磁化电抗和地下电缆电容在开相间的谐振）。然而通过向系统增加 DG，过电压和谐振的情况会增加，例如 DG 连接额定功率大于负载连接的额定功率，大电容额定功率更高（额定功率的30%～400%），在一个非接地孤岛上形成 DG。

2.4.9 分布式发电对系统保护的影响

一些 DG 会将电流分配到支线上。电流分配将增加故障率，在某些情况下会改变故障电流流向。DG 故障电流分配对系统保护配合的影响必须予以考虑。电流分配的数量、持续时间和是否存在保护配合的问题取决于：

- 支线上 DG 的规模和位置；
- DG 的类型（逆变器、同步电机、感应电机）及其阻抗；
- DG 保护装置设置（跳闸速度）；
- 阻抗、保护和馈线结构；
- DG 接地类型和接口变压器。

基于不同电机的 DG（IEC、CT、一些微型涡轮机和风力机）产生的故障电流是额定电流的4～10倍，根据所用电机的不同，跳闸时间在1/3周期和几个周期之间。逆变器的额定电流是故障时的1～2倍，并且跳闸关闭的速度非常快——在理想条件下，很多时候都不到一个周期。一般来说，如果 DG 产生的故障电流水平变化小于5%，那么故障电流就会对现有系统或设备运行产生影响。电力公司也必须考虑设备的中断能力（例如断路开关、自动重合器和熔丝必须有足够的能力去中断组合 DG 和电源故障的级别）。图 2.41 和图 2.42 所示是 DG 故障对系统运行和可能的保护失调的影响。

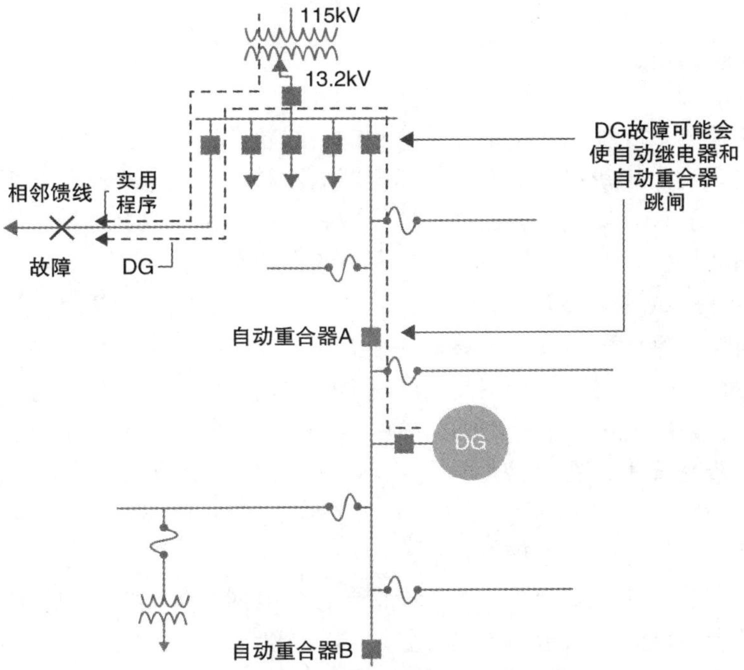

图2.41　不良的保护跳闸（反馈）

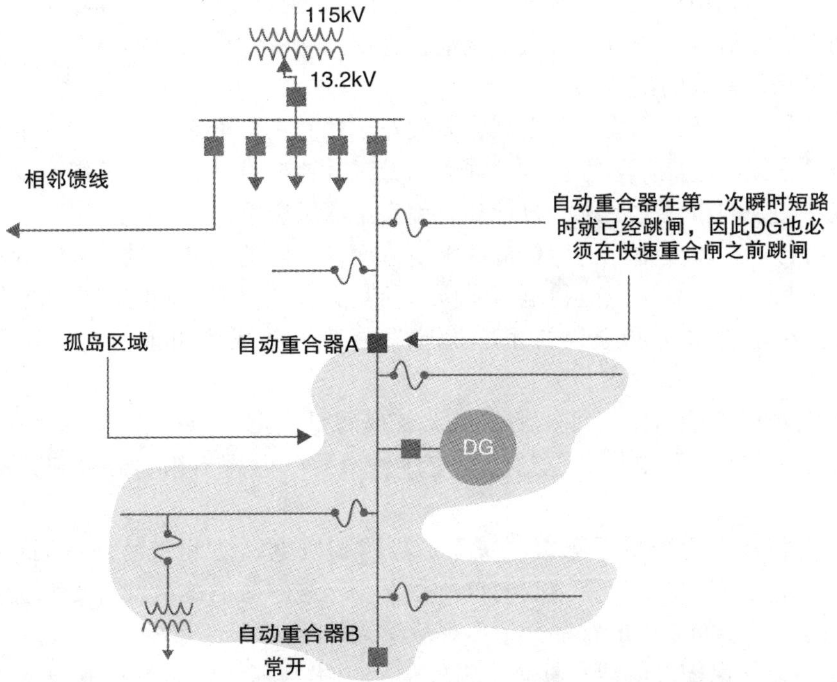

图2.42　无意识的DG孤岛效应

2.5 未来方向

当今的配电系统越来越复杂。发电和储电的新方法，如光伏发电、燃料电池和电池存储系统，与新式用电方式，如智能电器和插电式电动汽车，正与配电网连接。随着经济和环境效益的提高，接受这些设备的速度也会加快。同时，用于监测、控制和保护它们的自动系统也随之更精密复杂。

在配电网区域越来越大的同时，很多电力公司正面临这些挑战。许多开发商正在建设新型绿色社区，拥有足够电力和储能担负起断电期间的社区负荷。通常当微电网运行的配电网区域与主配电网隔离时，仍可以暂时性地运行。在主配电网断电期间，微电网可以继续给非故障区供电。当微电网与配电系统相连时，电力公司也在研究技术，在经济高峰期或容量高峰期，使分散的能源（DER）价值达到最大化。按照配电系统要求，这些设备的电能用 W、Wh、var、电压表示，配电系统中的时间量用频率表示。

配电网日益增加的复杂性对进一步整合各个电网系统提出了迫切要求。这里所描述的各个系统会越来越一体化，包括 FDIR 和电压/无功系统。随着 FDIR 对配电系统的重新配置，电压/无功系统就可以优化最新配置的馈线。例如消费者反馈的电压和无功可以用来改善电压/无功系统，在不违反限制消费者要求的前提下利用这些信息控制电网。微电网运行会促进所有配电系统的整合以维护一个安全、可靠、有效的配电网。

这样就会降低技术成本，提高整体效益，同时为配电系统上的用户不断改进电能质量，提高电能可靠性。这种强大的经济效益会推动新技术发展速度，对配电系统和相关的自动化系统的设计和组件产生深远影响。

电力行业在改变整体电力传输和配电方面有广阔的发展前景。智能电网技术进军输电和配电领域可以改善电力供应，使其更高效可靠，同时减少温室气体的排放。由于电力电子和通信技术的迅速发展使这些成为可能。主要发展领域如下：

- 智能电表能从所有可能测量点上获得测量数据，包括通信馈线终端，以便为消费者提供正常电压，包括配置电压调节器、电容器组、开关和其配电网设备。
- 通信技术的进步意味着消费者、电网和发电站之间实时保持通信联络，因此电力公司可以平衡线路两端的负荷需求。先进的通信技术也需要手动或自动网络重组，以防网络中的某些部件出现故障或缺陷。
- 先进的保护继电器和具有增强的通信技术与算法能力的控制设备用以自动监测、隔离和重新配置电网，以确保持续的电力供应。

• 可再生能源将继续在配电网中快速推广。风能、太阳能、水力发电组将会增加其容量和输出，部署能源存储系统以满足高峰需求和卸载系统发电机时所需。在电力输送出现故障或对社区进行隔离时，微电网可以继续为客户提供高品质的电能。

世界各地越来越多的电力企业在寻找方法提供优质能源的同时，也更加关注顾客利益，让自己更具有竞争力、更高效、更创新、更环保。21 世纪 DG 正成为电力企业智能电网投资组合中的一个重要元素。目前，成熟的技术和财政支持（包括政府和投资者的资金支持）使广泛实施 DG 的障碍在减少，然而电力部门仍有技术上的难题需要处理和克服。DG 应成为日常规划、设计、运营和实践的一部分，要特别考虑到：

• 输电和配电站的设计能够解决 DG 的渗透问题；

• 故障级别增加所造成的设备评级利润率的计算（由于发电站增加）；

• 保护继电器和配置，使其与互连 DG 共同提供安全可靠的系统运行（能处理多个信号源、逆流及可变的故障级别等）；

• 馈线电压调节和电压降设计方法将具有重要意义的 DG 渗透纳入其中；

• 恢复供电，减少 DG 的干扰，甚至可以利用 DG 提高其可靠性；

• 接地措施和方式，以控制因 DG 引起的接地故障过电压。

参 考 文 献

1. Smart Grids, European Union, http://www.smartgrids.eu/
2. United States Department of Energy, Office of Electric Transmission and Distribution (2003) Grid 2030: a national vision for electricity's second 100 years
3. EPRI (2009) Report to NIST on the smart grid's interoperability standards roadmap

参 考 书

Institute of Electrical and Electronics Engineers (1994) IEEE recommended practice for electric power distribution for industrial plants, IEEE Std 141-1993. Institute of Electrical and Electronics Engineers, New York. ISBN 978-1559373333

Killian C, OG&E, Flynn B (2009) Justifying distribution automation at OG&E. In: 2009 DistribuTECH conference, San Diego, 3–5 Feb 2009

Lathrop S, Flynn B, PacifiCorp (2006) Distribution automation pilot at PacifiCorp. In: Western Energy Institute, 2006 operations conference, Costa Mesa, 5–7 Apr 2006

Lemke JW, Duke Energy, Flynn B (2009) Distributed generation, storage and the smart grid. In: Autovation 2009, The utilimetrics smart metering conference and exposition, Denver Colorado, 13–16 Sep 2009

Stewart R, Flynn B, Pepco Holdings Incorporated (2007) Modeling DA improvements to reliability performance metrics. In: 2007 WPDAC, Spokane, Washington, DC, 3–5 Apr 2007

Weaver T, AEP, Flynn B (2011) Achieving energy efficiency through distribution system improvements: integrated volt/VAR control (IVVC). In: 2011 DistribuTECH conference, San Diego, 3–5 Feb 2011

Westinghouse Electric Corporation (1959) Electric utility engineering reference book, Distribution systems, vol 3. Westinghouse Electric Corporation, Pittsburgh

第3章　可再生能源并网发电

Bri－Mathias Hodge、Erik Ela 和 Paul Denholm

术语表

辅助服务	所有活动都必须支撑电能从电源向负荷输送，确保系统可靠运行。例如电压和频率的控制、发电计划、负荷追踪和系统保护
区域平衡	在某地区电力供求关系平衡、协调部门维护系统频率并且提供运行备用
独立系统运营商	承担某一个特定区域的电力传输系统运行的组织
运行备用	因系统中断造成原计划电量不可用而临时启动额外电量
机组组合和经济调度	为时刻满足预期需求由电网运营商对发电机进行调度的过程。机组组合指合理安排机组的开、停机状态，经济调度用以确定最经济的发电量以满足给定的负荷水平
波动性发电	机组发电难以控制、可调度性低。该术语常用在受天气驱使的发电机组，如风力发电、光伏发电

主题定义与重要性

可再生能源并网发电囊括电力系统运行中的所有变化，从而使其在电力系统中发挥重要作用。其影响主要来自波动性发电（VG），如风力发电和光伏发电。历史上这种发电被称为间歇性发电，近年来倾向于用波动性发电[1]。波动性发电有一个随时间变化的发电量极限（波动性），并且这个极限没有一个准确的界定（即不确定性）。这种不确定性和波动性进入现有发电系统后，对电网维持目前可靠性带来额外的挑战。

3.1　简介

可再生能源发电包括大量的不同发电技术类型，通常以电力来源分类，如地热能、水能、海洋能、生物质能、太阳能和风能，每种能源发电都有大量不同的技术支撑。然而，当讨论可再生能源并网发电时，风能、潮汐能、河流水势能和光伏发电更能获取最大效益。这是由于这些发电方式输出的电能是变化的、不确定的，其他类型的可再生能源发电更类似于传统能源发电，可以调度，如化石燃料和核能。这意味着它们可以提前完成发电需求，而不受当前天气状况的影响，这是可控能源的可用性。然而不能保证所有发电机在预定时间内一直好用，因为每台发电机都有出故障的可能。这些可调度性发电的计划外停机率很低，甚至系统认为这些发电机在预定时间内完全可以满足生产需求，不过仍然需要应急储备，以防断电。其他可再生能源发电机组偶尔也会出现电力输出不确定性，比如水力发电机组，在水库水位低于一定水平时不能运行，它们通常被当作传统的发电机组使用。正因如此，这些发电技术的并网不被看作电力系统运行问题。另一种区分波动性电源和分布式电源的方法是检验描述它们使用模式的因素，一个常见方法就是容量系数。容量系数是指在某个时段内特定机组满负荷运行的实际发电量除以该机组理论上的最大发电量。因此，当强制或非强制性中断引起的机组减产时，常常会不利于容量系数。基荷电厂有 90% 或者更高的容量系数。坐落在沿海地区的风力发电厂拥有大约 30% 的容量系数，而光伏电站，即使位置很好，其容量系数也在 20% 以下。然而仅通过容量系数不能说明全部，例如仅在用电高峰时燃气轮机的容量系数会低至 5% 以下。即便是燃气轮机当时可以有很高的容量系数，也不能总是在机组和调度中选择它，因为它的运行成本要高于基荷电厂。因此，其他的指标，如强制或者非强制中断率也是机组停运的特征。但这些指标不适用于波动性发电，因此讨论风力发电和光伏发电时通常用容量值和有效承载力。可再生能源发电并网中，风力和光伏发电是考虑的焦点，因为它们具有波动性和不确定性，并且在电力系统中所占比重较大。

2000 ~ 2008 年，全球风力发电输出增长了 7 倍，光伏（PV）发电增长了 16 倍[2]。在美国过去几年，风力发电发展最快[3]。在 2009 年，美国有超过 34GW 风力发电和超过 600MW 的光伏发电[3]。这种趋势已经使波动性发电在电力系统中由原来的无足轻重变得举足轻重。未来电力系统中可再生能源发电量会更大，在实现更高渗透率之前要认真研究可再生能源并网发电方式。

3.2 电力系统背景

目前电力系统已经有了超过 100 年的进化和发展。该系统的核心就是可调度式发电，主要是矿物燃料、水力发电和核能。因为大多数大型电力系统的电力存储量相对较小，电力供应必须满足电力需求。为了保持一个额定的频率，供需必须时时匹配。当供不应求时，频率会偏离预定值（在北美是 60Hz，在其他国家是 50Hz)。频率偏离其预定值可以触发低频率下的甩负荷或超频率继电器断开电机，以防损坏。如果不加以控制，级联事件会导致停电。要解决供需平衡的矛盾，就要调整当前系统运行结构。电力系统操作是一个复杂的过程，必须提前预测出需求量、制定发电量，同时做好各种储备，以确保系统的可靠性，还要预测到需求误差的发生或计划发电机组无法使用。

电力需求呈现强劲的日变化和季节性特征。季节性需求模式与季节性气候模式高度相关。在美国由于夏天使用空调器产生了大量额外负载，所以大多数电力系统的最高需求往往在夏季；欧洲供电系统通常在冬天用电加热取暖时达到峰值。图 3.1 展示了德州电力可靠性协会（ERCOT）的季节性和日常模式。可以看到，夏季峰值是春季最低负载的两倍，在夏天每日差异也非常大。图 3.1 显示出在一天时间内，总系统负载在 40～60GW 变化。为了满足这些截然不同的状况，电力公司建立的机组具有不同的生产特点。

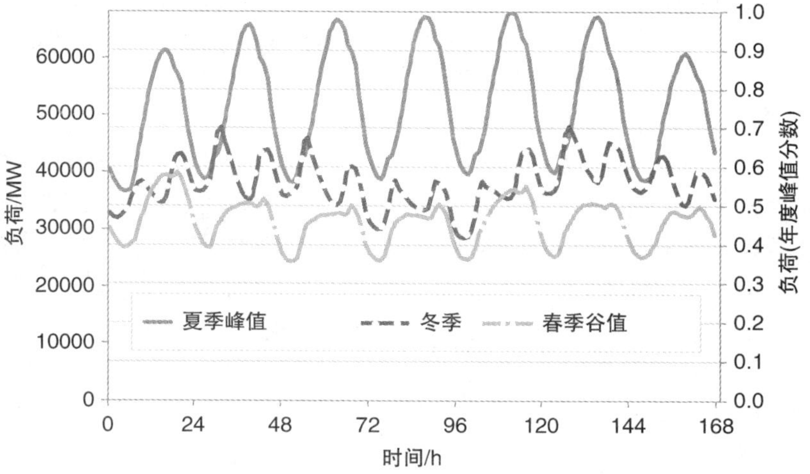

图 3.1 ERCOT 2005 每小时负荷[4]

基荷电厂适用于电力需求低于最低日需求量的发电。火电站和核电站是两个最典型的基荷电厂。这类电厂容量大，投资费用高，运营成本相对较低。基荷电厂起动时间长，不能随负荷的变化频繁改变出力。因此这类电厂在服役期内几乎以最大输出量运行。负荷的变化通常是通过使用另一种类型的发电机组实现，即负荷跟踪装置。这些电厂进一步细分为腰荷电厂和峰荷电厂。腰荷电厂用于满足日常需求变化，通常是水力发电，或以天然气为原料的联合循环发电厂。峰荷电厂的边际生产成本非常高，因此只在需求量极高时使用，通常每年不超过几百小时。这类电厂是燃烧天然气或烧油的简单循环涡轮机。图 3.2 所示是基荷、腰荷和峰荷机组正常使用模式。

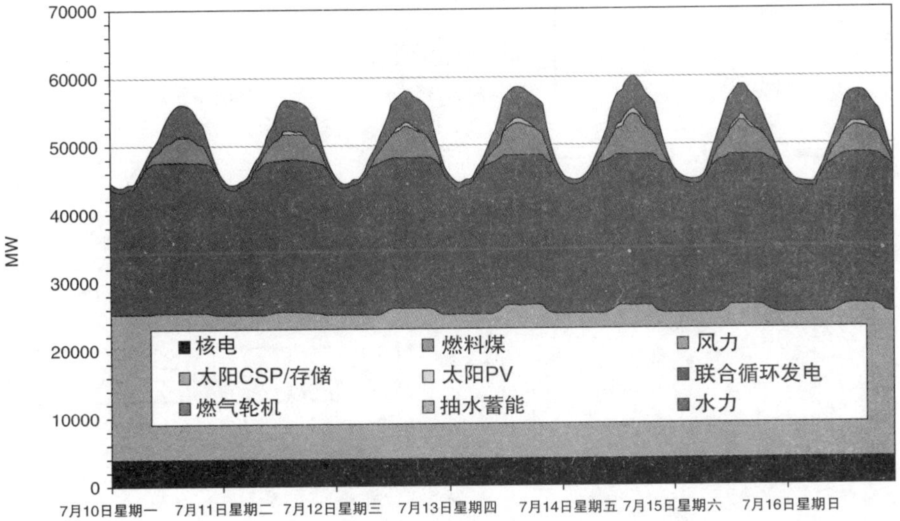

图 3.2　美国西部可再生能源低渗透率的常规机组发电和分布式发电[5]

发电厂通常提前一天制定发电计划来满足预期负载，这就是安全约束机组组合。基于对第二天的负荷预测，这种优化的系统总成本对机组起动做出日程安排。因为系统负载不能完全预测，所以需要另一个更接近实际时间点的分配过程。这个过程被称为安全约束经济调度，它调整联机机组输出的电量以满足需求。在这个过程中所需要的时间提前量随着系统运营的变化而变化。电信技术的进步使一些系统在很短的调度时间内就能运行，现在只需要提前 5min。考虑到发电机的限制，网络传输限制和 $n-1$ 应急限制，这两个过程都应该确保组合和调度的安全。$n-1$ 准则表明电力系统的 n 个组件中的任意一个组件（发电机、输电线路、变压器等）发生故障被移除后，应不造成因其他线路过负荷跳闸而导致用户停电、不破坏系统的稳定性、不出现电压崩溃等事故。

除了先进的日程安排来保持电力供需平衡外，系统运营商对容量也要制定储备计划，以防意外变故。运营储备可以根据其触发的部署、响应时间和部署方向进行分类。图 3.3 说明了基于事件类型和响应速度的不同储备类型。最常用的储备是那些在正常操作条件下所需要的。为了应对预测和实际情况之间不断产生的差异，发电机组必须有储备。此类功能的储备叫调节储备。它可以对正常负载情况下发生的轻微随机波动做出响应，以维护系统频率。调节储备必须既能增加又能减少输出以便于同波动状况相匹配。调节储备通常采用亚分时间制。利用跟踪储备，可以在几分钟时间里处理更多的持续态势（实际上称负荷跟踪储备）。

此外，储备必须随时待命，防止发电厂或输电线在输送电力时突然断电。应急储备是为了防止发电机或输电突然中断。一级储备，即频率响应储备，出现大

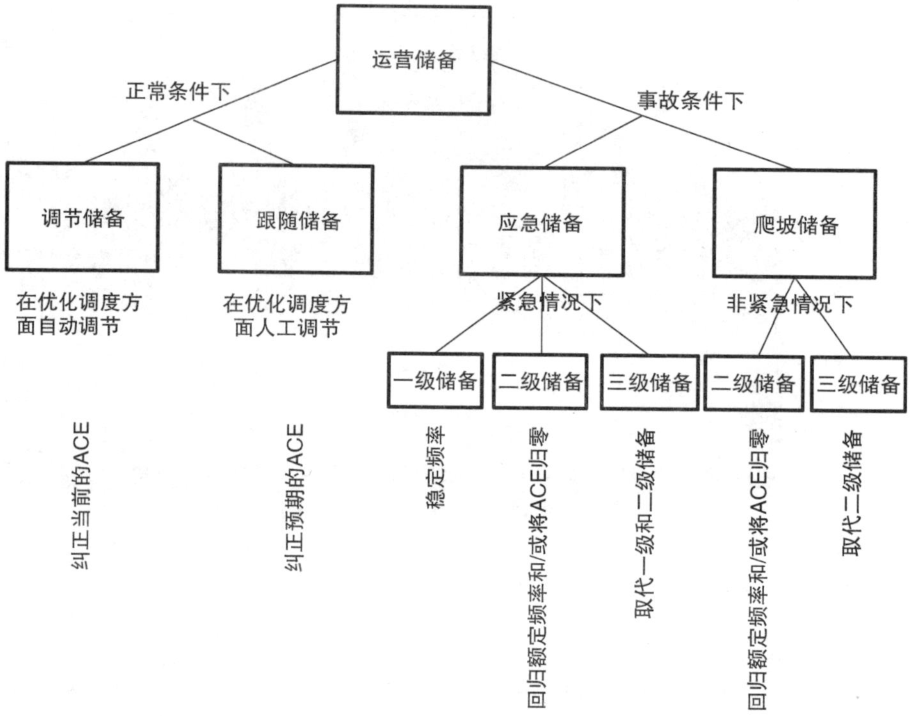

图 3.3 储备类型图示[6]

扰动时在几秒内做出响应及时稳定系统频率；二级储备用于将频率恢复到预设值；三级储备是用来取代已损毁的一、二级储备，保证系统后续运行的安全。爬坡储备用于响应持续时间过长的故障，如波动性发电预测误差或爬坡事件。爬坡储备也需要频率或控制误差回到其预先设置值，并且一旦出现第二次故障即可被取代。但因为这些事件发生速度比较缓慢，所以没有必要稳定快速变化的频率。储备也常常根据其同步状态分类。在系统当前的负荷需求下机组同步运行时的有效生产能力的总和被称为旋转备用。非旋转备用与机组不同步，所以响应时间长。快速响应储备，如调节储备、一级或频率响应储备，需要专门的旋转备用；而较慢的储备类别通常是旋转备用和非旋转备用以不同比例的混合体。

3.3 可再生能源特征

如前面所述，这里所说的可再生能源一般就是风能和太阳能发电，因为这两种发电方式完全不同于其他。虽然两者都是波动性可再生能源，但在将它们并网到电力系统中之前，需要考虑到风能和太阳能发电的鲜明特点，最重要的区别是它们的日变化。太阳能发电的输出跟随太阳的日周期，因此被限在白天；而风力发电昼夜均可，不过多数地区在夜间电力输出更高更稳定。图 3.4 所示是 2004 年 MISO 系统一天中平均风力发电输出曲线和平均节点边际价格（LMP）。从图 3.4 中可以看出，输出最高时往往是电价最低时，也是需求最低的时间段，而每日的用电高峰电价最高时风电输出呈下降趋势。

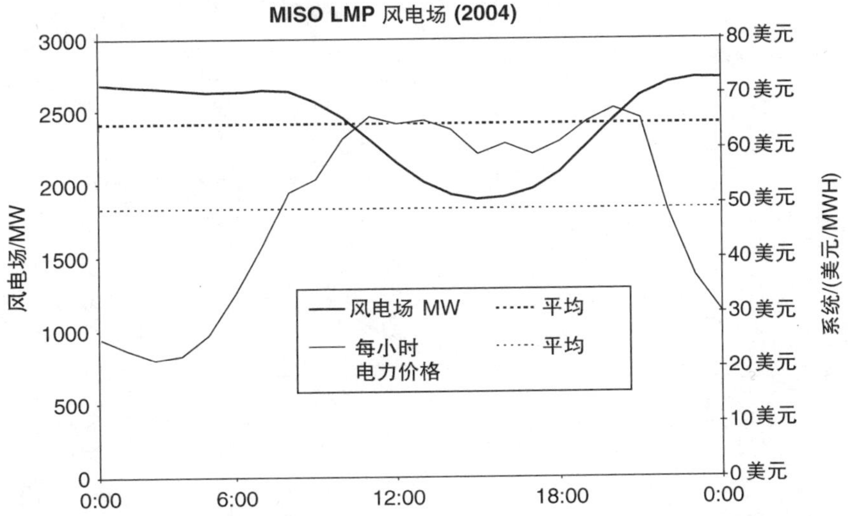

图 3.4　MISO 系统一天中平均能源价格与风电场输出功率曲线图

太阳能发电可以细分为两种：集中式太阳能热发电和太阳能光伏发电。从操作角度而言两者最大的区别是太阳能热发电厂可以储蓄热能，这样发电厂可以在太阳直接辐射减少时使用储存的能量来稳定输出电量；而太阳能光伏发电完全依赖太阳直接辐射，多云的天气会降低输出电量，并且晚上无法输出电能。图 3.5 显示了 7 月可储能的太阳能热发电与太阳能光伏发电的日常差别。两者的另一个显著差别在于它们的安装位置。太阳能热发电厂需要更大的场所进行安装，并且成本更高，因此它们只有在拥有丰富太阳能资源的地方才能部署发电系统。太阳能包括直射光和散射光。直射光是太阳光束的光能，散射光是大气层反射的光能。直射光可以在晴空下使用镜子或镜头聚焦收集太阳能，占总太阳能的60%～80%，但是随着湿度增加、云层覆盖和大气凝胶的出现而减弱。所以太阳能热发电只能建在干旱区，如美国西南部。太阳能光伏发电没有规模大小的限制，所以既可以用于大型电厂也可以分布在多个地方，如屋顶。这是分布式太阳能光伏发电渗透率高的重要因素，对于系统运营商而言这些地区的电力输出只是降低负荷。

通常基于风电场坐落的位置而不是所使用的技术，风力发电也可分两类。随

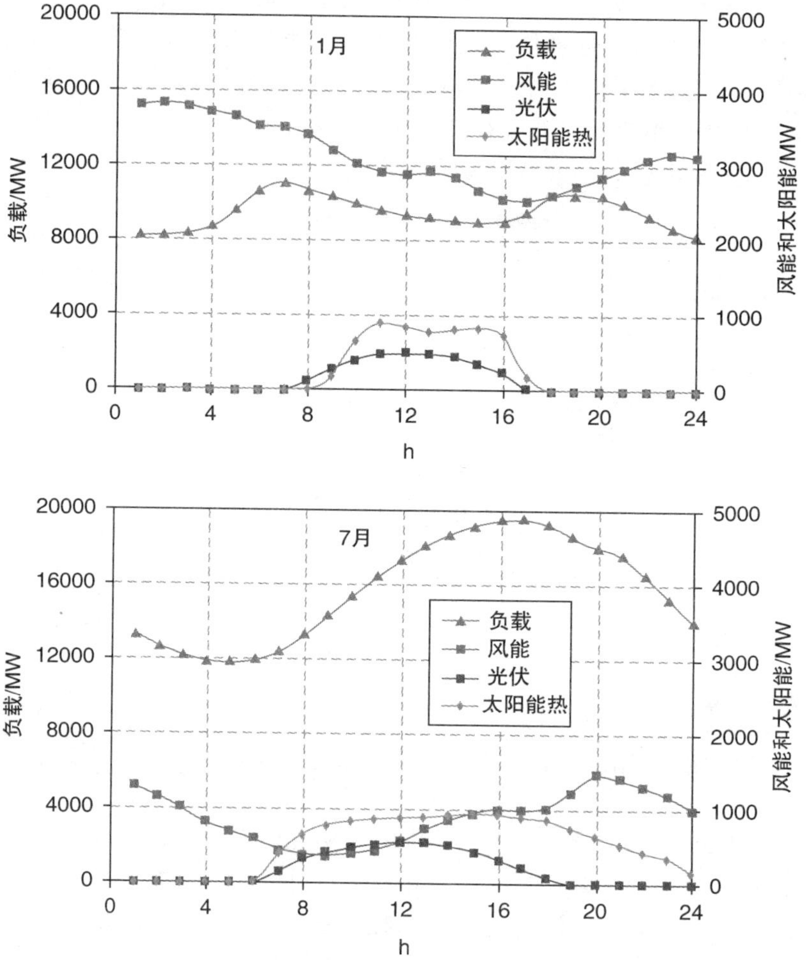

图 3.5 1 月和 7 月美国亚利桑那州的可再生能源高渗透率情况负载、风能、太阳能光伏发电及太阳热发电（带储存）曲线图[5]

着风力发电能力增加，迄今为止陆地风电场一直占据主要位置。然而，海上风力发电具有输出稳定的特点，高容量是它具有吸引力的重要因素。海上风电场往往是大型的风电机组，由于需要广阔的水域建设，增加了难度和成本。陆地风电场需要建立新的输电线路，而海上风电场对新输电线路的需求更大，但他们的优点是离负荷中心更近。

风能和太阳能的最大益处就是有大量的资源基础。例如，2005 年全球电力消耗估计为 16.6PWh，陆地风力发电因受限于地理位置，最小机组容量系数只有 20%，发电量约为 700PWh[8]。全球海上风力发电量尽管不大，但也不容忽视。海上风力发电场要求在离岸 50n mile 范围内，水深 50m 以内，尽管有这些制约，但其潜在的能源产量却高达约 80PWh[8]。美国海上风电的潜在总容量超过 4000GW，这还是基于风电场位置离岸 50n mile、年平均风速 90m 大于 7m/s[9] 的要求。太阳能光伏发电的资源潜力更大，到 2050 年估计达到约每年 4100PWh[10]，而太阳热发电潜力估计在 630 ~ 4700GW[11]。相比之下，中小型水力发电厂的产量在全球为 150 ~ 200GW[11]。有这些巨大的能源基础，但当前现状是能源利用率低，所以在能源供应的长期规划中，可再生能源最具吸引力。

由于这些波动性发电资源不能调度，为并网增加了新困难。一个主要分歧是它们通常被认为是一种消极负载，而不是发电来源。实质上，目前正在生产的任何波动性发电都应该被接受，因为它降低了总负荷。剩余负荷就是正常的需求减去可再生能源的发电量，并且比负荷本身具有更大的可变性。这是波动性电源渗透率低的正常表现，但它还需要改变以适应更高的渗透率。事实上在使用风力发电用来缓解输电限制时，这种变化就已经开始了。

3.4　发电机建模与互连

可再生能源发电厂与电网实现物理连接涉及很多技术及稳定系统运行方面的问题。可再生能源发电对电力系统的贡献越来越大，同时它也必须承担维护系统安全的责任。这里主要关注占有更高市场份额的风力发电。风电机组连接电力系统的具体要求必须符合并网规范，规范里面也清晰说明了风电机组的贡献，以确保电力系统的稳定性。两者间的合作深受电机类型和电网刚度影响。普遍使用的风电机组有 4 种不同类型（类型 1 ~ 4），差别在于它们控制输出功率和无功功率的能力以及发电机类型。对不同的风力机进行精确的建模有助于了解风电场并网对整个系统的影响。小型风电站可以与中低压配电网相连，大型风电场的风电机组通过汇总系统连在一起，然后与变电站相连，在电能从配电网络向输电网络传输过程中变压器升高电压。

3.4.1　故障穿越

对风电机组常见的要求是发生系统故障时有故障穿越能力。早期系统故障时风电场只是简单地将系统断开。在风力发电量大的情况下，断开系统会使问题恶化[12]。这就要求在故障期间发电机必须在线一段时间，并且电压变化随着系统阈值而发生变化。风电机组技术的进一步发展是故障后发电机的恢复能力比传统发电机好。风电机组必须遵守常规电网运行要求，同时也必须有系统保护，在系统退出正常运行范围时可以防止风电机组损坏。电厂要有保护装置防止高低频和电流电压故障。另外，任何可再生能源发电厂所使用的电力电子器件都能显著提高其对事件的响应。

3.4.2 频率控制

电力系统频率波动源于包括电力损耗在内的发电量与需求量之间的瞬时差异。风电场可以通过改变叶片形状或关闭单个风电机组降低输出，防止频率过高，以维持频率的稳定。因为低频需要额外的发电量，所以更具挑战性。当发电量需求突然增大时，不可能通过提高风速来实现，所以需要保持一定比例的储备。如果风电场输出功率的降低可以预测，风电机组就可以提前慢慢减少输出从而降低负爬坡速率的影响。

3.4.3 电压控制

为了使电力系统按设计运行，虽然瞬变允许范围（0.9~1.1）较宽，但电压应保持正常的工作范围（设定点的0.95~1.05）。当电流流过时，电线阻抗会导致两端的电压变化。可再生能源发电的引入改变了系统的电力潮流和本地的电压。与频率不同，电压是无法在整个系统范围内控制的局部现象，因此电压必须通过该区域的发电机或电力电子产品如变压器将电压保持在指定范围内。输电线电压控制通常用发电机无功功率的消耗或供应、或电容器组、或柔性交流输电系统设备的调节来实现。

3.4.4 无功功率

异步风电机组消耗的无功功率如果没有适当的补偿，会导致电力系统电压崩溃，分别从电压下降和无功电流方面增大系统的损失。为了减轻影响，无功功率可以由变速发电机组逆变器提供，或由定速发电机电容器提供。

3.4.5 互连队列进程

通过新的发电机接收到来自本地电网运营商所需的权限连接到输电系统的过程被称为互连队列进程。该进程使系统运营商对可行性、系统影响以及设施研究进行控制引导，以确保新发电机不会对系统运行产生负面影响。该过程还包括必要的发电机参与当地市场的规划以及输电权的获取。

3.5 运营影响

近年来，随着大量的风电涌进电力系统，为了评估因整合大量的风力发电对系统的影响进行了一系列的研究。这些研究通常检验两种情况：一种有风；一种无风。然后将统计和生产成本模拟分析结果进行比较，以确定可能因风电产生的系统运行成本差异。一个常见的假设是，系统的可靠性必须在一个恒定的水平，所以在有风情况下的额外运行储备变得非常重要，它可以弥补因电厂引入而增加的系统可变性和不确定性。

3.5.1　调控

调控的目的是为了弥补系统在短时段的波动性。多数这种波动源于正常负载的波动，以及由于传统发电机略微偏离它们设置点引起的附加组件的变化。可再生能源发电的引入增加了电力系统另一种波动性来源。不过风力发电对调控服务的影响则是相对次要的。例如，约 30GW 的系统增加 3300MW 的风力发电，系统峰值负载只需要增加 36MW 的调控[13]。这是因为大量风力机组合的可变性在调控时段是非常小的。另外，在小时段调控范围内负载和风能是不相关的，因此它们的波动很少放大，经常互相抵消。但人们仍在使用不同的方法来研究对调节储备的影响，有时要求也大不同。

3.5.2　负荷跟踪

可再生发电资源并网时对电网运行有重大影响的一个方面就是负荷跟踪问题。在几分钟至几小时负荷跟踪运行中，有大幅度可再生能源发电的输出变量生成。可再生能源发电加入到负荷中增加了该时间段内整体系统的波动性。例如，按照昼夜模式，当风力发电输出开始下降，正如早上负荷开始上升一样，这种波动就会出现。对系统操作员来说计时非常困难，因为他们不仅要能处理负荷的增加，还必须同时替换产生的功率。

3.5.3　风电出力不确定性损失

风电出力不确定性的主要损失是由于预测不准确导致发电不达标，典型的例子就是对风量的过高预测所造成的损失。如果预测的风量很大，但实际却非常低，就需要启用备用发电设施完成需求负荷。若负荷量很大，可以启用慢速反应基荷机组。如果预测更准确就可以起动造价便宜的低速风电机组，但由于对风量估计过高所以不得不起动昂贵的高速机组进行发电，所以就会出现成本损失。另一方面，如果对风电场最大出力估计过低，投入运行的发电机很可能会超过实际需要，造成过高的起动和燃料成本，并且出现弃风运行现象。

需要注意的是，目前由于单个的风能和太阳能发电厂规格小于系统中最大发电机，按照传统指标不需要额外的应急储备，如 $n-1$ 准则。如果大型可再生能源发电厂建立，或一定数量的电厂被安置到一个输电线路上，可再生能源发电渗透率提高，将来这种情况就会发生改变。然而，在高渗透率下，大量的预测误差会造成应急储备不足以覆盖这些误差，有人在美国西部对此做过研究[5]。在美国西部的风能、太阳能并网研究（WWSIS）中发现，这些误差发生概率大约是运行时间的1%。当额外的旋转备用加入到系统中来处理这些极端事件时，它提出某种形式的需求响会更经济有效。而所提议的额外储备达到一对一时，却忽略了这一事实，那就是可再生能源发电的增多加大了系统储备的数量。正如WWSIS中所展示，增加可再生能源并网使传统发电机退让，加大了系统中可用的旋转备用数量。图3.6显示了储备增加时间段曲线图。由于弃风使旋转备用数量也有所增加。

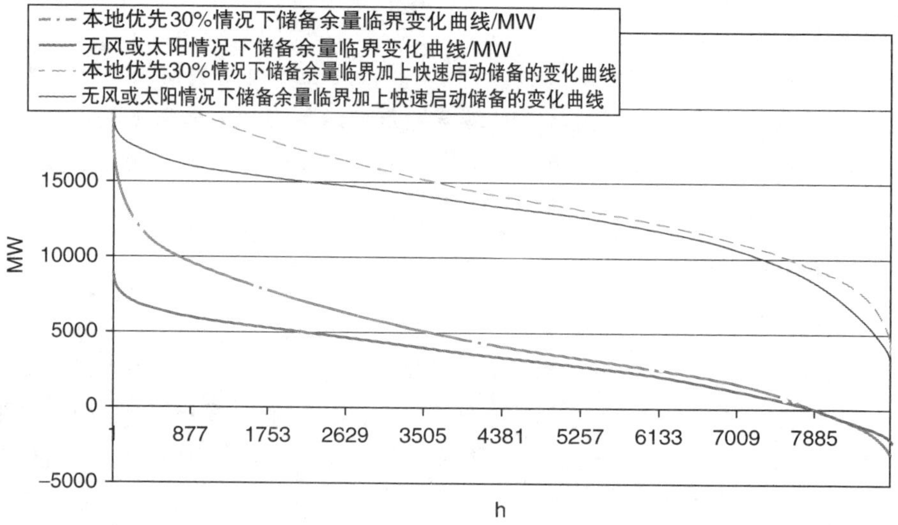

图3.6 可用旋转备用增加和可再生能源渗透率[5]

3.5.4 热电机组循环

在可再生能源发电高渗透率情况下，被取代的不仅是峰荷机组和腰荷机组。

图3.7显示了由于30%可再生能源渗透率提供了巨大的发电量，所以基荷电力生产不得不低于最大发电量。基荷发电必须频繁改变其输出水平，被称为循环，它给近似恒定输出的组件带来了额外磨耗成本。在这种情况下，低负荷和高输出相结合造成非正常的系统运行。对热电机组来说，最具破坏性的事情是温度变化太大，造成材料疲劳，降低电机部件正常寿命。因此机组起动是损耗最大时，这是因为在运行和关机模式之间产生的巨大温差。关机时间长短也很重要，无论是热起动还是暖起动应首选冷机起动。把发电机电力输出降到最低值，然后再升到最高值，尽管带来的损耗比停机小，但因为巨大的温差增加了机组磨损。

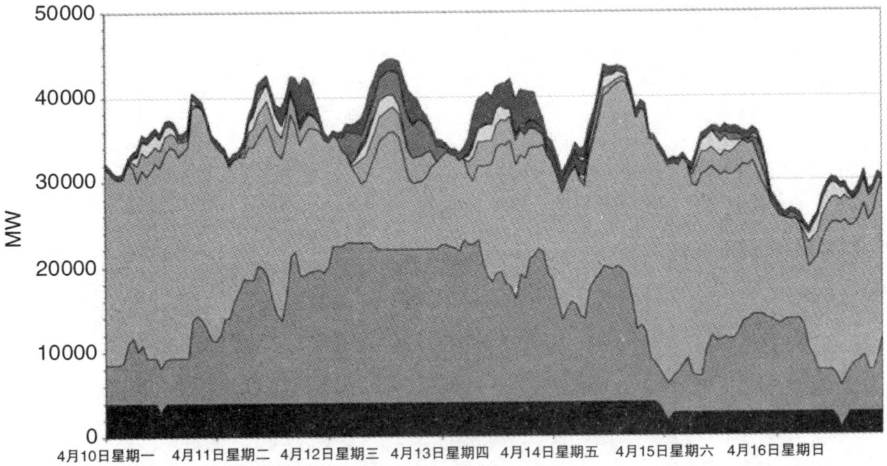

图 3.7　美国西部 30% 可再生能源渗透率机组投入和调配案例[5]

3.6　市场因素

前面已经说明，低渗透率的可再生发电可以被并入电力系统，而且几乎不会改变当前系统的稳定性；风能和太阳能的波动性和不确定性限制了其渗透率的提高，而这种渗透率在现行电力系统范围内是合理可行的。这些不确定性和波动性可以通过电力市场提前一天或提前几小时的预测来缓解，也为电力供需平衡提供了多样选择。

3.6.1　平衡区域合作

2010 年，在美国和加拿大有超过 100 个平衡区域。最近趋势向着有利于平衡区域联合方向发展，平衡地区的数量预计将继续减少，这对可再生能源发电并网是一个积极的发展信号。无论供应还是需求，小平衡区域因日常波动性遭受更严重后果。例如在一个总需求量为 100MW 的电力系统中，增加 10MW 就具有重要意义，而在 10000MW 的系统里 10MW 却轻而易举就能实现。对一个拥有大量用户的大型电力系统来说，总需求量的变化也非常少，因此聚合系统负荷中个体的变化影响非常小。不同地区多台发电机的集结也减少了可再生能源发电的波动性。波动性电源的地理多样性是因为两台发电机距离越远，就越不可能受同种天气影响，因此它们功率输出的相关性也就越低。

图 3.8 所示是在距离遥远的两地风速相关性下降线路图。较大的平衡区将增加潜力区以吸引可再生能源发电，从而降低总输出的整体波动性。

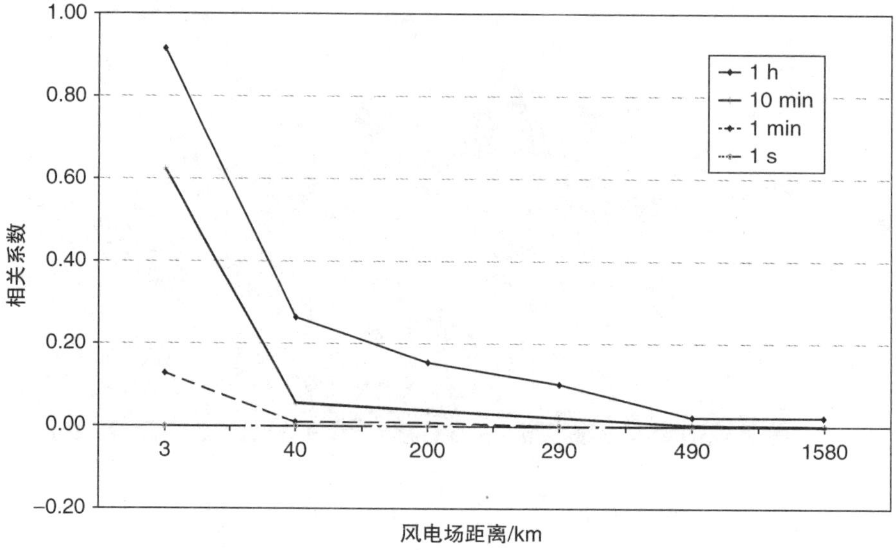

图 3.8　在美国两个地区的风速与距离的相关性

3.6.2　储备分享

平衡区域除了完全联合之外还可以通过其他机制寻求合作，其中一种可以降低可再生能源发电并网成本的方式就是储备共享，这样平衡区域可以独立安排和调度生产来满足自己的负载需求。然而因为某些类型的储备，如应急储备，利用率非常低，他们可以作为备份储备到多个平衡区域，应该有足够的传输容量可用。

3.6.3　调度间隔

另一种可降低电力系统波动性影响的方式不是使用 1h 周期调度，而是更频繁的市场操作。分时平衡市场通过利用现有系统的灵活性，减少辅助服务的需求，来帮助可再生能源发电并网。而且它们允许可再生能源发电修改生产预测，使得更接近运行周期，以此最大程度减少预测误差以及由此而造成的失衡。

3.6.4　辅助服务市场

辅助服务市场将在可再生能源高水平的整合中发挥关键作用。而当前提供的服务并不够，应该在电力系统可靠性需求基础上创建新的服务。例如，由于大量的可再生能源发电增加系统的波动性，所以负荷跟踪是一项重要的系统功能。然而在能源市场却通过其他机组来实现，在可再生能源渗透率高的条件下，市场对快速增长的资源是有益的。另一个考虑的关键因素是采取不同的辅助服务以应对当前可再生能源发电现状。明智的做法是在目前风力发电量高时确保大量的负荷跟踪储备，而不是在风电场输出大幅度减少时。但当风电场输出功率低时，对负荷跟踪储备的需求也随之大幅度降低。通过协同优化，不仅要选择有能源供应的配套服务，对服务数量也有要求，这样波动性电源并网成本才会减少。

3.6.5　容量市场

运转良好的电力市场不仅需要在每个时间点提供必要电量以满足需求，还要提供必要的发电量。对波动性电源容量信贷计算是可再生能源并网最具有争议性的问题之一，在不同的系统中所用的方法也不尽相同[15]。由于容量信贷基于系统可靠性，如损失的负荷概率，所以它实际上是衡量一个机组对系统可靠性的尺度。因为在系统压力高时对备用容量的需求也达到最高，这时负载损耗也很可能出现，所以容量信贷认为这时可用容量比低概率未服务负载时的容量更有价值。除了常规发电外，波动性发电的容量信贷最低，主要是因其高效的强迫停机率。这种高效的强迫停机率是由天气原因引发的不可用性，而不是发电机故障。在大多数区域风电场输出功率和峰值负荷之间的相关性非常弱，风力发电机的容量信贷非常低，在信用测定中容量可用性的时机掌握也很关键。另一方面，太阳能发电整体容量系数较低，但容量信贷却相对较高，这是因为太阳能输出功率高的时间段与用电高峰时段相符。

3.6.6　节点边际价格

与常规发电相比，波动性发电成本较高，而波动成本较低。实际上波动性发电机组生产的边际价格更低（通常标为零），它们可以投标进入能源市场。当波动性电源量可以拿下可能投入生产的最高投标单位时，此时的能源市场成本就会降下来。这就减少了所有发电机总收益，随之总系统成本也降低。传输系统堵塞导致系统中不同节点的价格不同，这就是节点边际价格（LMP）。当面向可再生能源发电的一些优惠政策如生产税收抵免，与可再生能源高输出相结合在输电系统中的某个特定时期，负节点边际价格的可能就会出现。这时采用生产激励措施让电厂支付电力生产会产生经济效益。无论对常规电厂还是同一地区的可再生能源发电厂，此情形都不会持续很长时间。如果这种情形发生频率很高，就会造成该地区常规机组的停运，从而对依靠这些机组保证备用容量的系统可靠性造成损害。

3.7 输电规划

为可再生能源发电提供最大产能的地区往往远离负荷中心，这说明新建的输电系统应该充分利用这些拥有丰富可再生资源的区域。建立新的传输网络所需要的审批许可和建设时间常常超过电厂选址和电厂建设时间，从而出现大批可再生能源发电由于传输瓶颈而无法使用的现象。

输电规划不仅在获取可再生能源方面重要，在实现并网上也不容小觑。在平衡区域或互连区域建立传输网络可以更好地利用可再生能源发电，为当地发电提供备用之选。在利用可再生能源地理差异上，各地区间拥有强大的输电线路非常关键。当前的可再生能源发电出现一个地区高另一个地区低时，额外的输电线会使这些多出的电能得以充分利用而不是削减。美国有一个项目，计划利用增加输电来帮助可再生能源并网，这就是 Tres Amigas 项目[17]。北美电网被分为 3 个基本独立的互连区：西部、东部和德克萨斯区。Tres Amigas 项目是通过在这些互连区之间增加 5GW 直流电超导线，提供扩展的传输链路。新墨西哥州和德克萨斯州毗邻边境地区距优质风源和太阳能源特别近。

一个更宏大的项目是将广阔土地上巨大的可再生能源进行整合，这就是 DESERTEC 项目[18]。该项目的目标是创建一个超级电网，贯穿欧洲、中东和北非。该超级电网将开放更多的可再生能源，包括中东和北非的聚光太阳能和北欧的风力发电。此项目覆盖广阔，将确保可再生能源的发电资源和需求平稳衔接。

3.8 实现更大的可再生能源穿透率

目前，尽管人们利用大量的可再生能源发电技术去满足电力供应，但还需要有很多技术和策略把这些电力融进电力系统中。图 3.9 展示的是一个不同的供需端技术和系统方面的概念性成本排列，为电力系统提供更大的灵活性，有助于波动性电源并网。多个不同的可再生能源发电技术的融合，加上互补性发电特点，以及未来容量扩展都有助于促进对复杂可再生能源电力系统的运营。如地热、生物质热能和水力发电厂这些分散的可再生能源在无需显著改变系统运行的情况下就能实现发电。地热和生物质热电厂可以作为基荷供电，需要时可以减少波动性发电量。水力发电也有这项功能，但因其响应迅速，可以通过为波动性发电提供负荷跟踪能力来更好地服务系统。然而，这些电厂的地理位置限制和经济成本表明，需要大量电容才能满足可再生能源资高渗透率的目标。减缓这些发电厂的可变性和不确定性的方法有很多，下面逐一进行介绍。

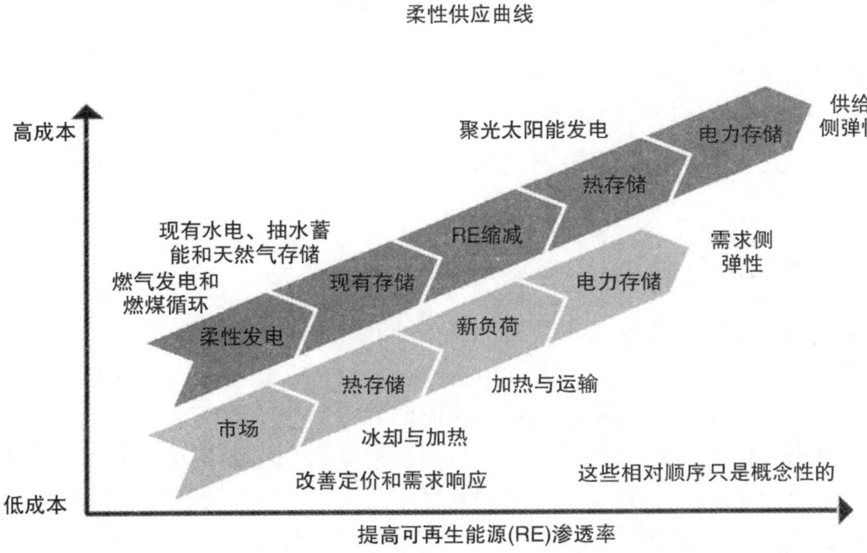

图3.9 柔性供应曲线表明可以有不同方式为系统提供灵活性，为可再生能源发电整合提供思考[19]

3.8.1 波动性发电预测

可再生能源发电既有波动性又有不确定性，然而它的不确定性比波动性更重要。如果能提前了解波动性电力输出，其产生的影响也会大量减少。波动性输电仍然可以在正常发电机组和分配系统内进行安排，实际上是可以调度的。令人棘手的是输电的不确定性。庆幸的是，一台带有波动性的发电机，其输出虽然会受天气的影响，但在短时间内不会产生突变。可以利用预测技术对今后电力输出进行估算，并把这些信息纳入未来发电计划，然而预测结果会随着预测开始与取得结果之间的前置时间的缩短而改进。与长时段预测相关的不准确性，再加上基荷发电组起动时间长，都会减少特别是风电预测的实际影响。数值天气预报模式通常用于目前机组的风力预测。改进这些模式，并在小范围内使用，就有可能通过良好的预测促进可再生能源发电的利用。

3.8.2 随机规划和操作工具

充分利用波动性发电预测的一个方法就是使用随机机组组合和经济调配模式。在未来的时间框架内考虑，这些模式与功率输出的多种不同情况相结合，联系可能发生的概率，而不是简单的点位预测。清晰地认识到这些发电的随机性，就能制定出更强大的时间表，对可能发生的不同情况轻而易举地做出响应。这种时间表和点位预测相比，更能减少系统平均运行成本[20]。改善预测，不仅要考虑到下一个时间点最可能的值，还要考虑其范围和该可能值的可能性，这些都会增加随机操作工具的影响。因此，考虑波动性发电预测误差的分布非常关键，因为它可以建立一个更现实的预测方案。改善随机规划算法，减少求解最优调度的计算时间，通过考虑更多场景及它们在较小的时间尺度内的应用，增加了这些工具的效用。

3.8.3 加快市场发展

从预测到实际生产之间的时间在缩短的同时，平均预测误差也在减少。因此，与波动性发电不确定性相关的发电成本降低的同时，加快实施市场调度有助于提高可再生能源发电渗透率。缩短预测时间和实际输出时间之间的间隔，就可以利用更多当前信息对预测进行判断。目前调度是由后续的每小时的调度信息汇集而成形成历史数据，小时内的调度需要进一步改善。这些小时内平衡调度提供了另一种方式，利用调节储备容量，跟踪负荷需求，以降低波动性电源对电网的影响。

3.8.4 需求响应

将大量可再生能源发电并入到电力系统中的另一种方式是需求响应。该方法是基于改变传统电力系统运行的主要原则之一：不断改变发电以匹配不可控制的负荷。需求响应使系统运营商通过延迟负荷区域供电的方式控制部分负荷的时间安排。在峰值负荷期间，这种方法常被系统运营商当作最后的救命稻草。大型工业负荷一般都与电力公司签约，他们或接受补偿，或降低电价，允许电力部门周期性断供，这是最常使用的方法。从电力公司角度看工业客户更好些，因为对单一客户断电就可以大量降低负荷。大型商业设施也有可能参与需求响应项目，例如大型商厦的采暖或制冷就是一个重要耗电源头。

采用智能电网技术可以让居民参与需求响应项目。与工业负荷不同的是，单个居民用户的负荷占整个系统负荷比例非常小。但是，如果电力部门能同时控制大量分散的且高负荷家用电器，如空调器，其效应堪比大型工业用户。值得注意的是，需求响应项目不会明显减少整体用电量，而是在额外电力供应不足时将负荷从用电高峰时段转移到用电需求的低谷时段。家庭需求响应受限于大型家用电器使用费用，以及消费者对使用的时间不敏感的家电产品的接受程度，例如，使用电冰箱可以推迟但只能是短时间内，这样里面的东西才不会坏掉；但洗碗机可以在夜间总用电需求下降时再使用，对家庭的负面影响也没那么大。实在不行可以把某些电器连到可再生能源电力输出上。这涉及住宅用电分时电价的使用理念，与目前盛行的固定电价结构正好相反。最麻烦的是居民对不同电价反应表现出的有限的接受能力和意愿。对于居民用电模式的大量变动，分时电价方案应与电能表配套，它可以根据当前电价调整家用电器使用方式。

3.8.5　电力存储

缓解可再生能源发电波动影响的一个常用方法就是利用电力存储，而且有很多不同技术可用，在一定时间范围和电力能源水平上，每一种技术都非常有效。图 3.10 用图例说明了不同技术的作用范围。基于响应持续时间，有 3 个基本时间段需要电力存储：持续时间非常短、持续时间较短、持续时间长。一般来说，时间越长所需的电能就越高。这些存储类型也可以根据各自的应用进行分类，电能质量、桥接功率和能源管理分别与持续时间非常短、较短和持续时间长相对应[21]。存储时间非常短需要在毫秒内做出响应，并且要在几秒内提供大量电力，这种类型的电力对电能质量和频率调节非常重要。要求在秒到分钟间的多级时间框架内做出响应是短时间存储，用于桥接功率。这种存储在发电储备和类似的应用中很有用，可以在紧急情况下供电。较长时间存储可以在多个分钟的时间段内做出响应，用于长时间供电，如负载均衡的应用。

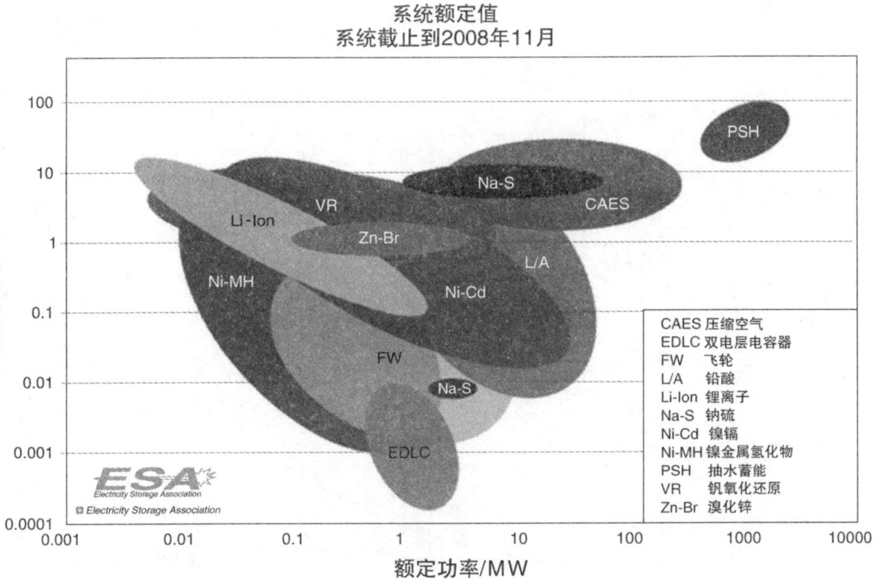

图 3.10　用于不同存储技术的电力和能源组合范围

桥接功率和电能质量应用都是波动性电源并网需要考虑的重要因素，拥有大额功率输出和放电时间长的存储技术对提高可再生能源发电渗透率最重要，因为当输出超过需求时，这些存储技术可以将能量转移到需求大于输出的地方去。抽水储能电站是规模化能源存储技术，适合长期使用。用电低谷时的多余电力被用于将水从下水库抽到上水库，将电力转化成重力势能，当需要电力时再释放。抽水储能必须是两座水库的高度差相当大，平地不行，所以有地理条件限制。压缩空气储能也受地理条件限制，特别是长时间放电，要依赖洞穴作为压缩空气存储器。这种存储把多余的电能用于空气压缩进行存储，需要时将空气释放产生电能。目前使用燃气燃烧以补充压缩的空气。利用电池的化学存储是另一种储能方式。在目前铅酸蓄电池就很划算，技术也成熟，充放电损耗较低，不过寿命短，在电网中的应用很有限。钠硫电池循环寿命长，效率相对高，主要用于高温运行的电网应用程序。其他一些化学电池也可用于储能，如锂电池，很多领域都有，关键是轻便；还有氧化还原电池，专用于大规模发电。

图 3. 11 所示是一个在理论上完全柔性系统内，从减少弃风运行方面，电力存储对系统运行效率的作用。可以看出，即使少量的存储都会极大提高可再生能源渗透率，减少弃风发电量，从而提高波动性发电能力的经济可行性。备用储能量对可再生能源发电并网有帮助，但边际收益减少。目前电力存储造价昂贵，限制了发展潜力。即使存储成本在技术上能够得以改进，电力存储也只是辅助可再生能源发电并网的一个工具而已。

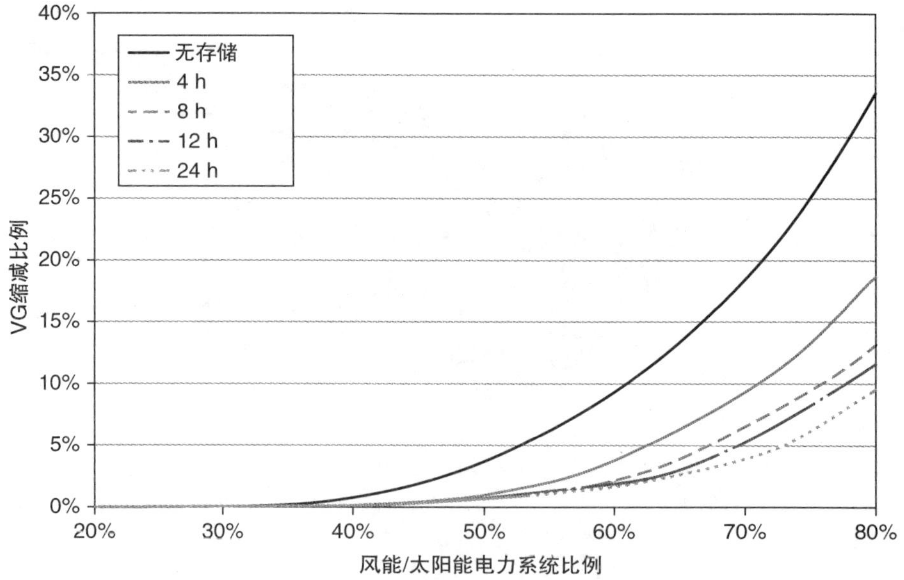

图 3. 11　不同储能下 VG 渗透总体缩减。假设风能/太阳能混合发电比例是 30/70 和 100% 的柔性系统。每小时的存储代表 1h 的平均系统需求[19]

3.8.6　可再生能源发电削减

尽管可再生能源发电渗透率很低，但还有一种偶尔使用的解决方法，是发电产量缩减或溢出。如果可再生能源发电量大到已经影响其他发电机组的运行，例如把基荷产量降低到最低发电水平或输电线输送能力达到了极限，那么就可以暂停发电。这只是小型可再生能源发电解决问题的简单方法，适用范围有限，但很经济，因为建立了超量的可变电容，而且只在偶尔需要时发电，其余的时候都被削减。如果大量削减肯定会影响可再生能源电厂的经济效益，同时也影响了下一个发电厂的建设，除非希望该电厂负荷生产计划与其他可再生能源发电位置反相关。

3.8.7　新负载

根据每天用电高峰和低谷的周期性变化，系统会灵活地使用不同类型的发电形式。然而如果日常用电较为平坦，基荷发电机可提供大部分电量，该系统将能够更有效地运行。这就需要新的负载，其使用模式正好与目前的夜间低谷时期吻合。同样，因为风电场晚上输出功率一般较高，新的夜间负荷有助于减少弃风现象，因为很少会发生风力发电加上基荷最低发电量还超出需求的情况。最能满足这些目的的新负载便是电动汽车。多数汽车白天使用，晚上闲置。电动汽车可以晚上充满电，早上供车主使用。这种车辆充电模式确保了它们补平负荷曲线而不是增加峰值负载[22]。为此，政策必须到位，惠及电力系统，但不影响消费者从汽车中获得的好处，从而钝化采纳率。从这些充电汽车中获取最大利益的手段就是让电力公司控制汽车充电。这样可以把电动汽车作为需求响应方式，可能成为调节可再生能源发电的一种有效方法。

3.8.8　柔性发电

目前发电组合设计并未纳入波动性电源资源。可再生能源发电的高渗透率需要更灵活的发电方式，以弥补不可调度的输出。发电机的柔性包括快速起动和斜坡起动的能力，例如，目前核电厂和燃煤电厂冷起动速度非常缓慢，另一方面，简洁的燃气轮机可以快速地起动，从最小输出迅速进入满发状态，对发电机停运进行相应的补充。这些柔性发电模式给系统运营商提供了更多选择以满足负荷需要，不过费用也比呆板的基荷电厂高出很多。不过目前系统柔性还不固定。随着老旧僵化的发电设备达到运行期限退出系统，新的柔性的发电设施将逐步取代它们。图 3. 12 所示是系统柔性对可再生能源发电并网的影响。这里的柔性是由系统中所有发电机组的组合在一起的最小负荷级别表示。整合可再生能源发电的能力由可用的风力发电量表示，而这部分发电量作为整体风力发电中的一部分必须削减。正因如此，增强系统柔性会大幅度减少风力发电削减的数量。

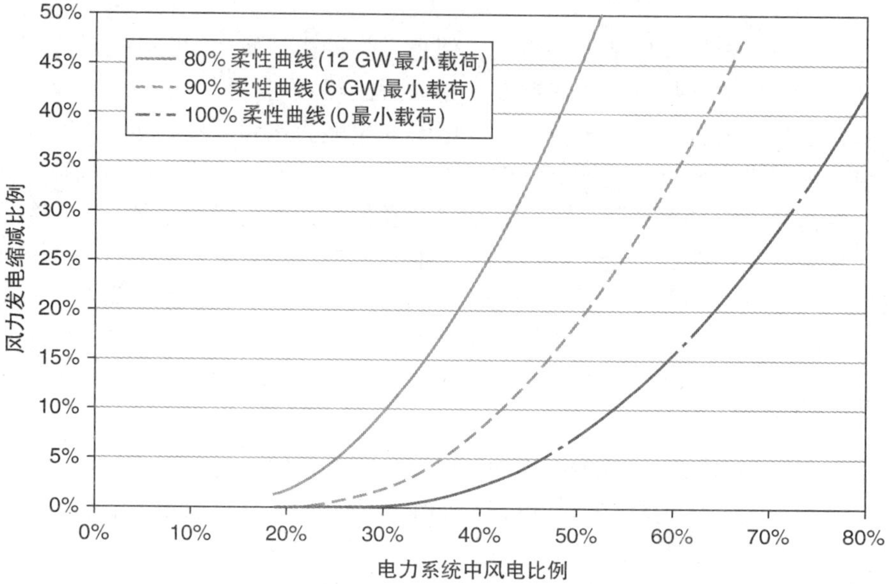

图 3.12 不同系统柔性中风能渗透作用下的削减总额[19]

3.9 未来方向

在很多大系统中可再生能源发电渗透率目前还相对很低（低于 10%），但正因如此才更容易并入到现存电力系统中。然而全球趋势如此，所以很快会实现高渗透率。在高渗透率下对当前系统运行进行大规模结构调整可以容纳更多的不确定性和波动性。随着众多电力系统实现 15% ~30% 的渗透率，经济可靠地整合可再生能源的方法将在日常生活中得到验证。在之前并网研究中没有充分考虑的问题此时将受到关注。必须预料到那些潜在的、更高层次上的波动性电源的运营问题，防止这些问题出现，以维护系统可靠性。电力系统在日常生活中有着举足轻重的作用，系统的可靠性出现很小的问题都会带来深远的经济和社会后果。可再生能源发电并网在很多方面都需要进一步落实。对风能和太阳能资源进行评估可以更好地确定新电厂的选址问题，不仅能最大化地实现电力输出，而且有益于整个电力系统发展。发电机技术进步既可以降低系统成本，又可以使其与传统的系统操作模式进行更好地互动。对波动性电源的研究有助于了解高渗透率系统的运转。最后，在系统操作方面还有大量工作需要去做。了解供需能力以提高系统柔性非常重要，同样，对拥有大量波动性电源的系统结构进行创新亦不可小觑。

参考文献

1. NERC (2009) Accommodating high levels of variable generation. North American Electric Reliability Corporation. The North American Electric Reliability Corporation is the publisher. The report may be found at: http://www.nerc.com/files/IVGTF_Report_041609.pdf
2. IEA (2010) World energy outlook 2010. International Energy Agency, Paris
3. EIA (2011) Electric power annual 2009. Energy Information Administration, Washington, DC
4. Denholm P, Ela E, Kirby B, Milligan M (2010) The role of energy storage with renewable electricity generation. National Renewable Energy Laboratory, Golden
5. GE (2010) Western wind and solar integration study. National Renewable Energy Laboratory, Golden, 536pp
6. Milligan M et al (2010) Operating reserves and wind power integration: an international comparison. The 9th Annual International Workshop on Large-Scale Integration of Wind Power into Power Systems, Quebec, Canada
7. Milligan M, Kirby B (2009) Calculating wind integration costs: separating wind energy value from integration cost impacts. National Renewable Energy Laboratory, Golden
8. Lu X, McElroy M, Kiviluoma J (2009) Global potential for wind-generated electricity. Proc Natl Acad Sci USA 106:10933–10938
9. Schwartz M, Heimiller D, Haymes S, Musial W (2010) Assessment of offshore wind energy resources for the United States. National Renewable Energy Laboratory, Golden
10. de Vries B, van Vuren D, Hoogwijk M (2007) Renewable energy sources: their global potential for the first-half of the 21st century at a global level: an integrated approach. Energ Policy 35:2590–2610
11. Sims R et al (2007) Energy supply. In: Metz B, Davidson O, Bosch P, Dave R, Meyer L (eds) Contribution of working group III to the fourth assessment report of the intergovernmental panel on climate change. Cambridge University Press, Cambridge
12. Chen Z (2005) Issues of connecting wind farms into power systems. In: IEEE/PES transmission and distribution conference and exhibition: Asia and Pacific, Dalian
13. GE (2005) The effects of integrating wind power on transmission system planning, reliability, and operations: phase 2: system performance evaluation. The New York State Energy Research and Development Authority, Albany
14. Wan Y-H (2005) A primer on wind power for utility applications. National Renewable Energy Laboratory, Golden
15. Milligan M, Porter K (2006) The capacity value of wind in the United States: methods and implementation. Electr J 19:91–99
16. Smith JC et al (2010) Impact of variable renewable energy on US electricity markets. In: IEEE power and energy society general meeting, Minneapolis
17. Z-Global (2010) Study of the economic impact of Tres Amigas. Western Electricity Coordinating Council – Transmission Expansion Planning Committee. The Western Electricity Coordinating Council is the publisher. The report may be found at: http://www.wecc.biz/committees/BOD/TEPPC/TAS/MWG/Shared%20Documents/Tres%20Amigas%20Modeling/Z-Global%20Analysis.pdf
18. DESERTEC (2007) Clean power from deserts – the DESERTEC concept for energy, water and climate security. Protext, Bonn
19. Denholm P, Hand M (2011) Grid flexibility and storage required to achieve very high penetration of variable renewable electricity. Energy Policy 39(3):1817–1830
20. Tuohy A, Meibom P, Denny E, O'Malley M (2009) Unit commitment for systems with significant wind penetration. IEEE Trans Power Syst 24(2):592–601
21. Nourai A (2002) Large-scale electricity storage technologies for energy management. In: IEEE power engineering society summer meeting, Chicago
22. Hodge B-M, Shukla A, Huang S, Reklaitis G, Venkatasubramanian V, Pekny J (2011) A multi-paradigm modeling simulation of the effects of PHEV adoption on electric utility usage levels and emissions. Ind Eng Chem Res 50(9):5191–5203

参 考 书

Ackermann T (ed) (2005) Wind power in power systems. Wiley, Chichester

Anaya-Lara O, Jenkins N, Ekanayake J, Cartwright P, Hughes M (2009) Wind energy generation: modeling and control. Wiley, Chichester

Blume S (2007) Electric power system basics: for the nonelectrical professional. IEEE/Wiley, Hoboken

Brinkman G, Denholm P, Drury E, Margolis R, Mowers M (2011) Toward a solar-powered grid: operational impacts of solar electricity generation. IEEE Power Energy Mag 9–3:24–32

Burton T, Sharpe D, Jenkins N, Bossanyi E (2001) Wind energy handbook. Wiley, Chichester

Carrasco JM, Garcia Franquelo L, Bialasiewicz J, Galvan E, Portillo Guisado RC, Martin Prats MA, Leo JI, Moreno-Alfonso N (2006) Power-electronic systems for the grid integration of renewable energy sources: a survey. IEEE Trans Ind Electron 53:1002–1016

Corbus D, Lew D, Jordan G, Winters W, Van Hull F, Manobianco J, Zavadil B (2009) Up with wind: studying the integration and transmission of higher levels of wind power. IEEE Power Energy Mag 7–6:36–46

Freris L, Infield D (2008) Renewable energy in power systems. Wiley, Chichester

Grant W, Edelson D, Dumas J, Zack J, Ahlstrom M, Kehler J, Storck P, Lerner J, Parks K, Finley C (2009) Change in the air: operational challenges in wind-power production and prediction. IEEE Power Energy Mag 7–6:47–58

Grubb MJ (1991) The integration of renewable electricity sources. Energ Policy 19:670–688

von Meier A (2006) Electric power systems: a conceptual introduction. IEEE/Wiley, Hoboken

Miller R, Malinowski J (1993) Power system operation. McGraw Hill, Boston

Mills A, Ahlstrom M, Brower M, Ellis A, George R, Hoff T, Kroposki B, Leox C, Miller N, Milligan M, Stein J, Wan Y (2011) Dark shadows: understanding variability and uncertainty of photovoltaics for integration with the electric power system. IEEE Power Energy Mag 9–3:33–41

Shahidehpour M, Yamin H, Li Z (2002) Market operations in electric power systems. IEEE/Wiley, New York

Smith JC, Milligan MR, DeMeo EA, Parsons B (2007) Utility wind integration and operating impact state of the art. IEEE Trans Power Syst 22:900–908

Soder L, Hofmann L, Orths A, Holttinen H, Wan Y, Tuohy A (2007) Experience from wind integration in some high penetration areas. IEEE Trans Energy Convers 22:4–12

第 4 章　停电：风险、成因及防范措施

Damir Novosel

术语表

DOE	美国能源部
EMS	能源管理系统
FACTS	柔性交流输电系统
FERC	联邦能源管理委员会
GPS	全球定位卫星
ISO	独立系统运营商
NERC	北美电力可靠性协会
PDC	相量数据汇集器
PMU	相量测量单元
RAS	补救行动计划
TSO	输电系统运营商
SCADA	数据采集与监控
SIPS	系统完整性保护方案
UCTE	输电协调联盟
WAMPAC	广域监测、保护和控制
WECC	西部电力协调委员会

主题定义与重要性

电力系统停电事故会导致大面积供电区域的用户电力供应中断。出现大面积停电的初始原因或许就是某个单一事故（例如，传输线垂落到一棵树上），而联锁故障是众多意外的、不可预测的低概率事件聚集的结果。当电网已经处于高负荷之下，电力系统的一个扰动出现大面积停电的可能性就会增加。

停电可能看起来是运气不好，但它们反映的却是电网的管理方式。据统计，一系列低概率突发事件的复杂交互造成的停电可能不会经常发生，但如果不采取

措施加以预防，最终肯定会发生。目前，世界各地的一些电网（如部分北美电网）可能会受到线路老化和电网基础设施欠缺而不能适应电网变化而出现停电事故。随着可再生能源发电和负荷的增长，部署“智能电网”监测、控制、保护设备、软件工具和电信基础设施有助于更好地管理电网，但不会取代基建投资。

虽然大规模停电概率非常低，但它们承载着客户和整个社会以及电力公司的巨大成本。这种风险和成本在极端情况下很容易被误判。

虽然大面积停电无法完全避免，但可以减少停电的可能性，控制波及范围和后果，提升恢复速度。在过去几十年里，世界各地的电力系统因停电已对社会造成巨大损失，导致系统利润减少，容量储备降低，因此正承受巨大压力。

4.1 简介

大面积停电提出了关于此类事件和互连电力系统脆弱性的很多细节问题[1-4]。电力系统是一个平衡的、由许多复杂的设备协调运行的系统。当系统某个部分出现问题，受其影响，可能会造成系统暂时失去平衡。在大多数情况下，该系统会被立即隔离并快速修复，不会在整个区域内进一步传播。

近来全球停电信息交流和“智能电网”技术创新发展对电力系统当前状况和需求提供了参考。找到停电的根本原因，以及对周边系统所产生的影响，实施行之有效的解决方案，有助于防止此类大面积停电的传播。设计运行可靠的“智能电网”和电力传输基础设施是今天和未来的发展方向。电力系统专业人士可以汲取曾付出高昂代价才得到的教训，了解“发生了什么，为什么会发生”来促使电力系统的可靠性提高到新的水平。

针对电网堵塞而提出的成本管理策略以及概率评估，都已经纳入风险管理，不再只是关注那些符合成本效益又行之有效的缓解手段。从广义上来说，可能会对电网可靠性或经常大规模停电产生误解，在极端情况下就会形成对风险的误判（风险指产品的成本和相关概率，两个因素很难准确评估）。广泛减灾战略的高成本（如建设新的输电线路）和不准确的概率评估（自己的系统不会停电），导致风险管理实践不够，包括不注重成本效益的预防和缓解措施。这些举措可以避免昂贵的停电成本。下面这些利益相关人从避免断电/灯火管制中受益：

• 社会/地方纳税人。例如，2003 年 8 月 14 日在美国和加拿大因停电付出的社会成本为 70 亿美元，2006 年 8 月 WECC 因停电付出的社会成本为 10 亿美元。

• 电力公司、独立系统运营商、电力生产商等。恢复供电的费用、未交付的电力、诉讼成本以及对股价产生的负面影响。

了解互连电网的复杂性，需要进行恰当规划，良好的维护和健全的操作手法是给现代生活的家用电器输送电力和防止未来电网出现问题的关键。本章对风险防控、大规模停电主要原因以及最大限度地提高电网可靠性提出了切实可行的建议。

4.2　电网发展史

在 20 世纪 30 年代，通过单个电网而非互连系统将电力输送到世界各地的消费者手中。区域系统的建立使电力系统更加稳固耐用，输送也更具可靠性。互连系统的最初功能是为供电安全提供保障，并以合理的成本使可靠性达到更高级别。在 50 年代，电力系统专业人士预见为消费者提供可靠的电力非常重要。电网已经发展到能够确保输电系统与包括储备能力在内的子系统之间协调互助，通过系统间的互换来优化能源使用。

因此，将周边系统互连以提高可靠性和安全边际已成全球事实。互连系统间相互支持协调的规则已经被联合电网成员定义和采纳，包括国家之间的互连（例如，欧洲的 UCTE）。自从 20 世纪 70 年代后期，跨国电气基础设施的开发日益增多，用以交换能源，利用不同国家或互连电网间的电力生产成本优势，以低成本进行能源输送，获得利润最大化。然而，大电网系统设计的初始目的不是在相邻系统间进行长距离、大量的电力传输，而是用于周边电网在压力状态下的相互支持。

最近几年，随着新能源发电的引进（包括可再生能源），撤销对电力能源的管制使电力系统负担增加，因为增加的容量使用同一导线传输进一步提高了输电能压。在今天电力市场上高层次的电力交换在技术层面上已经超出最初设计的范畴。高需求，伴之以技术上的低投资、基础建设升级和容量增加，已经使系统达到了安全性和标准要求所允许的极限，有时已经超出极限。同时提高了对环境的尊重和认识，那种“事不关己高高挂起”的观点对输电线或主要电源选址非常不利，尤其在人口密集、负荷高的地区。这些困难使系统扩展耗资耗力，对电力传输可靠性提出新的挑战。

最近，世界各国的投资主要是智能电网技术，例如，美国能源部投资拨款，利用广域监测保护和控制技术，如使用 GPS 同步测量，建立智能电网输电以防止停电。

世界上仍然有孤网系统（如岛屿网络）。与互连电网不同的是，无论是正常负荷还是高负荷，这些系统都不能灵活地从相邻系统处得到帮助，使供需达到最佳平衡。这些系统更容易受到发电和输电故障的影响，因此需要长期合理地协调对电网基础建设的规划和投资，这对电网的可靠性、成本效益以及运行维护都非常有益。

4.3　抑制电网大面积停电的挑战

技术的发展使人们的生活质量得到不断提升，从危险外科手术所需要的精密设备，到可以全天营业的自动银行业务，从减排环保的铁路电力系统到家用电器。许多技术革新都是发生在近二三十年，这在人们的日常生活中随处可见。人们今天所拥有的便利设施和对环保的考虑增加了对能源的依赖，使得人们对电力供应可靠性的期望值也在增加。然而，许多现代设备对电力供应的这种诉求还不能全部得到统筹安排。电力传输要求电网必须安全可靠，而现代技术则是驱动其发展的催化剂，人们对用电依赖性不断增加也提高了期望的杠杆。

世界上最可靠的电力系统（如北美、欧洲）在过去十年中也曾发生一些停电事故。它们都受到了诸多挑战——基础设施老化、可再生能源和分布式能源的并网、为满足不断增长的负荷需求而扩展输电和配电电网以及把可再生能源向负荷中心转移等。图 4.1 揭示了 2003 年停电对消费者的影响（停电前与停电后）。

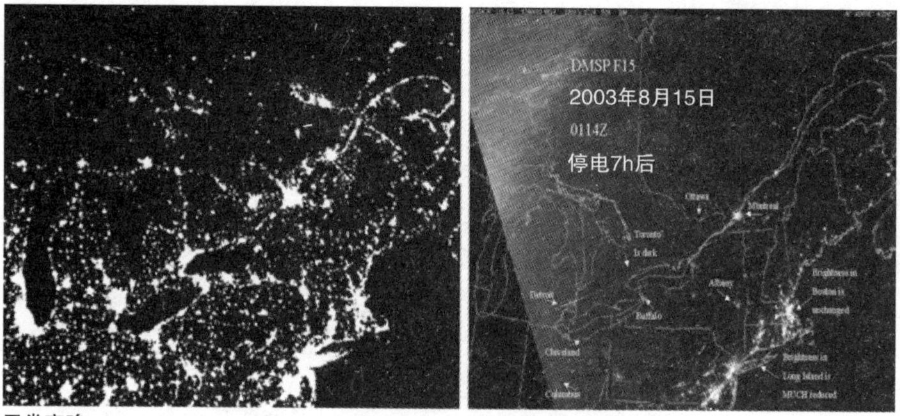

图 4.1　2003 年 8 月北美断电效果图

过去 20 年里世界各地经历了一些重大停电后，电力公司加固了自己的电气系统，并且监管机构（例如，美国 NERC、FERC 和国家监管机构）重点制定并实施了可靠性标准，这样就可以更好地规划、操作和维护电网。然而，电力行业今天所面临的问题之一是实现可靠性、经济性、环保性和其他公共用途之间的平衡，以优化传输和资源分配来满足用电需求。发电资源和输电是否充足是供电可靠性和经济性的必要组成部分。虽然可靠性和市场经济受不同的政策和奖励措施驱动，但可靠性和可用性是它们共同的目标。工业重组的今天实现资源充足供应，在区域内和区域间进行电网规划面临着极其艰巨的任务，其中因市场经济、地方关切的问题以及可再生能源发电设施选址远离负荷中心，这些都是不得不面临的挑战。未来发电选址不确定，而且传输系统建设周期很长（仅审批的过程就可能长达几年），在这种情况下去规划一个足够容量的输电系统同样困难。

找到计划输电和配电的增长方式、部署方案以及引导谨慎投资的应用标准，这些都比以往重要。所涉及的关键领域有：

- 可再生能源并网——由于可再生资源（如风能和太阳能）远离负荷中心，因此电力系统压力大，更易遭受停电事故。
- 可靠性的代价——输电部门和用电客户都愿意承担成本和风险。电力行业习惯于优化投资，然后在一定的可靠性标准内对能源交易和负载服务进行财务方面的投资回报评估。由于不能把新能源电源可靠性低且回收期慢而造成的社会重大损失估计出来，投资评估中财务模型不完整，无法制定理想的投资策略。
- 输电规划和决策范围应该将大区域收录在内——大区域应包括在传输规划和决策的范围，然而在资产构建时，很难识别成本如何分担以及谁是真正的受益人。
- 快速恢复——尽管不可能完全避免停电，但是可以用现代技术来缩短系统恢复时间。

电力是社会的重要资源，无论是区域层面还是国家层面的战略规划，都应该把提高系统的可靠性放在最优先考虑的位置。

4.4　历史事件

在过去的十年里，大面积停电次数急剧增加（如美国和加拿大东北部、美国西部、巴西、意大利、瑞典、丹麦、英国、印度、马来西亚、澳大利亚、新西兰、希腊等），影响了全球三亿多用户。由于先存条件致使电网压力过大，这些低概率的事件升级成为大停电的可能性就会增加，此时电网也最容易失调。

历史证明无论是计划外停电还是计划内（正常检修）停电，都会对电力系统平衡运行产生影响，这表明电网管理具有复杂性[1,2,5-7]。在 1996 年 8 月北美扰动案例中，1200 万人受到影响[5]，在天气温和时，西部电网中的很多设备被拆下来进行维修，而这些设备需要为西部电网其他地区的输电提供支持，当时正经历极高温。

2003 年美国东北部停电[6]，受影响人数达 5 千万，对事故的分析发现，此次停电不是某个瞬间问题，而是在数小时过程中的一系列联锁故障引起的扰动，波及美国东部大部分的互连电网。在此次停电事故之前要计划断电，因为树木过度生长造成与电线接触，接着就是 EMS/SCADA 预警系统失效，妨碍了操作人员对问题的判断。第一条输电线断开造成另一条 345kV 输电线超载，并且线路下垂接触到树木，引起余下的 345kV 线路断连。下一级 135kV 电线也超负荷断开，紧接着机组跳闸，部分系统崩溃。各电力公司和 ISO 之间缺少沟通和协调加剧了问题严重性。该电网在 1 ~2 天之后恢复了供电（取决于受影响的区域和发电机重新运行的能力）。

发生在 2003 年 9 月欧洲互连电网的断电事故影响人数达 5700 万。在事故发生前，一些 220 ~400kV 输电线断电维修。意大利电网就从余下的欧洲电网引入电力 6GW。一条 380kV 的输电线由于与树接触而断网，并联线路超载，尽管引入电量已经减少，但还不足以防止电线下垂触树并断开。通往意大利的其他线路超负荷跳闸，在第二条线路出故障后意大利所有电网与整个欧洲电网隔离 12s。在这 12s 期间，意大利北部低压造成发电机停运。其他国家跳闸停运（大约 7GW）。总之，孤岛运行 2.5min 后，意大利与其他电网断开，全国一片漆黑。然而，与美国停电不同的是，意大利只用了 5 ~9h 就恢复了主要城市的供电。这是因为快速修复是电厂在修复过程中尽快恢复生产的一个方面（所谓“黑起动”功能可以让系统恢复供电）。

在 UCTE 史上涉及输电系统运营商（TSO）数量的最严重的一次干扰发生在 2006 年 10 月[7]，当时系统被分成 3 个孤岛。以下是此次扰动的主要原因：

- $n-1$ 安全准则（规划准则以便单一设备停电不会引起整个系统的扰动）没能实行，因为风力发电无法完全预测。大型风暴增加了德国北部发电量。
- 输电系统运营商（TSO）内部协调和培训不当。变动原计划输电线路停电时间，而未校核新情况。
- 关键输电线路两端的保护设置不协调。
- 风电机组未协调运行。
- 恢复协调不足。

上述所有停电皆是多种综合因素所为，如线路过载、电压和相角不稳定以及系统断开。这些停电已经成为促进电力系统发展的催化剂，分析停电原因，找到防止此类事件再次发生的解决方案。1994 ~1996 年北美对西部停电成立了调查组，最后总结形成 130 条结论和 54 条建议[7]。2003 年 8 月 14 调查组确定了 60 条建议（其中 14 条是北美电力可靠协会（NERC）提出，46 条由美国和加拿大特别工作组提出）[6]。输电协调联盟（UCTE）对 2003 年 9 月 28 日的大停电给出了 14 条观察结论，与一个月前发生的北美大停电结论非常相似。尽管停电后就相关电网部门都进行了大的改善，但这些停电结果的雷同性表明，如果提出的建议得到有效实施，停电的影响就可降低到最小[4]。

有记载的记录如下[8]：

- 与历史统计数据一致的停电事故还陆续有发生，因此有人把停电比作长期天气预报（飓风和泥石流）或如地震一样的自然灾害，难以预测和预防。
- 更现实的问题是该行业的研发投资不到0.5%，是所有工业领域中投入最低之一。
- 电力系统由数以千万计的零件设备组成，从大型自耦变压器、高压输电系统到照明灯。根本没有足够大的计算机来模拟这样复杂的系统，如模拟美国东部互连电网并对其进行规划研究是一件很难的事情。
- 发生大停电是因为电网没有强大的自恢复能力，有目的分割电网供电区域，会减少大规模停电的发生，但会增加小区域停电次数。

原太平洋天然气电力公司的输电规划工程师 Chifong Thomas 指出，如果大停电事故的发生如地震一样难预测，那么人们采取任何措施都无济于事。这与研发投资太低是最直接原因这一假设相矛盾。如果第一条假设是对的，那么第二条就不相关。她还指出，如果电网规划全面、准确，那么受过良好培训的操作员就应该有时间对突发事件做出响应、控制其影响。

纽约爱迪生联合有限公司电力市场政策集团的首席顾问 Mayer Sasson 博士强调了互连电网的脆弱性，指出只要一个控制区的一个元件无论何种原因操作超出可靠性限制范围，甚至是无意中发生，都会导致联锁故障，然后迅速波及周边互连系统控制区。这凸显了遵守强制性的可靠性规则的重要性。

Schweitzer 工程实验室的电力系统保护与控制应用经理 Bogdan Kasztenny 博士指出了在所有重大事件发生前的最后几个关键小时内人的因素的重要性。即使“是在一个设计不当、投资欠缺的系统里，操作人有时能挽回可能演变成灾难的事件，也能使一个原本很安全、强大而可靠的系统崩溃。它同地震不一样。电力系统是人造的，由人操控。运行程序、实时信息的准确性和可用性、包括在模拟器上的演练在内的大量培训都是提高操作人员的响应技术手段。”

Kasztenny 强调，电力系统是一个复杂的发电、输电、中介作用的配电系统，在有限的冗余面前不能存储，不能缓冲，这使它完全不同于银行业、电话系统等。电力系统必须依靠供需平衡来稳定，所以如果这些约束被破坏，系统就会崩溃。

4.5 断电前的状态与断电风险

电网是一个非常复杂的系统，互连系统为人们提供了低成本和高可靠性，但近几年在世界各地也经历了“多米诺骨牌”效应。触发联锁故障有几个主要原因，大停电由一系列多个低概率的突发事件经过复杂的相互关联性引起。“3T”因素（即树木、工具、培训因素）已经被确认是防止非自然因素引起大面积停电的主要方面，然而扰动的发生都是由概率低且一连串计划外的设备运行中断引起的。也有这种情况，在故障设备被移除之前，为了继续安全运行，当电力系统还没有调整好时，预定的设备停电就会引起系统扰动。系统操作员无法预测那些一连串的低概率停电事件，因此致使电力系统更易遭受大面积停电的威胁。各地互连电网一系列事故说明，操作员不能迅速采取行动以减缓发展迅速的扰动事件。

电力系统的设计要求在缺少一两个或更多个部件（如输电线、变压器等）的情况下也可以安全地进行电力传输，这被称为意外状况应急。例如，2003 年北美停电后，北美电力可靠性委员会（NERC）提出的可靠性标准和性能需求所实施的审计。然而电网操作的复杂性很难研究应急条件的排序，以合理的成本达到完美的可靠性。由于运行中突发事件很多，根本无法预测发生的顺序。例如，独立电力生产商将电能卖给偏远地区，负荷增加、新设备安装等均会造成电流巨大变化，这些突发情况与系统规划员和工程人员事先预期的情况完全不同。

由于先决条件使电网处于压力之下时，扰动升级为大规模停电的可能性就会增加。这些先决条件归结如下：

• 电网商业营运利润低，电网调剂困难：

—没有尽快按要求铺设输电线或建发电厂、确定商业模式以收回成本的困难加剧、审批程序复杂；

—不按照输电量需求改变、未按预定规划进行电力市场交易。

• 可再生能源的间歇性和/或操作实践的次优性导致系统压力增大。

• 在维护电压等级方面无功功率不足：

—因为无功功率不能长距离传输，因此需要足够的动态无功功率在负荷端。

• 输电和发电之间规划不协调：

—系统储备不足，如热备用。

• 规划/运行研究不充分：

—没有例行使用有效的应急分析工具；

—跨区域输电规划不协调。

• 基础设施老化，容易发生故障，在电网维护方面投资不够：

—隔离并移除维护设备越来越难。

• 定期维护和不协调维护。

• 缺乏系统和部件知识（如系统操作员意识不到输电线路负荷边际）。

• 优先维护或优先环境政策与优先植被管理之间的冲突。

• 天气（高温、大风、雷雨、大雾等）。

• 监管方面的不确定性。

• 自动预警、保护和控制系统不足。

一般说来，多种因素的结合使电力系统更容易受到干扰。

4.6　停电的征兆

这是级联事件导致扰动传播，最终导致停电。首先系统受到压力，当系统和设备出现故障时，就会发生一连串的事故。例如，某些发电机和/或线路维修、某条输电线跳闸其他线路则过载，这时又出现一条电线搭树而跳闸。保护系统出现隐患（设置陈旧或 HW 故障）造成另一条线路或发电机跳闸。在此阶段，电力系统面临设备过载、电压不稳、暂态不稳定和/或小信号不稳定。如果不迅速采取行动（如减负荷、系统分离），就会引起停电。

扰动评估表明保护系统参与了 70% 的停电事件[9]。例如，距离继电器因为过载和/或低压跳闸，或接地过电流保护继电器因高负载下过渡不平衡而跳闸。预警设备和监控装置不足或故障、通信问题、实时信息处理，这些都会进一步加剧扰动。无论是信息不及时还是操作员接到的警报过多，都会使他们无法及时准确地做出决策。

人为失误和操作员响应迟缓是造成联锁故障的主要因素。随着扰动的发展，各地操作员会面临这样的问题："是最好牺牲自身负载、切断联锁电力网还是向周边电网请求支援？""我们应该帮助它们还是把它们切断？"。设计互连电力系统的一个重要方面就是各独立系统不应该允许联锁故障蔓延到整个系统。

造成停电故障蔓延还有很多其他因素，包括控制区之间缺少协调响应。如果每个地区都只关注自己的输电系统，那么整个电网系统可能会不稳定。因为在迅速蔓延的扰动事件中，操作员很难做出最佳判断，所以理想的方式需要在系统隔离前采取自动措施，或将系统分离成可控方式。

一般来说，扰动会引发一系列的情况：

- 设备由于故障或过载跳闸（如输电线路和变压器）。这些事件可能会引起其他设备过载，造成级联事件，最后导致整个系统中断。

- 电力系统断开，出现孤岛效应（频率不稳定）。孤岛形成，发电和负荷之间不平衡，频率偏离标称值，造成辅助设备跳闸。

- 发电机不同步（攻角或同步失稳），小信号不稳定，如果没有阻尼可能会导致自激区域间振荡。

- 由于没有在准确的位置正常安装所需输电线路或电压支持设备，本地资源被异地资源取代，所以当功率传输增加、电压不足时，电压不稳或崩溃问题就会时常发生。

表 4.1 表明广域扰动的类型可能发生在两种不同类型的互连电网中，即含有大量发电互连电网中的狭窄通道的互连输电系统与网状电网对比[10]。

表 4.1 不同的输电系统广域扰动类型

事件类型系统配置	密集网状电力系统与分散发电和负荷		少量网状传输系统与区域性发电和负荷	
	在大型互连电网中	不互连或构成合作局域网	在大型互连电网中	不互连或构成合作局域网
过载	* *	* *	*	*
频率不稳定性	*	* *	*	* *
电压不稳性	*	*	* *	* *
暂态角不稳定性	*	*	* *	* *
小信号稳定性	*	*	*	*

*过去这些现象不会影响某一特定电网配置，但是影响现代电网。

* *某一特定电网配置的主要现象。

消除电力系统扰动影响的方法在很多科技文献中都有描述[1-4,9-13]。对不同故障所采取的相对的行动时间，从正常到极端，都会因扰动的速度、类型和所需的协调方式而有所不同。图 4.2 展示了不同类型的电力系统动态时间响应范围。

部署一个协调良好的整体防御计划阻止停电的发生需要各种方案和措施的配合和执行，要跨越不同的时间段。当事故可以控制，并及时排除而不是任其产生联锁反应时，其影响力就会降到最低。识别系统故障级别以及可能出现的联锁反应是可实现的。这可以通过监测电力系统的运行关键参数来实现，如电压、频率、关键位置的相角等信息。同时还可以通过建模研究以及增加对电网软硬件的投资来确保电网有效运行，把理论研究结果付诸实践。

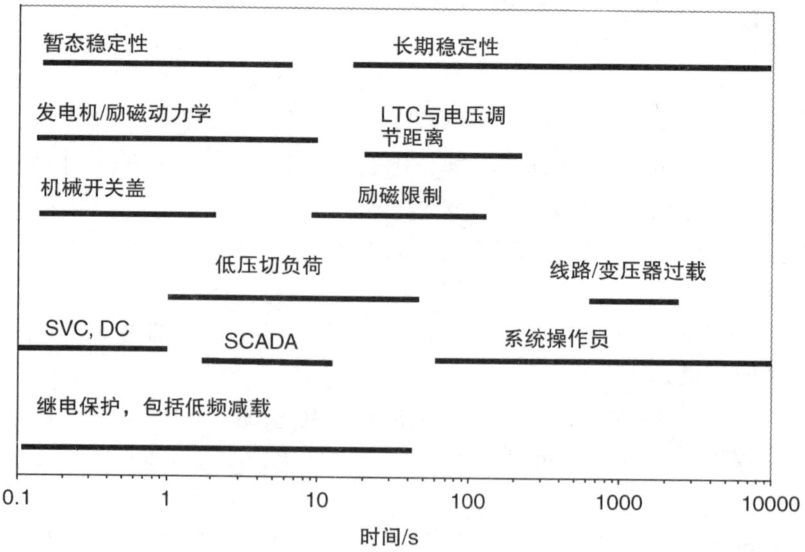

图 4.2 电力系统动态响应时间分布范围

4.7　电力系统建模与分析

电网是迄今为止人类制造出的连接区域最广、最复杂的动态系统。电力系统所承载的巨大电力都依赖于此。尽管停电难以预测和预防，但是认为电网行为无法模拟、扰动无法识别并处理的观点是不准确的。

Carson Taylor 是电力系统仿真专家，曾在 Bonneville 电力部门工作，他认为今天的技术已经可以为复杂电力系统建模。Taylor 强调东部互连电网已经模拟了 40000 + 总线模型，而且模拟 100000 + 模型也是可行的。可行性随着 IT 技术的提高而增加，计算已经不是问题。计算扩展可以通过或外包给多个服务器并行运算来实现。同步处理方法用于能源管理系统的动态安全评估。

苏黎世联邦理工学院（ETH）的 Göran Andersson 教授是电力系统动力学专家，他非常同意 Taylor 说法，并提出一个重要问题，即人们面临的挑战不是与建模或计算能力相关的技术，而是对这些数据的管理和恰当的解释。Andersson 教授也强调："统计方法可以为人们提供有关停电规模和频率方面的信息与思考，非常有价值。但问题是频率刻度的校准，因为这需要一个详细的交互建模。这些统计方面的见解在很大程度上都不会给电力系统专业人员对系统操作提供任何有效指导。就建模而言，电力系统所涉及的种种细节以及各组件与子系统间的交互作用都是不可或缺的。"

Andersson 和 Taylor 都强调，最行之有效的办法就是不断改进更新建模，将模拟与实际电力系统反应进行对比。这不是电力系统独有的，在工业界和学术界已经司空见惯。而且这些年人们已经在这方面取得长足进步，即使根据模拟所进行的预测有问题，人们在建模、模拟以及验证性能方面所做的努力还是为电力系统可靠运行提供了宝贵的经验。

总之，人们可以对电网进行建模、研究，然而有无数突发事件发生，但目前无法准确预见，所以要准确地预测扰动是不可能实现的。不过从规划、监控再到运营的电力系统运行的手段创新，是符合发展战略的有效需求，有助于迎接 21 世纪可靠电力传输的挑战。

4.8　扰动如何演变为停电

已经无数次地证明大面积停电是由于超出电力系统运行极限或对运行条件没有仔细认真研究而导致的结果。PG&E 公司首席工程师 Vahid Madani 说过，了解电力输出的方法之一就是将之比作在公路上开车，作为汽车驾驶员都遇到过各种预料不到的困难和问题而不得不减速。很多时候，大面积停电与道路塞车十分相似。塞车的原因主要包括以下方面：

- 没有足够的道路满足日益增加的车辆。
- 当一两个车道关闭，交通就受到极大影响，最严重时可导致整个交通瘫痪。这是一个没发生交通事故但却失去控制的情形，就是这样堵着，和停电一样。
- 一个合理的道路设计应该有重要的可替代车道，车辆可以轻松进入，从而最大程度减轻交通拥堵状况。
- 对原有道路的维修不足以解决交通拥堵。有时审慎地投资扩建一些新路或干脆建快速干道，并采取一些创新性的交通管制往往非常有效。

瑞典的系统分析保护专家 Daniel Karlsson 博士也曾将道路交通的扩张与电网扩张进行比较，因为两者都是在同一时期经历了由小到大、由次到主的演变过程，而且这一演变还在继续。但是他指出，公众可以接受交通事故造成的伤害，却不能忍受因大面积停电所带来不便，由此可见电在人们日常生活中的重要性和可靠电力传输所面临的危机。

Karlsson 从历史发展的角度解释了今天的大型互连电网是如何在满足人们不断增长的需求前提下建立起来的。他指出，最初的电力系统是小型电网，容量小、可靠性低，由于对容量需求增加导致电网不断扩张。为了提高单个电力系统的可靠性，允许从周边系统获得支持，使这些系统相互联系。这时新的问题出现了，如瞬态不稳定，为了解决这个问题，人们又开始了各种研究，采取各种措施。复杂庞大的电力系统又出现新的输电容量问题，又采取各种措施解决问题（比如输电线上安插串联电容、并联电容器和电抗器、自动分接头变换器控制变压器电压等）。因此类似次同步谐振和电压不稳这样的新问题不断出现，然后又进行研究，安装设备如柔性交流输电系统（FACTS）、高压直流（HVDC）链接。Karlsson 强调，目前电力系统的复杂性及造成复杂性的因素如环境因素、优先权、政府层面、大型投资的成本效益评估等，都将促使人们最大限度地使用现有资产，无法真正解决对新的基础设施不断增长的需求。这种趋势将继续引发行业新技术：超导、储能、微网等。

电力系统规模与其可靠性之间有很大的联系。在不断增长需求中，电力行业向可靠性提出了极限挑战，“哪里是极限?”在北美等许多地方就是这样，努力的脚步永远赶不上需求的增加。

需要指出的是，在电网正常运行时故意削弱或将电网分离开是不明智的选择，这种方式就好像让电网回到原点。例如，使整个电网分别在孤岛下运行，其中的一个孤岛很容易削弱整个系统，这就意味着回到了最初的小容量电网。把各个电网分隔成孤岛对解除管制也会有影响，例如每处分布式发电把电能卖给周边地区。这种小型发电站很快就会需要周边电力系统在备用容量、电压和备用无功方面的支持，从而又回到互连状态。解决的方法不是把电网隔离成一个个孤岛，而是解决输电问题，缓解潜在的大规模联锁故障。

有说法认为大停电发生的原因是规划工程人员在避免小停电方面花了太多时间的缘故，Chifong Thomas 对此给予驳斥。她认为这种说法忽略了一个基本事实：大停电开始爆发之前的小故障本身不一定会引起大停电，当这些故障得不到及时解决时，就会引起大停电。

爱荷华州立大学的 Vijay Vittal 教授支持这一看法：重大系统故障所造成的影响可以采取措施加以缓解，比如，使用更正性控制或执行更有效且更接近实时的分析方法。

减少扰动传播的有效途径是去真正了解发生扰动的原因，并设计出对应的解决方案。把系统作为一个整体，以相互协调的方式实施各种规划、运营、维护以及监管措施。

阻止整个互连电网扰动的传播，而不是削弱电网正常运行，一种可能的方法就是在且只有在发生大扰动时，允许互连电网分离成稳定的孤岛，或中断少量负荷。由于操作员不可能迅速地将所有与在线系统状态相关的数据都考虑在内，所以应该实行自动分离操作。系统完整性保护方案（SIPS）是广域自动方案，可以检测异常系统状态，在系统研究的基础上启动预先计划的自动更正措施[10-13]，也被称为特殊保护方案（SPS）或补救行动计划（RAS）。它们检测到异常的广域系统状态，然后触发自动操作以恢复系统性能。美国西部电力联合体实行系统完整性保护方案的初始因素就是更好地保护系统避免出现多个突发事件，尤其是在 1994 年和 1996 年大停电之后[7]。设计一个带有相应的电压控制措施和事前预警系统的电网，如广域保护和控制，既可以使强大的互连电网在正常运行期间更安全可靠，也可以在必要时转变成预设的孤岛系统。

总之，电力工业不是削弱电网，应该把解除区域限制作为规避大面积停电的重要方面。大电力系统的最初设计并不是在相邻系统间传输大量电能。单个电力系统进行互连，使相邻电网出现压力时能互相支持，从而提高电力网络的可靠性。近年来，能源互连对新能源发电向负荷区的高压传输提出了应用需求。同时，公众压力和“事不关己高高挂起”的情绪使得输电线选址或当地发电厂选址变得尤为困难，尤其在人口密集且用电量大的区域，电力扩张非常困难且造价昂贵。另外，最近的扰动也越来越多地伴有电压稳定性问题。

扰动发展成停电的原因归纳起来有以下 6 点：

- 由于超负荷、功率波动和电压波动导致无法预防联锁跳闸。
- EMS/SCADA 系统（包括警报突发）出现故障或准备不足。因此，需要可靠的警报过滤、适当的可视化以及分析工具。
- 保护误操作或不必要的开关合闸：

—错误设置：如基于阻抗的保护装置因过载跳闸（NERC 在 2003 年大停电之后制定法规解决这一问题）；

—潜在故障：无保护的应用设计流程或 HW 故障；

—设计缺陷：如基于阻抗保护装置的应用没有失步闭锁。

- 操作员不能阻止快速扰动的进一步蔓延。
- 扰动期间缺乏协调响应，如各 ISO 之间相互衔接的步骤快速有效地解决问题。
- 发电机跳闸过早。发电机跳闸主要是为了与系统其他设置相协调。

4.9 停电预防

大规模停电的次数越来越多，所以要拓展已知的领域，并协同发展整体的设计计划（计划、运行和维护）。对近期故障的分析揭示了其中一些常见的隐患，结论是只要正确地运用好已知的知识，就可以控制故障的扩大蔓延，并减少其造成的不利影响[1-4]。

减少大面积停电的最佳方法是了解其产生的主要原因。对过去十年停电历史的研究显示，在每次事故中都有不同方式的违反可靠性标准现象，表明更严格地遵守执行标准的迫切性，有必要对扩大电网可靠性参数的新输电设施、新的电网监控技术进行投资，尤其是简化管理日常操作的工具。

电力的可靠性和功效受电力价值链的 4 个部分影响：发电、输电、配电和最终使用。符合要求的系统性能要求在这 4 个领域都进行投资。例如，增加发电而没有改进输电和配电设施，可能会导致更严重的可靠性问题。

对于将来日益增加的故障率和潜在断电危险来说，淘汰和更换使用寿命到期的输电设备将会是另一个重要的补救方法。除了老化的基础设施问题，输电网络必须升级和扩展才能继续满足不断增长的需求。例如，高压电力电子器件允许更精准快速地切换以改进系统控制，从而提高输电等级，被现有电网接纳。分布式能源技术如果应用得当，也可以在缓解输电网络的电力潮流需求方面发挥重要作用。总之，除了对新的输电线路进行新投资之外，还包括电力输送技术等，诸如串联电容器、单向运行的输电线、FACTS、HVDC 链接、储能、超导材料和微网。

立法和政府承诺建设基础设施，并符合可靠性要求，而且州、地区和区域间的诸多计划要求实现电网的可持续发展。测量手段方面，例如计算机化的控制和数据采集、移相变压器、协调机制、操作者间的数据交换等，改善了现有设施的能力，并允许更大的能量交换。

此外，可靠的电力系统性能需要许多关键部件的协同作用，比如，足够的有功和无功功率储备的余量、可靠的实时遥测和状态监控、实时状态评估、正确的设定、维护、协调性和调整保护及控制系统等。在学术、工业和政府计划中要制定并执行标准的电压控制和无功功率惯例，改善系统的建模和验证过程，加强操作培训，确保操作者有责任采取措施防止系统故障的蔓延。

在建模方面，需要用定量分析来验证各种模型：发电机、汽轮机以及相关的控制模型与实际系统振荡和阻尼相匹配。同样，还有考虑动态加载和对保护装置（用于故障条件下运行的装置，比如电缆接触到树时产生的故障）的稳定性影响，以及使用精确模型的常规保护协调研究应定期进行。还有在短时条件下，电力传输对设备造成压力导致设备故障风险时，就要考虑保护、控制应用和设置方面的问题。

工具提高了实时系统监控、评估、可见性、安全性、拥挤跟踪、控制、可视化以及广大区域电网状况的信息共享，它们使操作者在日常状态下以及紧急情况下更可靠地管理电网。对动态约束的贫乏认识会导致不必要的减少运行范围并对可靠性造成危害。实时的安全分析工具在日常运行中正变得日益关键，它使电网稳定运行的边界可视化并根据实际情况来确定稳定运行范围。

最后，最近大规模发电跳闸和补救行动为大小型相结合的分析提供了一些非常好的基准。重新审视传统的规划、运营、系统设计、保护应用和设备的设置将帮助改善系统响应以减缓或限制联锁故障的蔓延。全球频繁的停电和不同程度的影响给电力行业提供了机会和信息支持：

- 研究复杂的电力系统现象，利用精确且方便用户的工具使未来系统范围的故障传播最小化。
- 将电力系统研究与实际运行和管理模型数据进行验证对比。
- 环境和政治因素限制了发电和输电能力的提高。重视对监管措施的支持以缓解智能电网扩展，电网再增容和完善的、可测量的可靠性执行过程。
- 电网运行能力的余量和传输余量必须确保系统在遇到各种意外事件时有足够的调整余量。加强可靠性要求，例如正常和紧急状况下的规划标准。
- 参观现有的运作模式和控制领域的实时数据交换策略。
- 加强维护操作和资产管理工具。
- 及时部署特殊的完整性保护方案（SIPS）来防止扰动的扩散。

此外，重大的广域扰动中通常涉及保护系统，它们有时阻止扰动进一步传播，有时又促成了扰动的进一步扩大[14]。一个非常重要的教训是，传统的保护和控制方案的设计和运行必须能承受发生故障时的冲击。改进现有的保护系统有助于防止联锁故障的发生和最小化故障的发生次数及影响。一般来说，保护系统只能在其设计的条件下工作。通过保护系统的设计、设定保护以及在大扰动情况下控制方案的正确运行来阻止扰动进一步传播。然而一些经验证明，继电器通过对系统跳闸达到阻止事态扩展的目的，但它们并没有这么设计。

目前，有一些关键的改进机会，包括自适应保护和控制系统、安装预警系统的广域监测。当今的技术推进“智能电网”概念的发展——这是一个集成的、电子控制的电力系统，它将提供前所未有的灵活性及功能，提高系统可靠性。智能电力供应系统的概念包括自动识别问题、找到解决方案、优化系统性能的能力。

总的来说，避免停电的纠正和预防措施如下：

- 给操作者提供：

—用于测量、监控、评估和预测系统性能和市场参与者性能的工具；

—培训，包括控制领域中的协调方法和使用调度训练模拟器。

- 提高监测、诊断和控制中心性能：

—关键功能的可用性必须达到99.99%；

—保证与相邻控制中心之间充分的信息交换；

—保证每天实时的运行范围；

—需要共享和贯彻信息评价。

- 使用动态线性评估环境温度、风力、故障前负载等，以便更好地理解实际的系统边际。
- 更好地利用本区域内可用的和备用的发电设备，实现黑起动的能力。
- 提高对老旧设备的维护和状态评估。
- 提高植被管理。
- 精确发电机、动态负载和无功补偿模型，包括可再生能源发电模型。
- 先进的算法和程序协助操作者，例如“超实时仿真”。
- 跨区域的保护协调研究以及与设备控制和保护的配合：

—随着系统状况的改变，定期研究并且审查保护设计；

—确保继电器按设计动作运行（例如远距继电器在过载或失步时不跳闸，接地过电流继电器在高负载、3区域协调运行期间高失衡时不跳闸等）；

—不仅对单个继电器做全方位的测试，而且对所有继电器应用都进行测试从而避免隐藏故障；

—对那些容易停电的区域提高安全保护的设计等级。

- 部署广域监测、保护和控制系统（WAMPAC）来提高电网的可视化和发起协同动作。

总之，采取一种平衡的方法使电力体系作为一个整体的系统工作非常重要。这要考虑实施不同的设计、运行、维护措施并权衡成本、性能的影响以及每种方法所包含的危险。人们需要评估该如何管理和保持电力系统常年的运行并满足界定的可靠性目标。没有立竿见影的方法防止停电，但是可以采用一些一般措施减少故障的影响。

每一个企业实体专注于更长远工艺改进、规范化、更好的资产利用以及整体资产的管理策略。这是提高可靠性以及保护投资的关键。能源系统的资本投资建立在严格的成本效益分析上，以使投资最优化。例如，增加发电（“传统的”发电或再生能源发电）必须与输电网的规划相结合。整体的多年的项目计划要实现效率、可靠性和成本效益的均衡。并且，独立的技术体系认证和业务流程是一个重要的保证要素，可以确保恰当的行动、流程的实现、投资的完成。

4.10　系统完整性保护方案

在过去的十几年中，大面积停电的例子表明这种危险已经无法容忍，并且会引起非常巨大以及难以接受的社会和经济问题。为了减少大面积失调以及停电的危险，需要系统保护功能与现代科学技术相协作来保持系统在不利条件下的完整性。

这些方案被定义为“系统完整性保护方案（SIPS）”[10-13]，被用来保护能源系统或重要组件的完整性，与那些传统的专业电力系统部件的保护不同。SIPS 包含了特别保护方案（SPS）、补救方案以及其他的系统完整性方案，例如低频、低压、失调等。这些方案能够提供有效的措施来减少或者阻止由极端突发事件所引起的联锁故障。

系统完整性保护方案的目标是防止系统在运行时由意外的情况所导致的扰动传播，并且确保系统的安全。它们使电力系统在设备故障时或者关键部件停止工作时（$n-2$）保持稳定，或者避免故障。这可通过采取以下措施：

- 防止线路和变压器级联过载；
- 阻止电压下降；
- 起动电力系统的预先分离。

系统完整性保护方案所提供的先进的检测和控制策略能够给人们提供故障处理的有效机制。随着先进的计算机、通信以及测量技术的应用，更多智能的设备可以用在地方层面，提升系统整体的响应。传统型应急/基于事件的系统可以通过基于本地安全监督算法的响应机制来加强。

电气与电子工程师协会继电系统保护委员会在世界范围内发起了一项关于 SIPS 的调查[12]。图 4.3 显示了对于 SIPS 作用级别分类的总结。执行相似功能的 SIPS 被分为同一组，以便显示其类型的总量。对每种 SIPS 的方案，执行同样功能方案的数量已经根据以下类别进行分类：

1）至关重要：避免联锁故障；

2）提高安全性：使不良环境影响的区域最小化；

3）增加电力潮流能量：在不增加新的输电设施或者延迟增强输电网络的条件下扩展输电系统等级；

4）重要：避免困难的操作条件；

5）正常：一个更好的网络功能。

注意：几乎所有的级别分类都是均匀分布的（除了“重要”这个例外，其他只占8%）。SIPS的近似均布的级别分类体现了它在电网可靠性上的重要作用，并且表明了SIPS是如何成为全球电网发展的完整组成部分。

从图4.3可以很轻易地看出SIPS的应用已经成为综合性的整体电网运行和保护理念的一部分。把22%的应用冠以“正常”的系统状况，这一事实表明了SIPS已经不再仅仅用于系统安全的目的。事实上，仔细观察图4.3会发现，SIPS的应用可以被看作两种主要类型：

- 操作系统的改进（占49%：19%增加电力潮流；8%重要；22%正常）；
- 系统安全性（占51%：22%至关重要；29%提高安全性）曾是SIPS的主要目的。

图4.4显示了各种SIPS类型的功能。事实上电压失稳是最常发生的问题，这种现象表明电力系统比以往更加复杂。在20世纪80年代初，随着电力系统变得越来越复杂，电压稳定现象被首次提到。图4.4所包含的信息与图4.3的级别分类信息相关联，表明在世界范围内SIPS都是电网运行各个方面的集成因素。

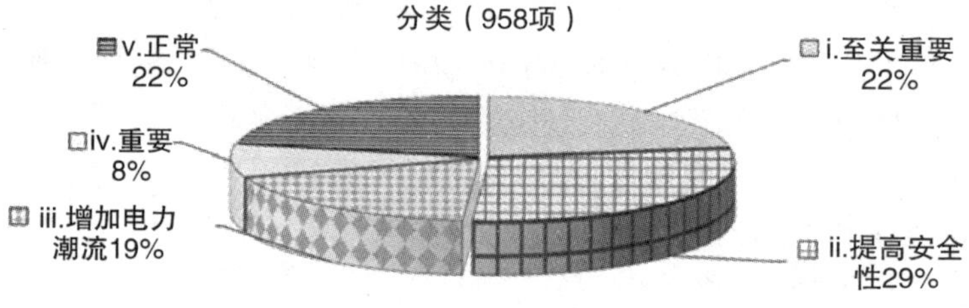

图4.3　作用级别分类

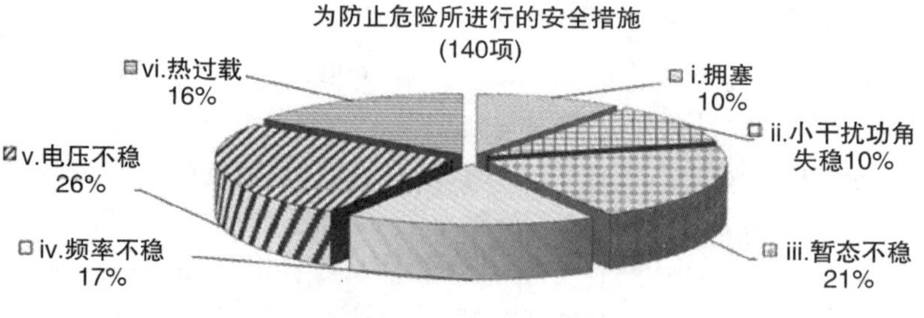

图4.4　SIPS作用

4.11　系统恢复

另一个减小大面积停电造成不利影响的关键方法是快速且有效地让系统恢复。快速恢复对用户的供电、让电力设备恢复服务是首要任务，并且可以最大限度地减少进一步断电带来的不良后果。

现代技术为人们实现智能恢复带来更有利的条件。一些有关响应系统恢复供电的关键要素如下：

• 明确的程序步骤，这要求在恢复区域内进行统筹协调，以及与邻近电网的整体配合。

• 需要可靠且有效的恢复软件工具帮助运营商和区域协调人员执行操作程序并且做出正确的决定。这种工具是能源管理系统/数据采集与监控（EMS/SCADA）系统的一部分，它们能够提供电压、频率、励磁、停机状态以及其他数据。

• 定期的训练以保证程序步骤的有效性。这些训练应该包括实际场景实践，将所有区域的可靠性或政府政策需求纳入实践范围。比如，当大电力系统停电后再恢复工作时，可能要有一段时间延迟，以便让系统稳定。可能还会有一些重要负载，在电网恢复供电时要给予很高的优先供电的地位。

• 变电站需要断开短路器或开关以重新整合通电回路，并建立负荷恢复的控制能力。

现今的技术允许人们改进设计方案以便在停电快速恢复的问题上有所改进。即便有先进的工具和程序来加速电网恢复，电网恢复速度仍然受限于发电设备的类型和分布。2003 年 8 月 14 日在北美断电之后，用了相当长的时间才恢复供电。一些设备并不具备可以马上被投入使用的能力（黑起动能力），并且有些则需要更长的时间才能全功率并网运行（例如，核电站，要考虑安全因素；汽轮机，是允许的斜坡上升率造成的）。同样需要考虑的是负载类型、系统的结构以及将负载重新连上电网的影响（冷负荷重启和热负荷重启都影响终端用户恢复时间）。在 2003 年 9 月意大利的停电事件中大部分城市在 5～9h 内恢复工作，但是底特律和纽约却花了一天多时间。Göran Andersson 指出，最近在丹麦－瑞典的停电中，400kV 的电网在 2h 内就恢复了，大部分用户在 4h 内恢复通电，最慢的也在 6h 内得以恢复供电。

Mayer Sasson 解释了纽约在电网恢复过程中为什么节奏如此慢。纽约城和曼哈顿的低压网络负荷是一个高度的网状网络系统，它们能够为当地的运行提供高等级的抗停电保障。然而在停电的情况下，当需要恢复供电时，这些被分割成很多个 100～200MW 的电网，每恢复一个电网供电都是一个耗时且精细的过程，不能一次性完成恢复供电。

就如之前所讨论的，通过设计电力系统来远距离传输电能，而不是给近负载端提供足够的无功功率或者建相应的输电线路，可能会对电力系统的运行造成不利的影响。同样，如果设计电力系统时不考虑停电恢复问题，也会对电网恢复供电的速度造成不利的影响。总的来说，电网恢复时间和系统安全性可以通过综合设计混合发电形式和选址得到改善。设计时不仅仅考虑市场因素，而且还要在经济模式下综合考虑运行的可靠性和更快的系统恢复速度。这种方法是理想的且长期的投资策略。

4.12 未来方向

随着全球电网变得越来越复杂并且接近了运行的极限，为了更加可靠和安全地管理电网，应用 WAMPAC（广域监控、保护和控制）系统变得越来越有必要。各个互连电网内或国家间的控制区域让人们认识到：大电力系统应该被当作一个整体系统，并且电力系统的专家们面临更新升级控制系统的挑战，以使其更好地控制电网。新技术，诸如同步测量技术等已经推进 WAMPAC 的商业化发展，这样，各种应用技术的施行既有可能又有保证，这是谨慎投资的体现。

尽管在世界各地有报道关于该技术的大规模示范，但是成熟的产品化系统才刚刚起步。在美国，这些由传输“智能电网”投资的举措得到美国能源部（DOE）拨款支持和北美电力可靠性协会（NERC）的许可。WAMPAC 系统在使用同步测量时会有一些发展上的挑战，因为它们签约许多用户，并且每个用户有不同的要求和各种各样的需求。如此大规模的系统不仅提供许多前途光明的可靠性和经济效益，而且拓宽了传统电网运行的界限。

在同步监测的应用上，使用 GPS 的同步相量检测单元（PMU），它会给用户单元和电网提供更大的可靠性和更大的经济利益。由于测量结果每秒报告 20 ~ 60 次，PMU 设备非常适用于电网的实时动态跟踪。相比于现行的 EMS 监控工具（它使用状态评估的信息）和 SCADA 系统几秒的数据报告间隔，时间同步 PUM 为人们提供了一种能够直接测量系统状态的可能性，它替代了基于系统模型或者遥测数据来进行评估的做法。如果使用得当，这项技术也可以提供完整的数据确认而无需附加成本。而且这项技术对下列问题有帮助：

- 实时改进 WAMPAC 应用，例如早期预警系统、SIPS、系统稳定性探测与分析系统等，还能确保快速地恢复系统；
- 在发生突发事件时，更快地并且更准确地分析大量的数据；
- 电力系统模型的验证和开发。

所有以上这些有助于分析和避免出现极端停电现象。由于其准确性和广大的覆盖面，同步测量技术的应用是一个实现电力系统动态跟踪的范例。而且同步测量的应用确保真正意义上的早期预警系统能探测到那些导致灾难性事件的问题，并且帮助系统尽快恢复，提高事件分析的数据质量。

如图 4.5 所示是 2006 年美国西部电力扰动的动态角显示。这种显示方法不仅被应用于故障的事后分析，也是故障发生时的一种操作工具。

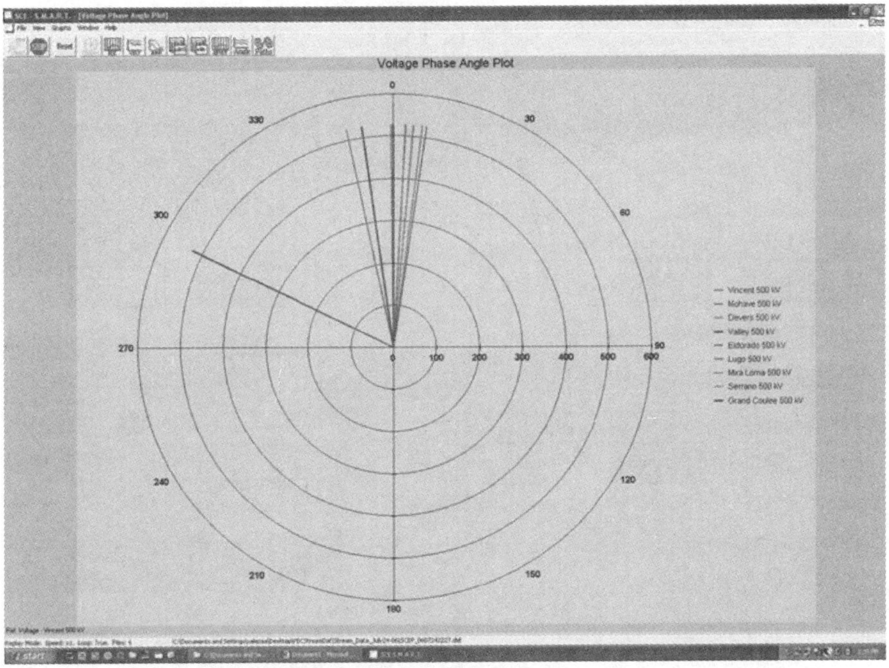

图 4.5　关键系统的电压角——2006 年 7 月 24 日 WECC 电力故障

从概念上来说，WAMPAC 系统和人类的神经系统有许多有趣的相似之处。图 4.6 显示了一个完整的电力传输系统中 WAMPAC 系统应用的最简单的一个概念，或者说是完整统一的运行区域。这种概念性的描述针对未来可能出现的问题，没去关心现行的系统构成，而是关注像 SCADA RTU 这种独立的即将过时的组件。事实上 WAMPAC 基本上函括了现今 SCADA 系统和 EMS 的所有功能，不仅包括测量和控制，而且包括状态评估和实时意外事件分析。

总的来说，广域监测、保护和控制是智能输电网所不能或缺的，因为它有助于降低故障发生的可能性，要做到这点，需要改进如下应用：

• 数据分析与可视化——最明显的好处就是可以做到对故障进行更快捷的同步或事后分析；

• 提高系统的稳定性，主要是通过防止由于电压故障、角度故障、频率不稳定性、热过载和低频振荡等产生的联锁故障来实现——这些应用可以带来巨大的社会效益；

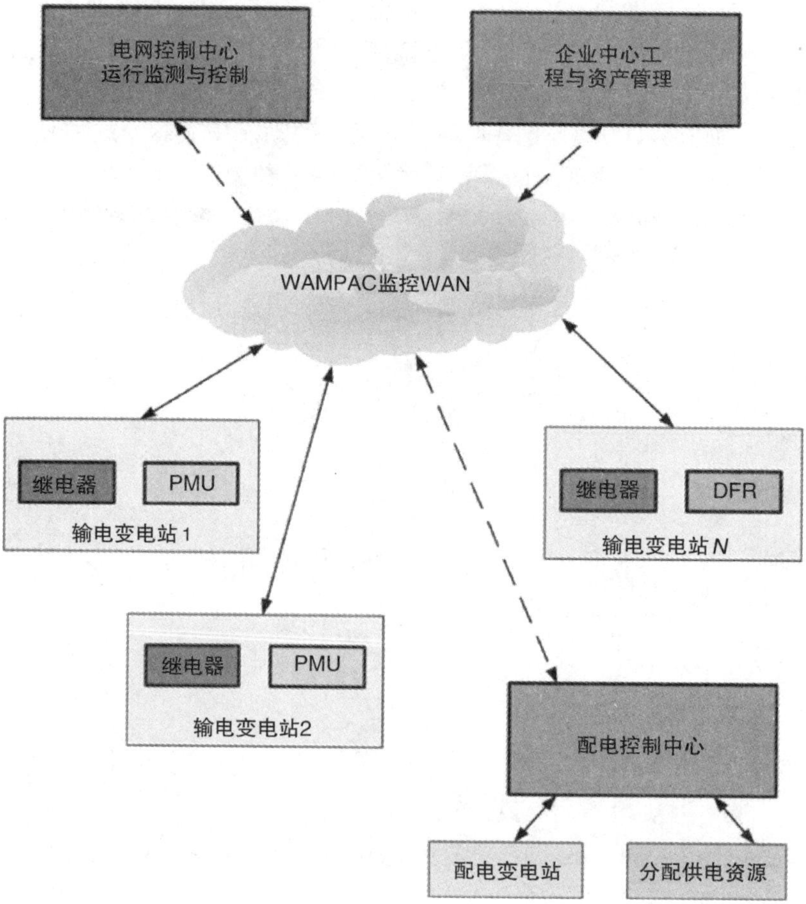

图 4.6 WAMPAC 系统的基本概念

• 系统运行和规划，改进建模——同步测量不用其他任何技术就可以加速开发准确的电力系统模型；

• 市场运作：输电阻塞管理和节点边际电价——通过对电网更合理的使用，这些应用能带来巨大的经济效益。

依靠现在的技术可以通过信息网络把监测、控制和保护设备联系在一起。要做到这些的关键是建立一个快速的探测系统、强大高速的控制设备、通信系统和智能算法。

4.13 小结

电力系统是非常复杂的人为系统，需要不断地规划、运行和维护，以此尽可能地保证它的高效和稳定可靠，防止电力瘫痪。人们常常认为电力瘫痪是由自然灾害所造成的（地震、飓风等），然而人为造成的全系统断电和/或因设计不合理而无法阻止的断电应该很容易预防。对于这些大扰动的分析揭示出了它们之间的普遍联系，引出以下结论：

- 需要了解主要断电的故障和根本原因，并从之前的故障中获得教训；
- 没经过详细检查的电网系统不能运行；
- 实行特定的解决方法减少停电的可能性以及防止停电故障扩大；
- 缩减电力恢复时间。

总的来说，尽管许多紧急停电是不可能避免的，但是可以减少大规模停电的可能性、缩小停电规模、降低停电影响、控制蔓延。

尽管电力产业（公共事业、ISO、电商、管理者、大学等）在断电后采取重大举措（诸如对“智能”电网技术的投资），世界的电网仍然面对着各种新老挑战。把各个独立的措施拼凑到一起去管理电网是不够的，要把电网看成一个整体的系统，采取综合的办法才行，这就需要建立一个非常明确的、协调的整体战略，这样的战略要包括各种各样的规划、运行、维护以及监管方法、费用计量、性能和相关风险。要做到这些，就要去展望未来 10 ~ 30 年之后的电力系统将是如何运行的，然后运用具有前瞻性的方法来设计和修订。

通过这种方法，就能找到减少停电可能性的特定方法——因为一旦所有引起广域电力扰动的原因被最小化，那些小因素就更容易解决了，进而减少事故的发生。信息技术（IT）发展、电力系统监控的创新、先进的预警系统的部署，所有这些的出现使人们借助这些工具就能阻止电网大面积停电，满足人们对可靠电力供应的期望。例如，当人们投资加强电网基础建设时，诸如重建 T&D 网络和安装新发电及控制设备（如无功功率装置、FACTS、HVDC）是不可以取代的，部署“智能电网”WAMPAC 非常有必要且是改进电网可靠性的有效途径。通常在有足够的自动化支持的情况下，操作人员可以充分控制电网的运行。然而，扰动现象的传播速度以及复杂程度使得电网更适于自动 WANPAC 系统以响应发展迅速并复杂的扰动。

致谢

对这些行业杰出的专家的贡献和指导，作者向他们表示诚挚的感谢：Göran Andersson、Miroslav Begovic、Daniel Karlsson、Bogdan Kasztenny、Mayer Sasson、Carlson Taylor、Chifong Thomas、Vijay Vittal、Jim Thorp 和 Eric Udren。在此特别感谢杰出的专家 Vahid Madani，他为本章的完成做了大量工作，对此表示最崇高的敬意。

参考文献

1. Novosel D, Begovic M, Madani V (2004) Shedding light on blackouts. IEEE Power and Energy Magazine, Jan/Feb 2004 (lead article)
2. Madani V, Novosel D (2005) Getting a grip on the grid. IEEE Spectrum, pp 42–47 December 2005. Also, Taming the Power Grid in www.spectrum.ieee.org
3. Novosel D, Madani V (2006) Blackout Prevention. In: Yearbook of Science and Technology, McGraw Hill, pp 34–38
4. Madani V, Novosel D, Apostolov A, Corsi S (2004) Innovative solutions for preventing wide area disturbance propagation. In: IREP symposium, Cortina d'Ampezzo, Italy, Aug 2004
5. WECC (1996) Western system coordinating council disturbance report for the power system outage that occurred on the western interconnection. www.NERC.com
6. U.S.-Canada Power System Outage Task Force (2004) Final Report on the August 14, 2003 Blackout in the United States and Canada: Causes and Recommendations. www.FERC.gov, April 2004
7. UCTE (2007) System disturbance on 4 Nov 2006. http://www.ucte.com
8. Fairley P (2004) Unruly power grid. IEEE Spectrum 41(8):22–27
9. Horowitz SH, Phadke AG (2003) Boosting immunity to blackouts. IEEE Power and Energy Magazine, Sept/Oct 2003
10. CIGRE WG C2.02.24 (2007) Defense plan against extreme contingencies. ELECTRA, pp 46–61, Apr 2007
11. Horowitz S, Novosel D, Madani V, Adamiak M (2008) System-wide protection. IEEE Power and Energy Magazine, Sept/Oct 2008
12. Madani V, Novosel D, Begovic M, Adamiak M (2008) Application considerations in system integrity protection schemes (SIPS). GE Protection and Control Magazine, pp 25–30, May 2008
13. Madani V, Novosel D, Horowitz S, Adamiak M, Amantegui J, Karlsson D, Imai S, Apostolov A (2010) IEEE PSRC report on global industry experiences with system integrity protection schemes (SIPS). IEEE Trans PWRD 25(4):2143–2155
14. Novosel D, Bartok G, Henneberg G, Mysore P, Tziouvaras D, Ward S (2010) IEEE PSRC report on performance of relaying during wide-area stressed conditions. IEEE Trans PWRD 25(1):3–16
15. Novosel D, Madani V, Bhargava B, Vu K, Cole J (2008) Dawn of the grid synchronization. IEEE Power and Energy Magazine, vol 6, Jan/Feb 2008, pp 49–60

参考书

Kundur P (1994) Power system stability and control. McGraw-Hill, New York

Massoud Amin S, Wollenberg BF (2005) Toward a smart grid. IEEE Power and Energy Magazine, Sept–Oct 2005

Phadke AG, Thorp JS (2008) Synchronized phasor measurements and their applications. Springer, New York

Taylor CW (1999) Improving grid behavior. IEEE Spectrum 36:40–45

第 5 章　广域监测、保护和控制

James S. Thorp 和 Arun G. Phadke

术语表

自适应保护	一个保护概念，保护系统自动适应目前正在运行的系统类别，即根据现行系统的运行状况自动调整保护措施
故障	电力系统中的短路
GPS	全球定位系统
隐性故障	并不会迅速表现出来的故障，但是当系统增加工作负荷时会引起错误运行
NERC	北美电力可靠性协会
相量	用于描述正弦信号的参数
PMU	相量测量单元
RTU	远程终端单元
SCADA	监控和数据采集
同步相量	有精确时间标记的测量相量
WAMS	广域测量系统

主题定义

电力基础设施

一个电力系统由各种发电设备组成，这些设备将能源转化成电能，例如煤、风、石油、阳光和水流。在现代电力系统中，大多数发电机产生交替的电流和电压（AC），然后通过一定的距离传输给用电设备。高电压降低了线路损耗，所以经济高效。电压的期望值大多数是在变压器的帮助下实现的（变压器耗掉少量的电能），把电压和电流从变压器的一侧变换到另一侧。电力变压器实现了电压和电流的变换，提高电压、减少电流。一般情况下，传输的距离越长，电压越高，就越经济。大多数的电力传输都是采用架空线路，在特殊情况下（例如需要通过大范围水域或者人员密集的城市地区）是使用地下电缆。目前大部分变压器电压范围为800kV、500kV、400kV等。在大多数国家，家庭电压都是120~240V。这是通过多级变压——一次变压器、二次变压器及配电系统实现的。由于技术原因，有时用电力变换装置把交流电变换成直流电。用直流电传输，在最后的接收端再变换回交流电。这样，对于整个电力系统而言，在同样的安全系数下，其电力容量有望提高10%~20%。同样的，配电系统设计有足够数量的备用回路，以便在个别回路产生故障而断路时，能继续给负荷供电。在北美还有其他一些国家，系统频率通常为60Hz，而另一些其他的国家为50Hz。系统运行的实际频率都接近标称值。在正常的电力系统中，实际频率偏离标称值的幅值少于0.1Hz。北美能源系统大约为900GGW（900000000000W）电能产能能力——包括大约70%火力发电机、14%水力发电机、13%核电，还有少量的风电、太阳能以及其他的新能源。大陆上纵横交错着大约200000mile㊀高电压输电线路，然后在变电站以低压配送给用户。北美电能的整体供电能力能够满足负荷要求，但是大负荷集中用电区的供电或输电能力不足。

电网的可靠运行

为了向消费者提供可靠的电力，有效地管理发电、输电和电力消费变得非常重要。由于负荷种类是由消费者需求决定的，很多变化是根据消费者的意愿进行的。而且发电必须与需求相匹配，这就要求电网的电力管理中心要有一套复杂的控制系统。这种控制必须考虑到自然灾害（洪水、飓风和火灾）、设备故障或人为灾害导致的系统故障的可能性。这些是突发事件，当面对这样的突发事件时电网必须在暂时跌落下迅速恢复供电，继续满足消费者的需求。此外，电力系统必须保持其工作频率在标称频率上下很窄的范围内波动（北美是60Hz），而且电力系统在用户端的运行电压要在标称电压很小的范围内波动。这就要求准备一套足够应对突发事件的响应装置（系统），保证系统时刻准确无误的运行，这是通过频繁测量、评估电网电流和电压的检测系统来实现的，这就是电力系统的“状态估计”。如果能准确了解系统状态和频率，当输电系统、负载和发电系统中发生突发情况时，检测系统就可以准确地检测到这些突发变化，那么电力系统应对突发事故、满足负荷需求的能力就会得到提高。随着以数字计算机为基础的测量技术和全球定位系统（GPS）的出现，使得精确测量手段和高效的“同步”技术可能实现。

正弦波、相量和同步相量

交变电流和电压的变化周期由系统的频率决定。北美的频率为60Hz，正常

㊀ 1mile=1609.344m。——译者注

的电压或电流会随时间变化，如图 5.1 所示。值得注意的是，该图显示的是一个纯正弦波信号，而实践中，波形中可能会有一些干扰。相量是一个表示该正弦曲线的数学方法它是一个大小等于正弦信号的方均根，其相位角是时间轴和正弦曲线的峰值开始的角度，一个周期等于 2π 弧度或 $360°$。测量的角度 $t=0$ 的左侧是正值，右边角是负值，因此，图 5.1 中正弦曲线的相量表达式如下：

$$相量 = X\varepsilon^{j\theta} = X\cos\theta + jX\sin\theta$$

式中，X 是方均根值的正弦曲线。

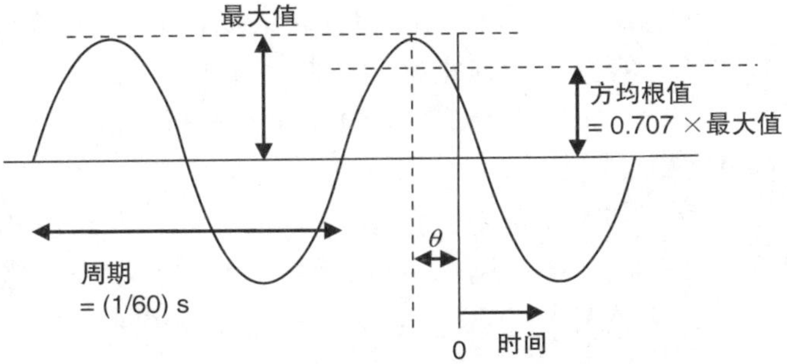

图 5.1　正弦波形电压或电流相量表示

相量通常从某一时间段抽取的正弦曲线样本中计算得出，是一个周期的正弦波顺序。

GPS 卫星系统能够传输 1 脉冲/s，这些数据能够被 GPS 的接收器接收到。对一个特定的 GPS，地面上两个不同的接收装置在 $1\mu s$ 内接收到的一个 1 脉冲/s 量不同。参考图 5.2，假定不同的发电厂（变电所）相距很远，这两个变电所位置的电压、电流的波形和相位角是不相同的。如图 5.2 所示，如果用实线标明的变电所的波形在某一时刻用 $t=0$ 标明——由 GPS 接收到的 1 脉冲/s 量测定，同时

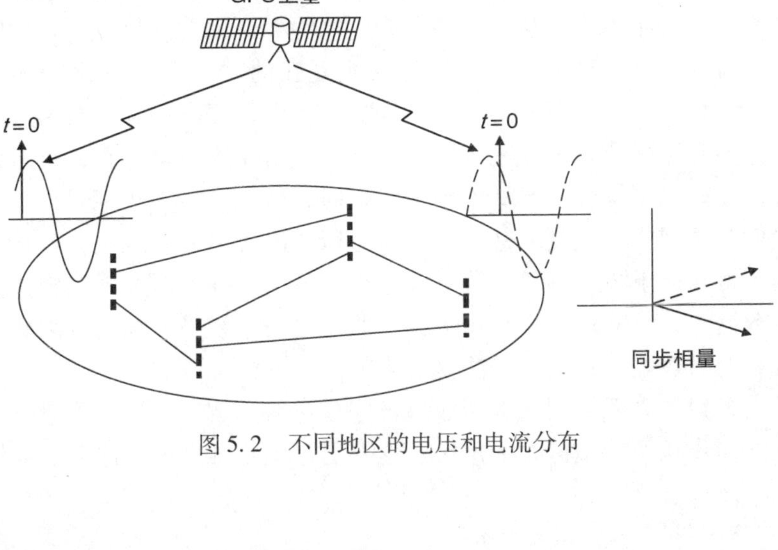

图 5.2　不同地区的电压和电流分布

用虚线表示的变电所在同一时刻也用 $t=0$ 标明波形的位置——相位角。在所有的网络上同步相量能够被检测到，并且在控制中心用图形的方式标明该系统的状态。该图形频繁地刷新，刷新频率与电力系统的循环频率相同，而且能检测到系统的运行特征——系统运行是否正常、每天的负载变化和主要的波动等。这种能力使得用同步相量技术精确连续地监测电力系统变成可能。

正序测量的重要性

全部的交流（AC）系统由三相电源和负载组成，（三相系统是大型发电机和电动机使用的最经济的方式）在正常运行状态下，三相被认为是平衡的。当故障或突发干扰产生时，系统出现短时间的极度不平衡，很快又恢复平衡状态，这是对平衡运行更准确的定义。

交流（AC）系统的三相电压和电流在整体上相同，但在每相上是不同的，每相有（360°/3＝120°）的相位不同，此时系统处在平衡状态。这一点用图 5.3 来说明，三相电的 3 个信号（电压和电流）通常被标以红（a）、绿（b）、蓝（c）三色。

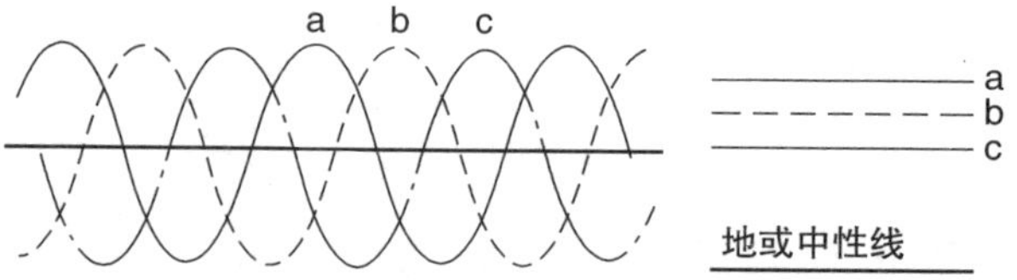

图 5.3　三相电力系统中的平衡电压和电流

大多数系统中用“a”“b”“c”表示，有的国家用不同的颜色表示（红、黄、蓝）。如果系统是平衡的，那么在计算时没有必要考虑所谓的三相系统，所有的分析都可在单相模式下进行，其结果也来自单相分析的结果，然后再把结果推导到三相模式的条件下，从而会为所有的电力系统问题提供一个更加简单的计算程序。从技术上，这种单相表述就是众所周知的“正序测量”表述。通常情况下，一个三相参数（包括电压、电流或是电阻）可以用 3 个序列分量表述，即正序、负序和零序分量。在平衡的状态下，只有正序分量存在，负序分量和零序分量都是零。当系统处于严重不平衡状态时，例如有接地故障时，负序分量和零序分量就会显得格外重要。甚至在正常运行情况下电力系统也会存在一些不平衡，因为正常状态下少量的负序分量和零序分量会存在于电力系统中，然而在大多数分析数据中，忽略这种不平衡现象，假定电力系统是平衡的。因此，使用电压、电流和电阻表述单相电的做法是恰当的。

既然大多数电力系统问题都能通过正序分量得到解决，那么测量正序分量电压和电流的同步相量就显得尤为重要。这要通过测量独立的正序分量电压和电流

(X_a、X_b和 X_c) 的同步相量实现，并且从下面这个公式中计算正序分量的同步相量 (X_1)：

$$X_1 = 1/3[X_a + (-1/2 + \mathrm{j}\sqrt{3/2})X_b + (-1/2 - \mathrm{j}\sqrt{3/2})X_c]$$

相量测量单元（PMU）

同步相量由 PMU 测量，它们安装在电力系统的从站——各个分变电所。简化 PMU 示意如图 5.4 所示。

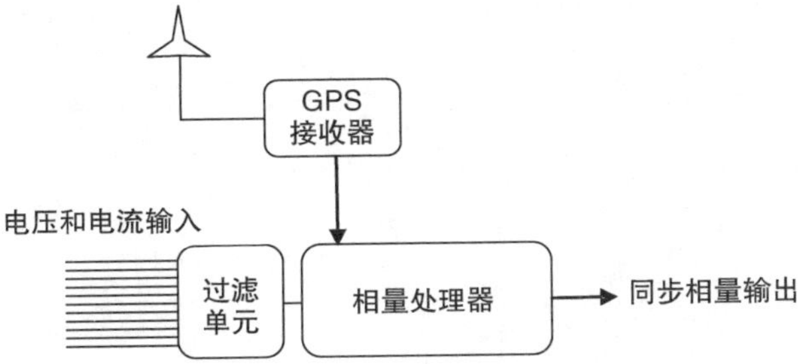

图 5.4　通用的 PMU 的简化框图

将电力系统的电压和电流变换为可测量的级别，然后电压和电流会提供给 PMU 过滤单元。过滤单元滤掉有害的电压、电流和高频波，这样可以排除采样数据中混淆的错误。GPS 接收器提供一个来自 GPS 卫星的每秒脉冲数（1 脉冲/s），然后由相位锁时钟分成要求的采样率。典型的采样率是变化的，从每个循环 12 个样本（每个电力系统频率）中到更高的以 kHz 为单位计量的采样率。相量处理器把每相的样本转换成同步相量，然后转换成一个插入时间标记的正分量的同步相量，最后变成一个同步相量检测流，再把这一同步相量流用合适的通信网络发送出去。典型的同步相量报告频率就是从每循环一次到几个循环一次，这取决于使用者的要求。

广域测量系统（WAMS）结构概述

WAMS 包括安装在电力系统变电站上的相量测量单元和连接一层或多层的相量数据汇集装置（PDC）。这样整个系统的相量数据就能够在不同的区域或中心站获得并用于工程应用（见图 5.5）。同步 PMU 被放置在变电站中，用于收集电压和电流数据。如果在一个变电站中有多个同步 PMU，那么它们的输出数据将被汇集成流，通过局域网（LAN）输入到该变电站内的 PDC 中——用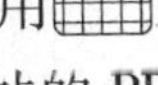显示。此处所表示的是每一个变电站有一个 PMU，来自这些 PMU 和变电站的 PDC 的数据通过广域网（WAN）被连接到一个区域的 PDC——用显示。同样，区域 PDC 又能通过其他区域的 WAN 连接到中心 PDC——见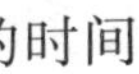表示。基本上，每一个 PDC 都从下一级设备中收集数据，并通过对比它们的时间标识产生一个

数据流，就像一个 PMU 拥有许多的输入。如果有特定的应用要求，PDC 也可以移除错误数据，淘汰一些数据或改变相量报告频率。

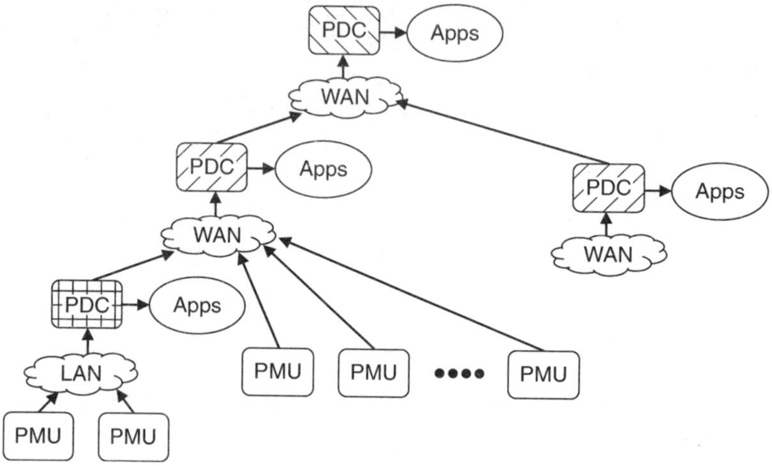

图 5.5　WAMS 结构

LAN 和 WAN 好像有线连接或者光纤通信网络一样，能实现高通信速率。公共 WAN 不能应用于这一目的，因为有安全问题和通信延迟问题。在没有光纤的情况下，数字微波、电话线或是其他可获得的通信渠道都可以应用于 WANS 中。当然，数据吞吐量速率和通信媒体数据延迟决定了 WAMS 中哪些应用能成功实施。

恰当的应用任务可以在 PDC 中完成。很明显，在每个 PDC 中的数据覆盖了不同区域的电力系统。后续内容将对用于电力系统监控、保护和控制的 WAMS 应用程序进行描述，讨论特定应用程序和电力系统特定区域所需要的数据量。一般来说，在较低层次的 PDC 应用中需要较少量的数据和较快的反应速度。通常情况下，反应速度快的应用可以允许检测数据延迟 50 ~ 100ms。

5.1　电力系统监控

5.1.1　事件重建

对干扰事件重建是一项非常艰巨的工作，需要大量的时间并需要付出巨大的努力。它通常很难确定事件的顺序。在 2003 年以前带有精确时间标记的相量测量并不多，也确实存在着一些非同步的数据。从简单的故障记录功能到复杂的重建，涉及数千根母线，时间同步测量也至关重要。

5.1.2　状态估计

关于 1995 年美国东北地区停电事件的结论报告其中一条这样写到：在这一点上，电力系统运营商们对于他们的控制系统的信息数据存在不足。状态估计和现代能源管理系统的建立就是为了处理这些问题。早期的状态估计“调查”与变电站的远程终端连接的监控和数据采集（SCADA）系统，通过从一个变电站到另一个变电站有秩序地移动，从而完成覆盖整个系统的扫描。这种测量方法是线路上的功率流，把功率输入母线，并且偶尔会出现高电压。这种方法假定系统在扫描过程中是静态的，即在扫描时，系统并没有改变。关于状态估计结果的另一种观点是：它是一个可以支持全部测量装置的假定的系统状态。这取决于扫描时间的长短以及在扫描期间系统的状态变化，这个假设系统可能不存在或是与真实的系统完全不同。电力系统的状态以正序分量电压的方式测量，不能直接测量。测量和估计的状态都是复杂的参数：大小和角度，或实数和虚数。计算需要解决大量的非线性方程组和迭代。结合数据扫描使新的评估过程非常缓慢，要几分钟时间才能得到新的结果[1]。系统状态的评估结果以图片的形式呈现给操作者和电力管理人员（例如事故分析）。在过去的几十年间，由于快速运算的计算机出现和通信系统的改进，使得这一过程从几分钟减少到了几秒。

k 线上的电压 V_k 和角度 θ_k 用下式表示：

$$E_k = V_k e^{j\theta_k}$$

测量的是复合的流。从母线 r 到母线 s 上带有阻抗 z_{rs} 在 r 和 s 之间，另外母线 r 上的导纳 y_r 的功率是

$$P_{rs} = V_r^2[\,|Y_{rs}|\cos(\beta_{rs}) + |y_r|\cos(\alpha_r)\,] - V_r V_s \cos(\theta_r - \theta_s - \beta_{rs})$$

式中，α_r 和 β_{rs} 是该系列的导纳角度和各自的并联支路：

$$\frac{1}{z_{rs}} = |\,Y_{rs}\,|\,e^{j\beta_{rs}}$$

$$y_r = |\,y_r\,|\,e^{j\alpha_r}$$

一般来说，测量根据的是电压 $\boldsymbol{V}$ 在角度为 $\boldsymbol{\theta}$ 时的状态：

$$\boldsymbol{z} = \boldsymbol{g}(\boldsymbol{V},\boldsymbol{\theta}) + \boldsymbol{\epsilon}$$

通常，测量的误差被假定为具有零均值并且是独立存在的一个对角协方差矩阵 W：

$$E\{\boldsymbol{\epsilon}\} = 0 \quad E\{\boldsymbol{\epsilon\epsilon}^{\mathrm{T}}\} = \boldsymbol{W} \quad w_{ij} = 0 \quad w_{ii} = \sigma_i^2$$

该评估可以最大限度地减小变量 $\boldsymbol{V}$ 与 $\boldsymbol{\theta}$ 的实际测量值和计算值之间的权重比例差值。该权重是反比的，高精度的测量高权重，低精度的测量低权重。

$$J(\boldsymbol{V},\boldsymbol{\theta}) = [\boldsymbol{z} - \boldsymbol{g}(\boldsymbol{V},\boldsymbol{\theta})]^{\mathrm{T}}\boldsymbol{W}^{-1}[\boldsymbol{z} - \boldsymbol{g}(\boldsymbol{V},\boldsymbol{\theta})] = \sum_{i=1}^{m}\frac{(z_i - g_i(V,\theta))^2}{\sigma_i^2}$$

关于迭代 $\boldsymbol{V}^k$、$\boldsymbol{\theta}^k$ 的泰勒展开式：

$$\boldsymbol{g}(\boldsymbol{V},\boldsymbol{\theta}) = \boldsymbol{g}(\boldsymbol{V}^k,\boldsymbol{\theta}^k) + \boldsymbol{G}\begin{bmatrix} \boldsymbol{V}-\boldsymbol{V}^k \\ \boldsymbol{\theta}-\boldsymbol{\theta}^k \end{bmatrix}$$

式中，$\boldsymbol{G}$ 是相对于评估 x^k 组成成分 $\boldsymbol{x}$ 的元素 $\boldsymbol{g}$ 的一阶偏导矩阵，如果

$$\begin{bmatrix} \Delta\boldsymbol{V} \\ \Delta\boldsymbol{\theta} \end{bmatrix} = \begin{bmatrix} \boldsymbol{V}-\boldsymbol{V}^k \\ \boldsymbol{\theta}-\boldsymbol{\theta}^k \end{bmatrix} \quad \Delta\boldsymbol{z} = \boldsymbol{z} - \boldsymbol{g}(\boldsymbol{V}^k,\boldsymbol{\theta}^k)$$

那么由

$$\boldsymbol{G}^{\mathrm{T}}\boldsymbol{W}^{-1}\boldsymbol{G}\begin{bmatrix} \Delta\boldsymbol{V} \\ \Delta\boldsymbol{\theta} \end{bmatrix} = \boldsymbol{G}^{\mathrm{T}}\boldsymbol{W}^{-1}\Delta\boldsymbol{z}$$

$$\boldsymbol{H}\begin{bmatrix} \Delta\boldsymbol{V} \\ \Delta\boldsymbol{\theta} \end{bmatrix} = \boldsymbol{G}^{\mathrm{T}}\boldsymbol{W}^{-1}\Delta\boldsymbol{z}$$

再迭代一步。

增益矩阵 $\boldsymbol{H}$ 是稀疏矩阵,而且方程通常是用高斯消去法求解。矩阵 $\boldsymbol{G}$ 是稀疏的,就像负载流量雅可比矩阵一样。通过组织测量有功和无功功率,等价的快速解耦负载流用来进一步简化表达式。在实际的或有功功率测量之后紧随其后的是无功功率:

$$\boldsymbol{z} = \begin{bmatrix} \boldsymbol{z}_{\mathrm{A}} \\ \boldsymbol{z}_{\mathrm{R}} \end{bmatrix} \quad \boldsymbol{z}_{\mathrm{A}} = \begin{bmatrix} \boldsymbol{P}_{\mathrm{km}} \\ \boldsymbol{P}_{\mathrm{k}} \end{bmatrix} \quad \boldsymbol{z}_{\mathrm{R}} = \begin{bmatrix} \boldsymbol{Q}_{\mathrm{km}} \\ \boldsymbol{Q}_{\mathrm{k}} \\ \boldsymbol{V}_{\mathrm{k}} \end{bmatrix}$$

而且规定角度随电压幅值形成

$$\begin{bmatrix} \boldsymbol{H}_{\mathrm{AA}} & 0 \\ 0 & \boldsymbol{H}_{\mathrm{RR}} \end{bmatrix}\begin{bmatrix} \Delta\boldsymbol{\theta} \\ \Delta\boldsymbol{V} \end{bmatrix} = \boldsymbol{G}^{\mathrm{T}}\boldsymbol{W}^{-1}\begin{bmatrix} \Delta\boldsymbol{z}_{\mathrm{A}} \\ \Delta\boldsymbol{z}_{\mathrm{R}} \end{bmatrix}$$

在快速解耦负载流（小角度的不同，电压幅值接近 1，而且大于 X/R）的假设下，矩阵 $\boldsymbol{H}$ 斜对角块是零。一个近似的矩阵 $\boldsymbol{H}$ 甚至可以计算角度设置为零，电压幅值等于一个更多的迭代估值。

将直接测量角应用到前面的公式会使研究的系统得到简化，并得到系统状态的对称性。如果角度测量包括 z_{A} 和 z_{R}，则有[2,3]：

$$\boldsymbol{z} = \begin{bmatrix} \boldsymbol{z}_{\mathrm{A}} \\ \boldsymbol{z}_{\mathrm{R}} \end{bmatrix} \quad \boldsymbol{z}_{\mathrm{A}} = \begin{bmatrix} \boldsymbol{P}_{\mathrm{km}} \\ \boldsymbol{P}_{\mathrm{k}} \\ \boldsymbol{\theta}_{\mathrm{k}} \end{bmatrix}, \quad \boldsymbol{z}_{\mathrm{R}} = \begin{bmatrix} \boldsymbol{Q}_{\mathrm{km}} \\ \boldsymbol{Q}_{\mathrm{k}} \\ \boldsymbol{V}_{\mathrm{k}} \end{bmatrix}$$

矩阵 $\boldsymbol{G}$ 得到明显简化，否则就跟之前类似。为了在常见的 SCADA 系统中使用同步 PMU，有必要把这些测量值放在同一个参照系中，作为一种有参考母线的惯例估量。通常情况下，需要额外的参考母线 PMU。

PMU 同样也能测量连接到母线的电流。若熟知电线模式，那么另外的母线

电流测量值就能被用于计算邻近母线电压。电压和电流的 PUM 测量值有时间标签，并从本质上区别于 SCADA 系统测量值。但是即使不适用时间标签，它也有助于常规的评估。简单来说，PUM 数据就是额外的 SCADA 系统数据。

5.1.3　仅有相量测量装置的估量设备

一定数量 PMU 允许一个仅有 PMU 的测量系统进行系统部分的测量。例如，在 500kV 的电压等级中很有可能只用一个有 PMU 的评估设备。对于一些 500kV 的母线，在相量测量体系中，用线性评估母线上的电压和电流，并且能够每个周期更新一次。曾经有一些研究是关于 PMU 的数量、位置、系统中的相位和它们的可靠性[4-6]。这些研究的结果很有趣，实际上 PMU 的安装顺序及其位置并不是最理想，在现实生活中，还有其他一些问题影响其结果。

即使认清问题的实际，其理论结果却是所需 PMU 没有想象的那么多。假设，如果任何 PMU 都能测量母线电压和电线电流（对于一些 PMU 来说，不能期望在变电站中仅安装一个 PMU），那么少量变电站需要测量系统状态的问题就能得到解决。最直接的技术解决方法就是节点关联矩阵法。如果从母线 i 到母线 j 只有一条电线，那么矩阵 $\boldsymbol{A}$ 就只有 0s 和 1s，$A_{ii}=1$，$A_{ij}=0$。如果一个变电站 j 有 PMU，使用 j 位置上的任意一个矢量 $\boldsymbol{x}$，都会有 $\boldsymbol{y}=\boldsymbol{A}\boldsymbol{x}$。$y_k$ 就是母线 k 在不同的 PMU 中的电压倍数。如果 $\boldsymbol{x}=$ [10010010010010] 意味着在 IEEE 14 母线系统的母线 1、4、7、10 和 13 的 PMU 系统拥有一个矩阵，那么 $\boldsymbol{y}=$ [12122121311111]'，这就意味着管理这 5 条母线就能完全监测整个系统。然而，仅一个 PMU 就能监测到另外 9 条母线。

假设，只把一些母线电压和电线电流的 PMU 测量值应用到评估，如图 5.6 所示，pi 等价为传输线，那么整个系统的状态就是一整套复杂的母线电压。假设线路参数已知，那么此时测量的电流就是线性的。

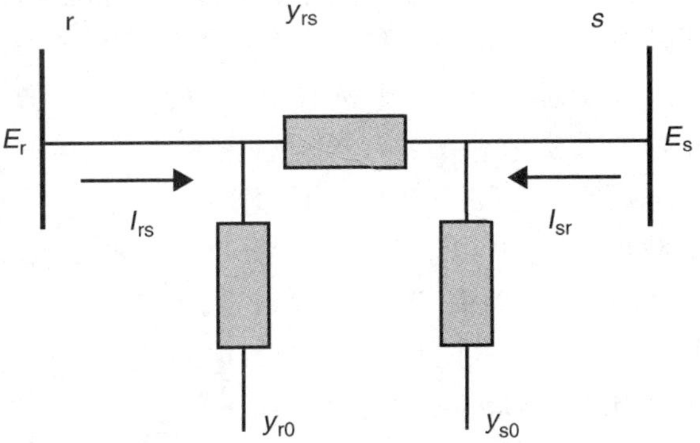

图 5.6　pi 等价传输线

两条线端点的测量值是

$$\begin{bmatrix} E_p \\ E_q \\ I_{pq} \\ I_{qp} \end{bmatrix} = \begin{bmatrix} 1 & 0 \\ 0 & 1 \\ y_{pq}+y_{p0} & -y_{pq} \\ -y_{pq} & y_{pq}+y_{q0} \end{bmatrix} \begin{bmatrix} E_p \\ E_q \end{bmatrix}$$

一个更复杂的网络，测量值可以写成

$$z = \begin{bmatrix} \boldsymbol{\Pi} \\ \boldsymbol{YA} + \boldsymbol{Y}_s \end{bmatrix} [\boldsymbol{E}_b] = \boldsymbol{BE}_B$$

$\boldsymbol{\Pi}$ 的大小和一端电压为 1 与另一端电压为 0 的对角线项相等的联立矩阵有关，第二套测量值是根据分流元件流过 y_s 的电流和一系列分支数据得到的，$\boldsymbol{A}$ 是一个关联矩阵，$\boldsymbol{Y}$ 是一个系列阻抗矩阵，当带入 $\boldsymbol{\Pi}$ 而 $\boldsymbol{A}$ 的值只有 0 和 1 时，矩阵 $\boldsymbol{Y}$ 和 $\boldsymbol{Y}_s$ 很复杂。$Y = G + \mathrm{j}\boldsymbol{B}$ 和 $\boldsymbol{Y}_s = \boldsymbol{G}_s + \mathrm{j}\boldsymbol{B}_s$，测量值和状态值都可以写成实际的和估计的，实际值是（实际 × 实际 − 估计 × 估计），估计值是（实际 × 估计 + 实际 × 估计），即

$$\begin{bmatrix} z_r \\ z_x \end{bmatrix} = \begin{bmatrix} \begin{bmatrix} \boldsymbol{\Pi} \\ \boldsymbol{GA} + \boldsymbol{G}_s \end{bmatrix} & \begin{bmatrix} 0 \\ -\boldsymbol{BA} - \boldsymbol{B}_s \end{bmatrix} \\ \begin{bmatrix} 0 \\ \boldsymbol{BA} + \boldsymbol{B}_s \end{bmatrix} & \begin{bmatrix} \boldsymbol{\Pi} \\ \boldsymbol{GA} + \boldsymbol{G}_s \end{bmatrix} \end{bmatrix} \begin{bmatrix} \boldsymbol{E}_r \\ \boldsymbol{E}_x \end{bmatrix} + \epsilon$$

$$\boldsymbol{x} = (\boldsymbol{B}^{\mathrm{T}}\boldsymbol{W}^{-1}\boldsymbol{B})^{-1}\boldsymbol{B}^{\mathrm{T}}\boldsymbol{W}^{-1}z = \boldsymbol{M}z$$

利用最小二乘法给出估计，其中 $\boldsymbol{W}$ 是测量误差的协方差。$\boldsymbol{M}$ 是常数矩阵，可以在脱机情况下计算，并且只在拓扑结构（断路器打开）变化时改变，最终的估计值是不受静态假设和动态约束的。

5.1.4 用于所有相量测量装置的仪表互感器校验

图 5.7 所示的整个网络显示了 CT 和 CVT。一个精准的 PT 显示为红色。假设所有的 CT 和 CVT 都有一个比例校正系数 k_i。实际电压和电流满足方程：$E_t = ZI_t$。实际测量值与比例校正系数的真实值相关：$I_m = k_i I_t$，$E_m = k_e E_t$。在几个点上，通过负载的变化可以获得一整套 E_m 和 I_m。在拥有充足的测量数据条件下，就能形成比例校正系数的 WLS 解决方案[7]。大多数的模拟方案都表明 k 的精确性较高。

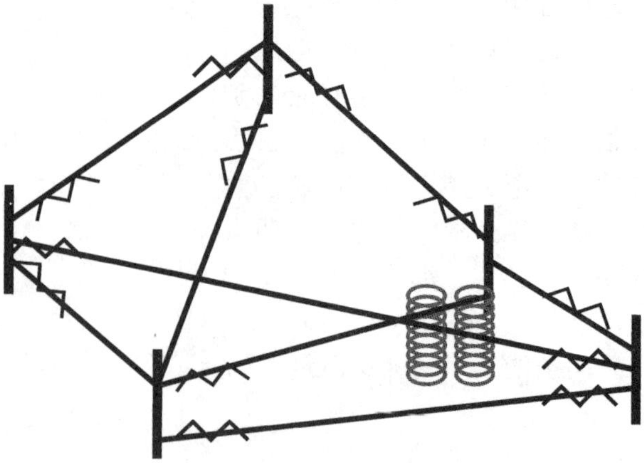

图 5.7　拥有精密 PT 的三相 CT 和 CVT

估量设备仅有 PMU，校准问题可被写成

$$z = KBx$$

式中，$\boldsymbol{K}$ 是比例校正系数的对角线矩阵；$\boldsymbol{x}$ 是复杂的母线电压系数。

k 和 x 都能被估算出来。很显然，如果 $\boldsymbol{K}$ 和 $\boldsymbol{x}$ 是解决方法，$\alpha\boldsymbol{K}$ 和 $\boldsymbol{x}/\alpha$ 也同样是解决方法，那么在带有 k 的每一个测量值中，就会有太多的未知数存在。为此，一个比例校正系数假设是 1（电压测量正确）；k 就不会在这些未知数中。此处可以使用精准的 PT 或是新的高质量的 CVT。

对一整套测量值中所有的 k 和 x 进行估算是不可能的。分别估算所有的比例校正系数也是非常重要的。一个可行的方法是用校正设备测量 12h，每小时测量一次。此校正可得到所有状态和比例校正系数的解，这是基于以下假设：

1）在模拟期间，比例校正系数是常数；

2）最少要有一个 PT 完好，为校正其他电流、电压变压器作参考；

3）系统模型（网状阻抗矩阵）准确；

4）12 种情况用于获取 12 种不同的操作条件，足够用来估算变压器的校正系数。

在公式中每一个 PT 和 CT 都有如下的比例误差：

$$\text{测量值} = M \times \text{实际值}$$

式中，M 是比例校正系数，$M = |M| \angle\theta$，M 和 θ 都是随机分布在 0 的附近，如果 PT 的精度不准确但是有一个已知准确的 η，那么所有的 CT 和 PT 都是准确的。

5.1.5 接口

建立单个评估设备来连接两个带有大评估设备的独立系统是一项具有挑战性的任务。每个评估设备都涉及上万条母线，是多年努力的结果。此评估或许是不同的类型，来自不同的供应商，包括不同的比例等。有提议把两个 30000 条母线的评估系统融合成一个 60000 条的评估系统将不予采纳。从最简单的层面看，这个问题能通过识别参考点得到解决——唯一的问题就是各个评估系统有不同的参考点，并且设置两个 PMU 来测量参考点的不同就可以了。系统 1 和系统 2 参考母线中各有一个 PMU 就足够了。

一个更详尽的解决方案需要包括两个系统交界的母线。这些可以被当作两个系统间的联系线解决，如图 5.8 所示。

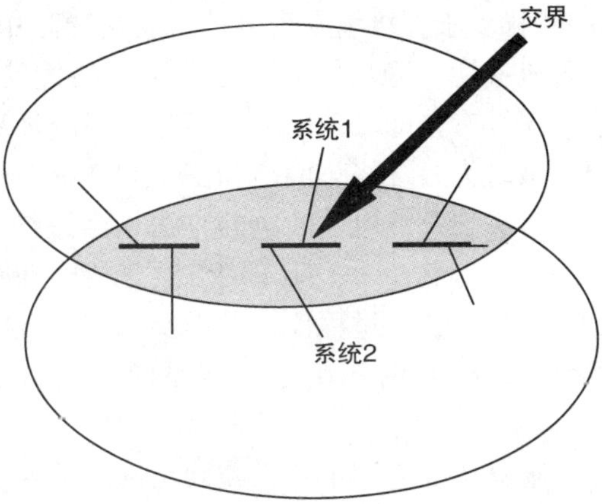

图 5.8　两个系统间的交界

如果 φ 是两个系统之间的参考点角度，还有交界母线 nb，更精确地

估算 V 可以用交界母线的平均值：

$$\hat{\varphi} = \frac{1}{\text{nb}} \sum_{i}^{\text{nb}} (\hat{\theta}_{1i} - \hat{\theta}_{2i})$$

其中求和后面的项表示在两个系统中总线 I 的角度差。可以实现进一步细化[8]，这要在联系线间建立一个包括测量和计算之间差的（有功及无功之间）指数。该指数能通过选择角度差 φ 实现最小化。

5.2 保护

一些地方同步保护是“自适应”的（“自适应安全性/可靠性”“自适应失步”和“自适应场损失”）。传统上，继电器需要调整设置，改变设置只能通过人员到变电站来完成。而电子继电器可以由工程师通过远程控制来改变设置，此处介绍的自适应保护可以对系统的运行做出自动响应。“自适应”保护是自动选择应用不同的保护功能，以使其更符合现行的系统运行条件[9]。PMU 使自适应保护成为可能。关于各种自适应保护应用还有大量的文献[9-15]。

5.2.1 自适应安全性/可靠性

传统上，人们对继电器的可靠性一直有不同见解。这里可靠性被定义为“继电器或继电器系统正确运行的准确程度”。在可靠性和安全性之间不可避免地要取得一个平衡，“在准确程度上，一个继电器或继电器系统不会运行失常”也就是说，继电器运行失常有时是指因故障跳闸——此时它们应该跳闸，或是在不应该跳闸时跳闸。有多个主继电器（例如 3 个）和多个备份继电器（2 区和 3 区）时，系统偏重于可靠性。NERC 检查数据表明，在错误的继电器操作中，2/3的扰动不直接引发为事件，而是导致中断的众多因素的其中一个。继电器的这种机械性“隐性故障”导致了大的扰动。隐性故障是“继电器中的一个故障或错误没有立即表现出来，而是在系统加载时引起故障。”造成隐性故障最大的原因被认为是维修。网络和工厂同样存在与维修相关的隐性故障。

解决涉及继电器断电的方法是当系统加载时调节安全性/可靠性的平衡。为了完成这一点，一个简单的方法是要求在断路器跳闸之前，2/3 的继电器要提前发现故障。表决过程仅仅是需要改变主继电器组合输出的方式，继电器逻辑本身并不变，PMU 的作用是确定系统是否处于加载状态。图 5.9 所示是一个表决方案。

在具体的应用中，必须确定选定的继电器位置。显然，应选择那些失去就会产生重大影响的线路或连接线，然后必须确定 PMU 的位置和将测量值转化成决定的理由。解决这两个问题的一个成功的方法是决策树的使用。这种决策树经过

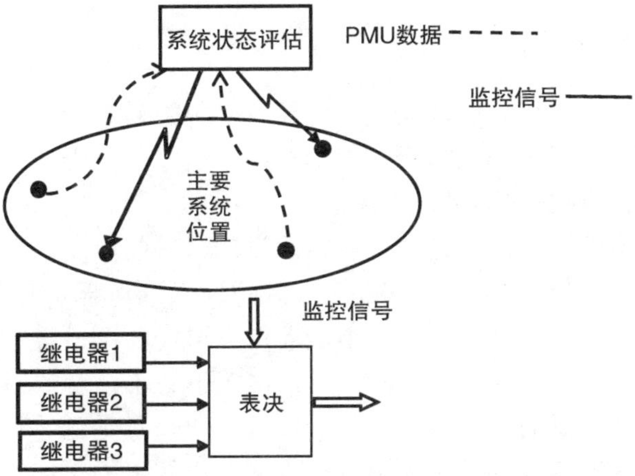

图 5.9　自适应安全性/可靠性保护体系

大量场合验证过，其决定是正确的，而表决在有相似设施的场合中更有利。例如，如果一条线路包括几条并联线路，由于潜在的故障而失去其中某条线路，就会造成严重后果。在许多短时稳定的模拟量参与的决策场合，用表决方式是合适的。决策树是从数组中选出的数据采集软件，数组中行元素为事件，列元素是测量数据。所有的母线电压和线路电流可能包含在这个数组矩阵中。例如，最后一列用 1 表示“投票”而 0 表示“不投票”。数据采集软件选择测量数据用于构建决策树。

决策树如图 5.10 所示。灰色的方框是分裂节点，而白色和网格方框是最终节点。第一个分裂节点选择一个测量值，并验证测量值是否超过阈值。剩下的分裂节点也仅仅使用一个变量，并且同样一个变量可能在其他分裂节点中被使用，此时此变量带有不同的 γ 值。决策树寻找测量值 m_k 和 γ 阈值。通常，对于这些电力系统问题最初分裂节点是相当有效的，而在决策树中低阶的分裂节点做了一个很好的修正：$m_k \leqslant \gamma$ 或 $m_k > \gamma$。

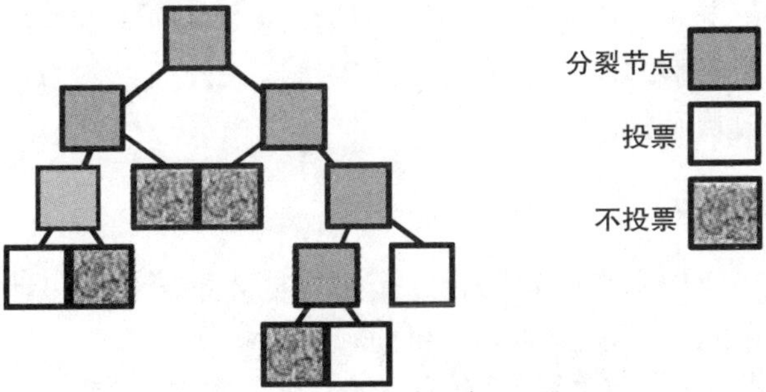

图 5.10　有 5 层节点的决策树

5.2.2 继电器阻抗的监测方法

在变电站和保护系统调试期间，继电器就已经被设置好了。一旦设置好，就不会再检查。尽管这不是一般惯例，但仍有越来越多的电力公司因人力有限，即使需要重新检查，也很少检查继电器的设置。

事实上，许多继电器设置是基于一定假设的，这些假设基于电力系统结构和负荷水平，尤其是低保护功能，例如备份区的远距继电器、损失领域的继电器等。随着时间变化，依靠系统条件的继电器设置可能不再适合当前的电力系统状态，这是电力系统自然演化的结果。由于继电器设置不适合了，这样的继电器就有可能产生误操作。具有代表性的一次停电是 1965 年美国东北部的停电事件。在此事故中，一些继电器的设置在事故发生前已经使用了 9 年，并且变得已经不适合 1965 年当时的电力系统状况。这些继电器的误操作是此次停电事件的一个最主要因素。

在 WAMS 中使用的 PMU 可以跟踪不断变化的阻抗，并且向工程人员提供警报，即明显阻抗轨迹（在记录的数据和时间上）出现在一个规定的误差范围内。在保护功能中使用远距继电器是非常有效的。在图 5. 11 中说明了这一概念。

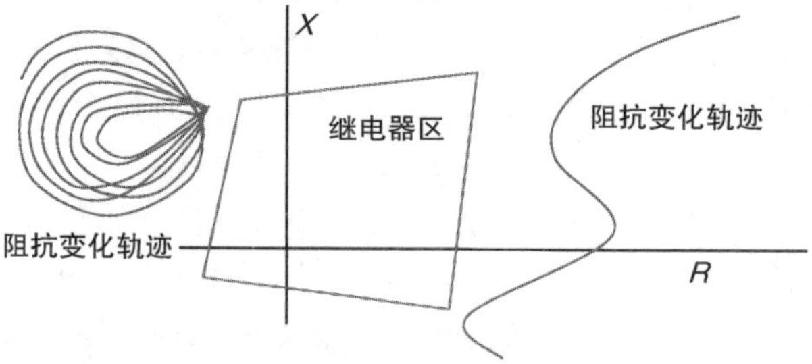

图 5. 11　继电器区；阻抗变化轨迹，一种是固定的另一种是随载荷变化的

图 5. 11 中显示，负荷的变化和稳定性的波动一样，接近于继电器区，并将这一信息送达给负责这套继电器的工程师。在检查完这一事件后，继电器工程师可以决定是检查和修整继电器装置，还是忽略这一警报，认为这些设置实际上是适合目前电力系统状态的。

5.2.3 自适应失步

失步（OOS）保护用来确定是否一个主要电力系统扰动可能会导致电力系统中发电机组间失去同步，形成孤岛。目前在发电机终端或在输电线上使用远距继电器，而这一输电线位于有预期系统故障的电力中心。传统的失步有一个特点，在图 5. 12 中用位于继电器阻抗平面的内部区域和外部区域显示。通过在电力系统中运用大量的短时模拟的办法来确定继电器的设置。在内部区域是没有稳定系统波动穿过它，而不稳定的波动会按顺序穿过外部区域和内部区域。一个计时器设置的要比两个区域间不稳定阻抗的最长停留时间还长。区域边界和计时器用来检测当前扰动是否会造成不稳定。

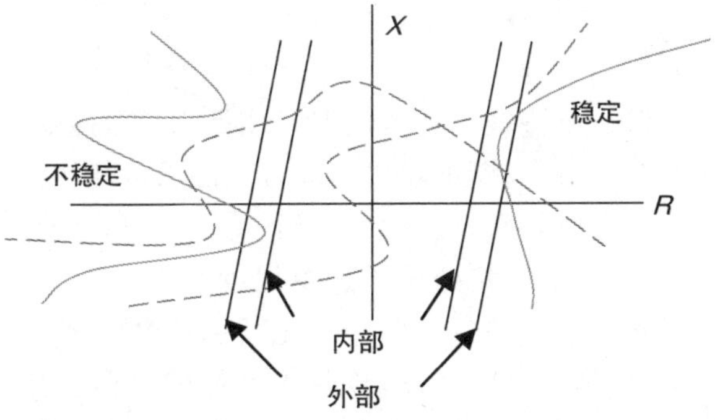

图 5.12　继电器特点的失步性，所有稳定的波动在内部区域外，同时不稳定的波动穿越内部和外部区域，它们比继电器设置的时间短。稳定的波动用实线区域表示，不稳定的波动用虚线区域表示

当电力系统发生变化或意外停电时，传统的失步继电器就无法满足需要。在这样的情况下，继电器设置可能不适合当前的系统状况，并且失步继电器有可能出现运行错误。

自适应失步保护的原理是使用实时测量来判断扰动是否会造成不稳定。能够达到此目的的最有前途的实时测量是由 PMU 提供的相量测量。在这个方法中，第一步是监测相关的发电机组群信息，并且一旦相关组群被确定，那么预期的电力曲线就会确定。为了确定发电机之间的相关性，随着扰动的发展，必须实时跟踪发电机转角。发电机转角是由发电机终端的相量检测决定的，然后使用发电机的等价回路来确定转角。在许多情况下，跟踪发电机终端的正分量电压角的状态就够了。图 5.13 说明了这种自适应失步中断的概念。

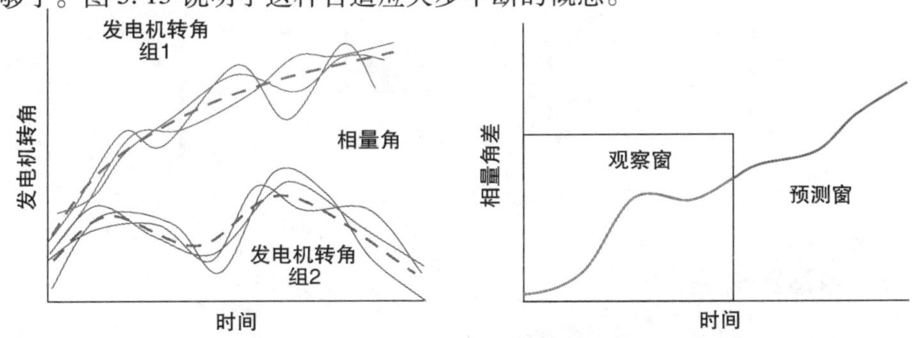

图 5.13　自适应失步保护原理。监控发电机转角，决定是否投入相关组，相关组投入后做出预测曲线

当然也可能有一些不正常的干扰，此时，不能识别相关组或根据观察窗进行成功预测。无论如何，在多数电力系统中达到90%的成功概率还是可能的，并且应该认为是自适应不同步继电器原理应用的很好结果。

5.2.4 备份区管理

远距继电器用来保护传输线。通常情况是使用三区远距离继电器覆盖完整传输线（包括区域1和2），并且提供对包括区域3的邻近传输线的备份保护。

三个区域有不同的操作时间：区域1是最快的，区域2有大约300ms的操作时间，而区域3在1s完成，因此如果线路上出现故障，给予邻近线路的继电器足够的操作时间。保护继电器的备份区——尤其远距继电器的区域3——在系统干扰期间受负荷波动的侵害。由于继电器保护区域的负荷变化导致不正确跳闸，这通常会导致情况变得更差，并且加速了各级联系统故障速度。一些工程师建议完全去除这一过度保护的区域，就是为了避免产生这种错误的跳闸。然而，有些文献[16]显示：区域3的保护必不可少，当主保护失败后可以补救回路[16]。于是，这就需要考虑在负荷波动而导致错误跳闸情况下大区远距继电器的安全。

在图5.14中考虑了一部分的电力系统。由于在电力系统意外情况下负荷的变化，变电站A（红色显示）中的区域3远距继电器被使用。此时需要确定区域3的使用是否是由于在BC线或BD线上的一个故障，或实际上是由于负荷变化引起的。如果是在BC线或BD线上的故障，那么位于变电站B、C或D（蓝色显示）的相量测量装置（PMU）至少有一个会指示区域1故障。如果有一个PMU显示有这样故障的存在，那么在A点区域3的继电器一定被锁死。因为区域3的操作时间是1s，所以有足够的时间得到从变电站B、C和D到变电站A的继电器信息。应该指出，如果在变电站A探测到一个不平衡状况，那么区域3的不平衡故障就会显示，那么它的运行联锁就不适合。因为负荷变化是平衡的现象，而只有在平衡的条件下，基于来自B、C或D的输入联锁逻辑才准确。

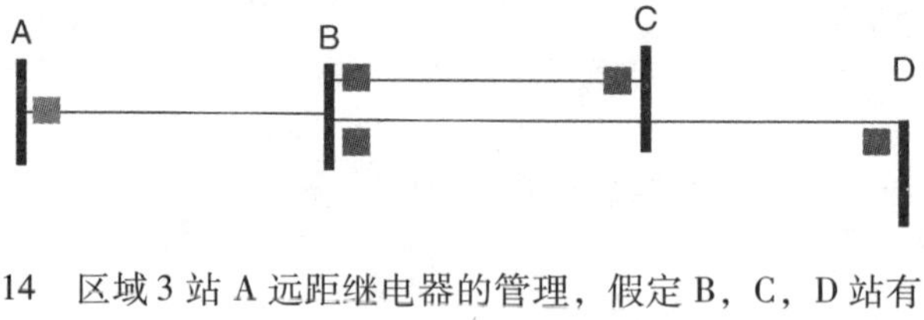

图5.14 区域3站A远距继电器的管理，假定B，C，D站有PMU

5.2.5 自适应失磁

电力系统中的大发电机通常有防止励磁电流减小的保护功能。当励磁回路中的某些故障使励磁电流突然减小时，发电机会出现不稳定现象。传统的失磁

(LOF) 保护方式是使用补偿阻抗继电器安装在发电机末端，此继电器设置由发电机的阻抗和连接发电机处的电力系统的等效阻抗决定。图 5.15 所示是一种典型的 LOF 特点。

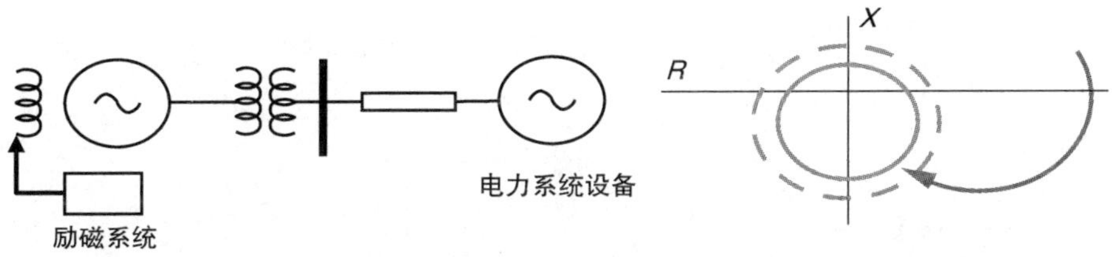

图 5.15　发电机及其励磁系统与电力系统的连接，LOF 继电器与发电机终端连接特点见右图

正如图 5.15 中蓝色所示，LOF 继电器装置包括两个同心的补偿阻抗环。内环是实际稳定极限环，用虚线显示的外环是对操作者做出警告并做出校正动作的环，因为此时系统即将超越稳定极限。圆的中心位置和半径由机械阻抗（包括增加变压器阻抗）和电力系统的戴维南等效阻抗决定。在图 5.15 中用红线表示出一种典型的失磁条件的阻抗曲线变化，曲线的起始端在假设干扰负载存在的第一象限，随着励磁电流的减小，阻抗曲线变化到第四象限并有可能进入到继电器产生动作的其中一个区。

在电力系统出现如输电线路的故障或其他突发故障等重大干扰期间，电力系统的戴维南等效阻抗可能要发生重大变化。这些变化都应该加以考虑，并且继电器的特性也要做出相应的调整。如果这些都没做，将很可能导致发电机不稳定，尽管此时阻抗曲线还没有进入到需要调整的区域，而这些区域又是根据系统正常工作的条件设定的。自适应失磁保护继电器能够跟踪电力系统受到干扰时发生的变化，从而自动校正继电器的设置以便更适合戴维南等效阻抗的变化状态。一般来说，远离发电机的电网变化对戴维南阻抗的影响并不显著，或许恰恰是几条网络的相关特性发生变化才需要改变继电器特性。把可能发生的突发事件和它们相应的继电设置以不同的设置组事先存储在失磁继电器系统中，当其中某个预设的突发事件发生时，继电器设置调整到相应的设置组上。

5.2.6　智能孤岛效应

当遭受灾难性的事件时，电力系统中的发电机会失去同步，这样它们就不能作为一个单一的电力系统的组件继续运行。通常情况下，每个发电机组会与所在组群保持同步，这样就可能使发电机组独立于电力系统。许多孤岛都以这种方式形成，并且以其自身的电能生产、传输、负载使用而形成一个独立稳定的电力系统。如果这些孤岛以不受控制的方式构成，那么那些不符合要求的“岛”就可能产生，结果导致部分或全部电力系统遭受瘫痪的威胁。这就是执行智能孤岛规划的诱因。

这个计划的第一步是确定发电机组保持一致，作为形成孤岛的前身。这个概念在插图 5.16 中加以详细阐明。

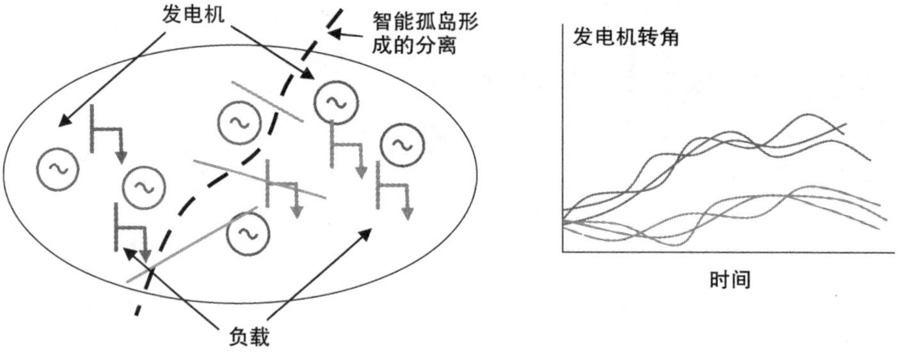

图 5.16 智能孤岛划分原理。建立机组的连接，发电机孤岛识别

在图 5.16 中，已经遭受了严重的突发事件，结果是：此处用红色和蓝色表示发电机组群，右边是蓝色转子转角曲线。基于转子的运动，能够得出结论：蓝色发电机组是一个同步组，用红色表示的发电机组则形成另一个同步组。下一步是匹配蓝色发电机组的带载能力。这样就建立起了起初规划的“岛”结构。红色发电机组中的功率和负载也大致相匹配。明确了负载与发电量相匹配后，下一步是确定在连接线路断开后可以创建的最少支路数（用绿色线表示），此处，两个“岛”将建立两个独立的电力系统，在一段时间后仍可以同步到同一个电力系统上。

5.2.7 智能负荷投切

大多数的电力系统具有低于正常频率时负载削减设备，目的是匹配发电机发出的电能能够承受的负荷量。在以下情况中显得很有必要：由于故障或其他原因造成发电损失，电力系统被分成发电和负荷不等的几块。在这个规划中，切负荷的完成只是在系统的频率变化之后（因为发电和负载不匹配）进行的。一个更智能的切负荷的方法就是预测负荷 - 发电不匹配发生的可能性，如果不加以预测控制可能造成该系统孤岛现象。这种方式需要对负载 - 发电不匹配情况一发生就做出判断，然后在系统裂解成孤岛或频率变化成孤岛之前就切掉适量的负荷。

图 5.17 所示是一个通用电力系统。它是一个互连电力系统的一部分，它有几条与其他电网相连的线路（图 5.17 中用绿色线条表示）。如果系统遭受变化，如电能的损失，就会在电力系统边界上表现为负载上的电压失衡。如果广域监测系统监测到了线路电流的变化，它说明电力系统中的输电线路网有了扰动。从线路电流的变化中可以预测到系统中即将发生的负载不平衡。如果已经确认潜在的

负载不平衡很严重，若不及时纠正就可能导致电力系统孤岛化，负载也会在频率衰减前就被监控系统切除。

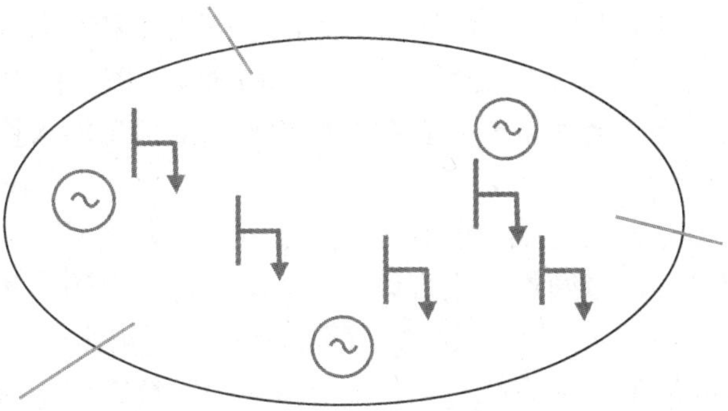

图 5.17　智能切负荷原理。连接线的电流变化被用于决定负载切除，以平衡系统中的负载和电能

需要在完整的电网上对各种电能损失情况进行大量的仿真实验。在导致孤岛化的仿真研究中，为了防止孤岛化的形成，需要投切掉不同量的负载。这些研究结果可以用来在实际电能损失中作为切负荷的根据。

5.3　电力系统的控制

在同步矢量测量之前，在互连电力系统上，基本上所有的控制都是基于本地监测。电力系统频率响应控制或许被排除在外，因为频率是电能综合质量的指标。为了解决本地监测的局限性已经开发了许多技术。各种等效的方法、相关组以及各种简化的控制模型用于开发控制策略。带有时间标志的广域测量的存在为基于远程测量的控制提供了可能。在较小的现行系统中采用完整的状态反馈是不可能的，但是要考虑个别重要变量的反馈。控制策略的选择和远程测量的布局并不是独立的问题，是目前研究的有关课题。电力系统中关注信号中的潜在问题、数据集中器的性能、通信网络的设计等控制应用晚于其他领域。

5.3.1　持续振荡的控制

极低频弱阻尼振荡已在大型电力系统中研究了数十年。机器组间的相互作用距离大，频率往往小于 1Hz。对于一个运行点，这种分析方式是以小信号线性模型为基础。当有足够大的阻尼时这种区域内的振荡可以接受，但当阻尼开始减小时会成为系统的严重威胁。1996 年在 WECC 由 0.27Hz 的振荡演变为事件就是一个典型例子。振荡由 0.27Hz 开始并有 7% 的阻尼，重要线路的跳闸将此改变为 0.254Hz 的频率、3.46% 阻尼，并在 200s 的过程中变成了 2.252Hz 的频率、

1.2%阻尼。在这之后不久，另一条线路跳闸，一台发电机跳闸，整个状态开始变得不稳定[17]。2008年的中国，在南方和华中电网分别发生全系统的低频振荡事件[18]，在2003年0.4Hz频率的振荡对中国东部的干扰事件是一个先兆[18,19]。阻止振荡的常规方式是采用电力系统稳定器（PSS）。PSS利用本地信息，诸如加速电源、发电机转子转速偏差或者频率偏差等局部信息输入稳定调节器来消除振荡。

现代数字电力系统稳定器（PSS）[20]仍然利用局部的功率和频率测量信号，并且针对的是单个的区域间振荡进行调节。在多方协作多输入条件下，远程测量也在研究[21,22]中。在这些研究中，与局部测量的数量相比较，远程测量的数量少很多。在快速发展的电力系统行业，如有些电力系统，用于特定模式PSS设计的局限性更加明显。对PSS的重新调节已经促进了技术研究，使PSS运行适应不断变化的系统条件[23,24]。最好的办法是在稳定内部区域间振荡方面协调PSS、FACTS装置和DC线路[25-28]。线性反馈是利用了各种强大的控制技术来处理电力系统的非线性和不确定性。在建模中，时间延误被确认为不确定的参数[25]，系统的未测量部分是由未建模动态代表[27]，LMI技术用来设计H_2/H_∞控制器[28-33]。

5.3.2 强振荡的控制

故障停留在系统上的时间超过“临界故障切除时间”时，就可引起足够大的振荡，此时系统非线性的性质会显现出来。这样的振荡用一组耦合的非线性微分方程来描述。依据发电机表现的复杂性，每一个机组需要2~20个或更多的状态变量来描述。以最简单的方式，经典机型包括转角和转速（角度的导数）。如果转角用δ表示，那么一台发电机的标幺系统的瞬时方程可表示为

$$M\ddot{\delta}+D\dot{\delta}=P_m-P_e$$

式中，M表示发电机的惯性；D表示阻尼；P_m表示输入功率；P_e表示输出功率。

该方程是非线性的，因为功率是角度差的函数，即P_e是δ的三角函数。当处于平衡状态时，$P_m=P_e$，δ不变。在相同的基准下，“自适应失步”是由检验一台发电机的瞬时方程来建立的。即使在大型系统中采用降价模型，为了解决暂态稳定问题，仍需要解数百个非线性微分方程。每个连到节点的设备都汇集为P_e。如果故障持续时间太长，系统就会从平衡状态转变为故障状态。当故障消除后，系统就会振荡。在大型系统中，一个振荡周期的时间是1s或更长，这表明对于PMU测量在控制振荡中的时间是足够的。在控制领域有效可用的方法有限。汽轮机的快速装阀，一个动态机制的插入，发电机、反应堆、线路切换、直流输

电线路的控制以及 FACTS 装置，这些都有可能。也有关于在一些控制上 PMU 输入的具体应用的汇报[34-40]，在这些控制方案中，PMU 测量的使用应该提高它们的性能。

有一个研究表明，控制涉及直流线路，并且在本质上是离散的。在采用 PMU 测量的区域中，也纳入了一些采用离散控制的方法[41]。许多离线模拟被用来生成映射，但是还没有参与实时计算控制动作。

5.3.3　补救控制系统

补救控制系统［也称作特殊保护方案或系统完整性保护方案（SIPS）］的设计是为了解决由继电动作带来的问题。例如，三条并行线中其中一条丢失会使另外两条过负荷。这种方案不一定每次都起作用，但可以基于系统的条件进行防范。如果线路中的电流过大，当继电作用去除掉任何一条并行的线路时，该控制方案都可以切除负载和（或）电力。在有些情况下，运营商装备远程掌控系统（RAS）。所有的系统完整性保护方案（SIPS）的设计基本上都是用于控制和保护系统，同时使用 PMU 输入来增强系统。用于 SIPS 系统的 PMU 附加信息可以用决策树方法管理，该方法用在“自适应系统的安全和可靠性”一节。这些方案的合理协调是一个更具挑战性的问题。

5.3.4　系统恢复

同步检测继电器用于确保两个交流（AC）系统是同步的。一个系统要同步，则频率、相角和电压必须在预先设定的范围内。广域测量系统可以执行与断路器相同的功能，当角度差在预设的范围内时，它可以关闭孤岛重合闸之间的线路。如果角度差超过可接受的范围，岛内的电能负荷会重新安排，这样就可以使电量在标准范围内。2006 年 11 月欧洲大量失败的重合闸证明：它们需要恢复实时的相位角度测量[33]。只有当不同区域的相位角误差落在标准值范围内时，系统的恢复才能实现。

已经有人提出应用人工神经网络（ANN）帮助系统恢复。可以用 ANN 确定需要恢复的孤岛的临界状态和合闸操作顺序，有助于系统恢复，考虑由于轻负载状况和冷负荷起动造成的过电压。

5.4　未来方向

利用 PMU 的广域测量系统（WAM）已成为首选的动力系统监测装备，对电力系统的主要变量进行精确同步监测，从中可以创建电力系统可靠的实时监控模式，这样智能监控、保护和控制决策就可以实现。这些测量也为电力系统发生灾难性事件后的分析提供了一种最可靠的手段。从这样的分析中可以了解电力系统组成部分的真实模式和更真实的仿真工具。

这项技术会使未来的电力系统变得更加安全。就是说，系统会减少灾难性故障的发生——当这种罕见故障确实发生时，这种故障造成的冲击，不论是其物理影响范围还是持续时间，都将大大减小。只要通过对现行系统当前状态进行精确监测并建立最合适的保护和控制措施，以上所讲都将成为可能。

显然，这项科技正在对全球范围内的主要电力生产商产生重要的影响。当今世界进入了以电力为主流，拥有大量可替代能源的时期，依靠这种科技使这些不可预测的和间歇性的新能源得到很好的整合利用才是工程师们面临的更大的挑战。可以相信，这些技术的应用会在几年后迎来一个更清洁、充足、可靠的电力供应的时代。

参考文献

1. Dopazo J F et al (1975) Implementation of the AEP real-time monitoring system. IEEE Trans Power Apparatus Syst 95:1618–1629
2. Thorp JS, Phadke AG, Karimi KJ (1985) Real-time voltage phasor measurements for static state estimation. IEEE Trans Power Apparatus Syst 104:3098–3107
3. Phadke AG, Thorp JS, Karimi KJ (1986) State estimation with phasor measurements. IEEE Trans Power Syst 1:233–241
4. Nuki RF, Phadke AG (2005) Phasor measurement placement techniques for complete and incomplete observability. IEEE Trans Power Deliv 20:2381–2388
5. Gou B, Abur A (2001) An improved measurement placement algorithm for network observability. IEEE Trans Power Syst 16:819–824
6. Abur A (2005) Optimal placement of phasor measurements units for state estimation. PSERC Publication 06–58, Oct 2005
7. Zhou M (2008) Phasor measurement unit calibration and applications in state estimation. Ph. D. dissertation, Virginia Tech
8. Jeffers R (2007) Wide area state estimation techniques using phasor measurement data. Virginia Tech Report prepared for Tennessee Valley Authority
9. Centeno V, De La Ree J, Phadke AG, Michel G, Murphy RJ, Burnett R (1993) Adaptive out-of-step relaying using phasor measurement techniques. IEEE Comput Appl Power 6:2–17
10. Horowitz SH, Phadke AG, Thorp JS (1988) Adaptive transmission system relaying. IEEE Trans Power Deliv 3:1436–1445
11. Rockefeller GD, Wagner CL, Linders JR, Hicks KL, Rizi DT (1988) Adaptive transmission relaying concepts for improved performance. IEEE Trans Power Deliv 3:1446–1458
12. Hedding RA, Mekic F (2007) Advanced multi-terminal line current differential relaying and applications. In: Protective Relay Engineers, 60th annual conference, College Station, 27–29 Mar 2007, pp 102–109
13. Lien K-P, Liu C-W, Jiang J-A, Chen C, Yu C-S (2005) A novel fault location algorithm for multi-terminal lines using phasor measurement units. In: Proceedings of the 37th annual North American power symposium, Ames, lowa, 23–25 Oct 2005, pp 576–581
14. Lin Y-H, Liu C-W, Jiang J-A (2000) An adaptive fault locator for transmission lines tapped with a source of generation-using synchronized voltage and current phasors, pp 1379–1383

15. Yu C-S, Liu C-W, Yu S-L, Jiang J-A (2002) A novel adaptive PMU-based transmission-line relay-design and EMTP simulation results. IEEE Trans Power Deliv 17:33–46
16. Horowitz SH, Phadke AG (2006) Third zone revisited. IEEE Tran Power Deliv 21:23–29
17. Hauer AJF, Trudnowski DJ, DeSteese JG (2007) A perspective on WAMS analysis tools for tracking of oscillatory dynamics. In: IEEE Power Engineering General meeting, Tampa, 24–28 June 2007, pp 1–10
18. Dong M, Yang D, Huang Y (2008) Analysis on the low frequency oscillation incidents measured by WAMS of central China power grid during the 2008 ice hazard. Cen China Electr Power 21:22–25
19. Zhu F, Liu ZH, Chu L (2004) Achievement and experience of improving power system stability by PSS/excitation control in China. In: IEEE Power Engineering Society general meeting, Denver, 10 June 2004, pp 1767–1771
20. Kamwa I, Grondin R, Trudel G (2005) IEEE PSS 2B versus PSS4B: the limits of performance of modern power system stabilizers. IEEE Trans Power Syst 20:903–915
21. Kamwa I, Gerin-Lajoie L (2000) State-space system identification-towards MIMO models for modal analysis and optimization of bulk power systems. IEEE Trans Power Syst 15:326–335
22. Zhang Y, Bose A (2008) Design of wide–area damping controls for interarea oscillations. IEEE Trans Power Syst 23:1136–1143
23. Yu GL, Zhang H, Xie H, Wang CG (2007) Wide-area measurement-based robust control of power system considering signal's delay and incompleteness. In: Power Engineering Society general meeting, Tampa, 24–28 June 2007
24. Hu G, He R, Yang H, Wang P, Ma R (2005) Iterative Prony method based power system low frequency oscillation mode analysis and PSS design. In: Transmission and distribution conference and exhibition: Asia and Pacific, Dalian, 2005, pp 1–6
25. Gibbard MJ, Vowles DJ, Pourbeik P (2000) Interactions between, and effectiveness of, power system stabilizers, and FACTs device stabilizers in multimachine systems. IEEE Trans Power Syst 15:748–755
26. Yu Gl, Zhang BH, Xie H, Wang GC (2007) Wide-area measurement-based nonlinear robust control of power system considering signal's delay and incompleteness. In: Power Engineering Society general meeting, Tampa, 24–28 June 2007
27. Li X, Yan Q, Hu Y (2008) Decentralized coordinated robust adaptive control for AC/DC interconnected power system based on WAMS. IEEE Asia-Pacific Conf Circuits Syst 2008: 1896–1899
28. Dou C, Jin S, Bo Z, Jia Q, Xue H (2007) Decentralized stabilizer design for model-based uncertain large interconnected power systems based on WAMS. In: IPES, Singapore, 3–6 Dec 2007, pp 799–806
29. Rao PS, Sen I (2000) Robust pole placement stablizer design using linear matrix inequalities. IEEE Trans Power Syst 15:313–319
30. Soliman M, Emara H, Elshafei A, Bahga, A, Malik OP (2008) Robust output feedback power system stabilizer design: an LMI approach. In: IEEE Power and Energy Society general meeting conversion and delivery of electrical energy in the 21st century, Pittsburgh, 20–24 Jul 2008, pp 1–8
31. De Campos VAF, Da Cruz JJ, Zanetta LC (2006) Pole placement and robust adjustment of power systems stabilizers through linear matrix inequalities. In: Power systems conference and exposition, Atlanta, 29 Oct–1 Nov 2006, pp 2180–2187
32. Bensenouci A, Abdel Ghamy AM (2007) Mixed H∞/H2 with pole placement design of robust LMI-based put feedback controllers for multi-area load frequency control. In: EUROCON, Warsaw, 9–12 Sept 2007, pp 1561–1566
33. Jabr RA, Pal BC, Martin N (2010) A sequential conic programming approach for the coordinated and robust design of power system stabilizers. IEEE Trans Power Syst 25:1627–1636
34. Rostamkolai N (1986) Adaptive optimal control of AC/DC systems. Ph.D. dissertation, Virginia Tech
35. Manansala EC (1989) Adaptive power system control. Ph.D. dissertation, Virginia Tech, Aug 1989

36. Rostamkolai N, Phadke AG, Thorp JS, Long WF (1988) Measurement based optimal control of high voltage AC/DC systems. IEEE Trans Power Syst 3:1139–1145
37. Manansala EC, Phadke AG (1991) An optimal centralized controller with nonlinear voltage control. Electr Mach Power Syst 19:139–156
38. Mili L, Baldwin T, Phadke AG (1991) Phasor measurements for voltage and transient stability monitoring and control. Workshop on application of advanced mathematics to power systems, San Francisco, 4–6 Sept 1991
39. Snyder AF et al (1988) Inter-area oscillation damping with power system stabilizers and synchronized phasor measurements. In: PowerCon 1988, China
40. Smith MA (1994) Improved dynamic stability using FACTS devices with phasor measurement feedback. MS thesis, Virginia Tech
41. Rovnyak S, Taylor CW, Thorp JS (1995) Real-time transient stability prediction–possibilities for on-line automatic database generation and classifier training. In: 2nd IFAC symposium on control of power plants and power systems, Cancun
42. Madani V, Taylor E, Erwin D, Meklin A, Adamik M (2007) High speed control scheme to prevent instability of a large multi-unit power plant. In: Protective Relay Engineers, 2007: 60th annual conference, Clemson power system conference, pp 271–282
43. Sattinger W (2005) Developments in UCTE and Switzerland WAMC course at ETH Zürich, 30 Aug–1 Sept 2005
44. ENTSOE (2003) European network of transmission system operators for electricity. Final Report of the Investigation Committee, 28 Sept 2003 Blackout in Italy. https://www.entsoe.eu/index.php?id=59
45. Bretas AS, Phadke AG (2003) Artificial neural networks in power system restoration. IEEE Trans Power Deliv 18:1181–1186

参 考 书

Horowitz SH, Phadke AG (2008) Power system relaying, 3rd edn. Wiley, Chichester/Hoboken

IEEE Standard C37.118-2005 (Revision of IEEE Std 1344–1995) IEEE standard for synchrophasors for power systems

Kundur P (1994) Power system stability and control. McGraw-Hill, New York

Phadke AG, Thorp JS (2008) Synchronized phasor measurements and their applications. Springer, New York

Phadke AG, Thorp JS (2009) Computer relaying for power systems, 2nd edn. Wiley, Chichester

Rogers G (2000) Power system oscillations. Kluwer, Norwell

第 6 章　智能电网分布式控制

术语表

柔性交流输电系统（FACTS）	此系统配置在电网中，用来控制一个或多个网格参数。FACTS 通常是用固态或机械开关来操纵。
最优潮流（OPF）	在等于或低于额定操作资产和满足可靠性的前提下，能够控制发电和输电资产使其运作成本最小化的方法。
无功功率	作为两种电源交流输电形式之一，无功功率是一种存储在磁性和电容性设备中，每个周期都能返回到系统中的能量。它需要维持输电网的功能性，测量单位是无功伏安（var）。根据定义，电容器产生无功功率，电感器消耗无功功率。

智能电网分布式控制的定义

智能电网分布式控制是通过使用分布式网格资产以达到预期效果，例如增加传输资产利用率、减少能源成本、提高可靠性。分布式控制是迎合新挑战的关键性推动者，这些新挑战包括负荷增长和可再生能源发电任务。

6.1　简介

公用电网是一个庞大的系统，里面有成千上万的发电机、数不胜数的高压输电线路和千万资产的变压器等部件，全部进行高精度工作为数以万计的用户提供可靠的电能。在过去的电网设计中，机电控制和发电机励磁控制是保持系统运行唯一可用的控制方法。此外，无法引导电力流动和存储便宜的电能迫使人们采纳了转变市场运作的规则，造成资产低效利用。美国政府决定赋予人民使用电能的权利，行业监管进一步阻止产业朝着有效的和有竞争力的方向发展。技术的局限性和政策体制是导致电力市场运作不利的主要原因。

就重置价值而言，美国电力行业资产价值估计为2.2万亿美元，全球和美国电力需求在未来的20~25年间预计将分别增长80%和24%。在美国，如果广泛采用新能源车辆（GEV），2035年总的电力需求可能比2008年高45%。可再生能源授权预计每年需要增加一倍的输电投资同时还将降低输电系统的利用率。无处不在的智能电网功能的推出将提供更好的输电和配电系统，减少投资需要，满足可再生要求，并提高可靠性。然而，没有经济基础很难实现这样一个具有深远意义的转变。不过，这一确定的优势使其能实现电网选定部分的升级，并最终实现最大收益。选择性引入可以控制电网动态电压和潮流的新技术能更有效地利用电网资产，最大限度地减少建立新的输电线路以适应可变发电资源。例如，风能和太阳能资源。

这样的控制能力将改变电力市场，同时允许电源侧与需求侧之间的交易，以及具有处理更多配电能力的途径。这将直接缓和输电线和成本分摊问题。同时减少接纳更多的风能和太阳能的资本，利用节能车辆改善能源安全，减少碳排放。这种控制取代了传统的励磁控制，在电网上的不同点上执行，本质上提高了网络资产的利用率。电网控制应用非常广泛，这也预示了它的未来前景。

分布式控制是满足新兴电力行业挑战的关键推动者。本章首先对新兴挑战展开调查，然后讨论了分布式控制的两种类型，即无功控制和潮流控制，当前可用技术能够实现无功控制和潮流控制。最后在下结论前调查了新兴的技术和方法。

6.2 新兴的挑战

6.2.1 负荷的增长

2006~2030年，全球电力能源总需求预计将每年增长2.5%，从15665亿kWh上升至28141亿kWh；全球每年发电容量预计将增长2.3%，从4.4344GW上升至7.484GW[1]。美国能源部下属能源情报署预计，到2035年美国用电负荷为每年增长1%，相对于2010年的需求，每年需求增长24%[2]。这些预测包括2030~2035年GEV的用电量不足全球运输能源3%，仅为美国轻型运输部门能源的0.2%，分别可以忽略不计[1,3]。从历史上看，负荷增长需要在发电以及输配电系统中投资。鉴于燃料和材料高成本的挑战，公用事业正面临一种压力，即如何降低负荷增长成本以满足消费者的需求。

6.2.2 允许城市发电和输电的挑战

分布式控制可以安装在负荷中心或将新输电与遥远的发电负荷中心相连，用电需求可得到缓解。鉴于噪声、废气、视域的关系、土地收购成本以及有限的城市燃料输送系统，最好不安装在负载中心。此外，发电机冷却水的可用性在许多负载中心是有限的[4]。美国的一项研究表明：由于发电位于统计州内 20 个增长最快的大都市，22 个县中有 19 个县被确定为最危险的水短缺县。

新建输电对负荷中心的供应也面临困难。问题包括视域、土地收购成本和电磁辐射。建造高压输电线路需要十几年，而且还有成本分配问题，特别是对线交叉状态和边界。最后，新线的建设增加了服务于既定负载的 MW - mile㊀线路，从而减少了现有系统的利用，导致成本增加效率低下。

6.2.3　可再生能源发电的政策推动

世界各地都通过了推动可再生能源发电的策略。中国旨在增加可再生能源总电能，从 2005 年的 7.1% 增加到 2020 年的 20%，从 2005 年的 1260MW 的风电装机容量升高到 2020 年的 30000MW[5]。中国的电网运营商需要提供可再生能源，在仅供风电场参与的拍卖中，风力决定价格[5]。在美国，29 个州加上哥伦比亚特区联合通过可再生能源组合标准（RPS），7 个州已经自愿达成一致。可再生能源组合标准要求一定比例的年度电能需求由指定年的可再生能源发电。此外，美国联邦政府通过生产—对税收抵免（PTC）和美国财政部 1603 投资税赋优惠激励可再生能源发电的发展。

可再生发电任务的重点是输电系统而且需要额外的投资。这种压力指标是峰值发电量对平均功率的比率要求。2008 年，美国的比率是 2.18。在 2035 年环境影响评价参考上，全国 5% 的电力来自非水力可再生能源资源，这一比率提高至 2.03。在所有条件都相同的情况下，相对于 2008 年而言，这一减少提示发电机组在 2035 年有所增加，降低了单位成本。如果强制要求可再生能源投资标准达到 20%，这一比率上升至 2.29，相对于 2008 年而言，低退化导致利用率在 2035 年降低。因此，尽管 2035 年利用不可再生案例提高了 7%，可再生能源投资标准案例显示下降了 5%。为了避免削减可再生能源，必须建立适应可再生资源的峰值功率输出。

在过去的 15 年里，全球风能和太阳能光伏发电都呈指数级增长。如图 6.1 所示。图 6.2 显示了在美国质量最高的风能和太阳能资源远离负荷中心。如果输电网络可以容纳产生的能量，这些高质量的资源能使工厂所有者的投资回报率达到最大。许多全球一体化研究已经对输电系统操作影响风能和太阳能系统进行评估[7-22]。两个研究即：东部风力一体化与输电的研究（EWITS）和西部风力和太阳能一体化研究（WWSIS），覆盖面大，涉及美国多州地区。在 EWITS 中，委员会的利益相关者可以迭代使用变速器的设计。贴现输电成本是 330 亿 ~590 亿

㊀ 1mile = 1609.344m。——译者注

美元（2009 美元）高于参考的案例，额外风能极小，相当于 300～447 美元/kW 的风力发电装机容量成本。传输建设中削减风平均缩短 7%～11%，高于美国目前水平。在 WWSIS 中，高达 35% 的可再生能源供给了怀俄明州、科罗拉多州、蒙大拿州、亚利桑那州和内华达州。简化输电紧急援助的开发是为了在这些州之间进行可再生能源的交易。该费用是 11 美元，利益与成本的比率是 0.9。

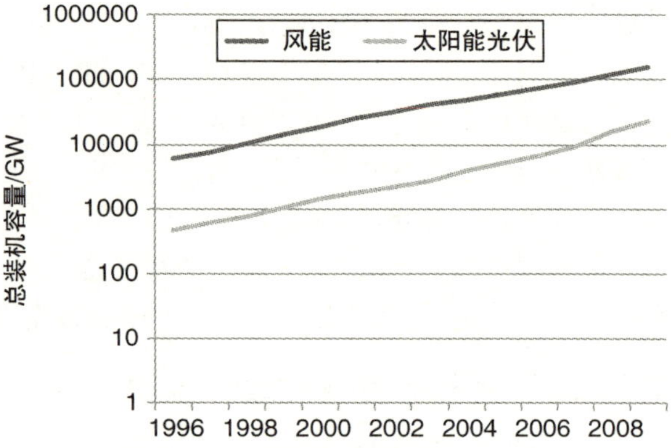

图 6.1　全球累积的风能和太阳能光伏装机容量对数表

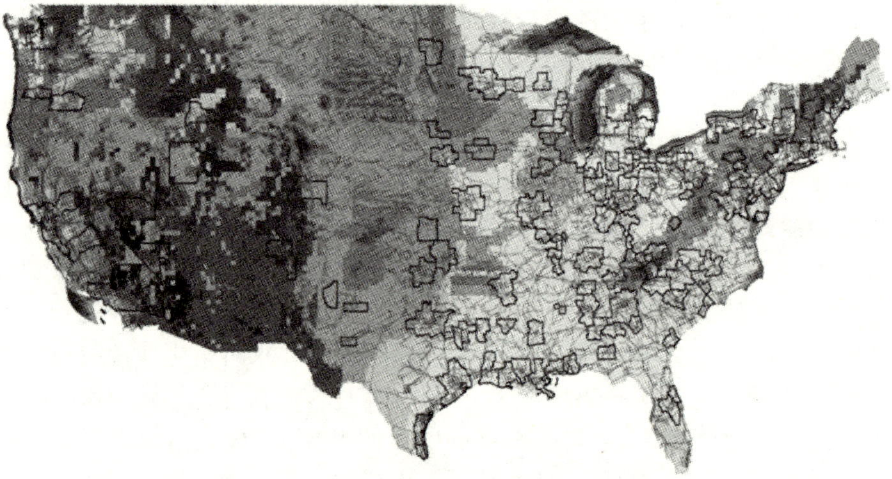

图 6.2　美国风能、太阳能资源和主要城市地图。从淡黄色到棕色是太阳能资源，资源最高的是棕色。风力资源显示从浅蓝色到深蓝色，深色更醒目。只显示风电场与当前技术的可行性。主要城市是黑色。灰线显示高压输电系统（见封二彩图）

在美国，20% 的能源需求来自于可再生能源。25 年来输电成本估计达 3600 亿美元，折合每年 140 亿美元。可再生能源发电和负荷之间的平均距离为 1000mile。如果可再生能源发电安装在资源丰富的中西部和西南地区，这种情形十分合理。目前，总输电投资，包括远程和本地输电，是每年 90 亿美元。如果可再生能源能替代目前投资的 50%，每年总的投资是 185 亿美元，比目前投资水平增加 105%。这种增加的投资水平预计能持续 25 年为美国提供 20% 的可再生能源需求。

6.2.4 新能源汽车的政策推动

新能源汽车（GEV）在20世纪90年代出现后，正在经历复兴时期。主流厂商和新进入者提供或计划执行一个宽泛的价格范围。在美国，目前GEV通过了联邦和州的税收抵免。截至2040年前确保轻型汽车使用电能行驶里程达到75%[24]。在欧洲，高额的燃料税和二氧化碳平均排放量从160g/km下降到95g/km有可能促进新能源车辆的发展[24]。中国政府意识到了新能源车辆在改善能源安全方面的能力，实施了一项计划，即在13个大中城市建立充电基础设施，同时还提供了汽车和公共汽车分别每车8000美元和70000美元的税收激励计划[24]。GEV对电力系统的影响取决于它的利用程度、收费模式、充电时间与电力系统状态的协调水平。如果到2035年美国轻型电车行驶里程达到80%，相对于2008，每年的电力需求预计将增加45%，相对而言，没有GEV预计只能增加24%。不协调的充电会导致超载和加速资产分配老化[64]。相比传输资产，资产分配监控系统不发达，很难积极提升应变分布的资产。车辆的充电不协调需要新的输电和配电投资。

6.2.5 电网和其他商品传输网络的区别

美国的天然气和石油管道在过去20年中监管较少。20世纪90年代之前，管道开发人员向联邦能源管理委员会提交了新管道铺设的计划。联邦能源管理委员会对社会需求进行评估，选择铺设管道。联邦能源管理委员会不允许管道行业之间的竞争。但根据（美国）公用事业委员会1990科技期刊报道，联邦能源管理委员会允许管道行业存在更多的竞争。不同的利率可以锁定初级阶段支持管道建设的消费者，其他顾客要求管道建成后使用管道。

石油管道的产品差异化是通过将货物在运输中用带有“transmix”标志的液体区分。截至2005年，联邦能源管理委员会监管大多数的石油装运，但汽油成品油基于市场化利率[25,26]。然而，以市场为基础的利率增长速度最快[25]。联邦能源管理委员会在确保管道市场权力合理的情况下，允许按个别情况使用市场利率。

由于撤销管制规定，到2000年，天然气管道不再保证回报率[27]。用户保留产能就能得到公司传播权。规定了公司容量关税[28]。剩余产能在公告板上按市场价格出售。产能拥有者可以转售产能实现套利。

由于业主无力控制输电线的电流，电网被认为是一种自然垄断。因为缺乏控制手段，业主不能竞标使用线路，天然气管道也是这样。这也造成搭便车效应，使他人的投资利益受到损害。总的来说，不利于传输的业主提升自己的资产。

6.2.6 新兴经济体的可靠性挑战

新兴经济体在全国范围内没有一个可靠性的统计数据。1997 ~ 2008 年统计数字显示在巴西有 5 个公用事业公司，电气化人口总计 3.89 亿[29]。统计数据还发现了印度两个电力公司，即北德里电力有限公司（NDPL）和班加罗尔供电公司（BESCOM）[30]。相比于美国，巴西公用事业每年的停电时间是美国的 8 倍，每年的停电频率是美国的 14 倍。班加罗尔供电公司电力系统停电时间是美国的 20 倍。预计持续的经济增长将需要更可靠的电力供应，因此需要投资于新兴经济体。

6.3 分布式控制技术

分布式控制自出现以来一直用于操作电气系统。本节中的第一段将描述最优潮流（OPF），其历史可以追溯到早期的电力系统操作。今天的电力系统主要依赖 OPF 完成控制。正如前面所讨论的，电力系统投资和运行面临着众多挑战。容纳可再生能源和 GEV 需要响应时间，而传统的控制技术如 OPF 就不需要响应时间。本节将介绍无功控制和潮流控制。通过适当的技术，无功控制和潮流控制可以提供快速的响应控制，称为动态粒度控制（DGC），以满足新兴挑战。

本节中所述的技术可以应用于输电和配电系统。配电系统的可控性落后于输电系统。相对于输电资产而言，部分原因在于大量的分销资产。资产的数量增加了控制分配系统的成本和复杂性。与输电系统不同，配电制度一直被作为一个径向网络而不是网状网络，这简化了控制但降低了可靠性。智能电网的活动迄今为止已经在很大程度上改善了配电系统的控制来提高效率，增加容量，无需新的资产结构，适应分布式发电。

6.3.1 最优潮流

OPF 系统运营商和规划者使系统操作的总成本达到最小化。OPF 是当今电网的主要控制技术，主要的控制方式或控制功能是调整发电机的有功、无功功率的注入。OPF 还包括其他控制处理，如移相变压器（PST）的设置。虽然控制决策通常由中央控制器发出，但是控制执行器，如发电机和移相变压器的设置是分布在整个系统中，因此通常认为 OPF 是分布式控制。OPF 设定点通常不会每隔 5min 改变更多频率。OPF 的配置能提供足够的安全系数以适应突发事件，如负荷预测误差、可再生能源发电预测误差和突发事件。应急是当任何一个或多个电网资产，如电力线路或变压器，突然脱机。

在不同的纵向整合和市场环境中实现 OPF。通过直接改变发电机的输出功率改变潮流。在缺乏其他潮流控制技术的情况下，OPF 不允许潮流中存在单条线路的控制。

在垂直整合的环境中，实用程序负责发电、输电和配电给固定的地区。这个工具在该地区拥有的所有资产，知道其资产的成本和技术上的限制。OPF 输入如下：

• 发电机参数—用于每个发电机的最大输出功率和最小输出功率。母线连接发电机，OPF 能提供成本曲线。每个成本曲线描述了在最大功率和最小功率之间每个潜在的操作点上的操作单位的可变成本。可变成本包括燃料和可变的运行和维修。

• 输电线路参数—每条输电线路、线路阻抗值、额定电压、额定电流和终端位置（均给定）。

• 负荷数据—每条母线上的预期需求在 OPF 的每次运行中预测出来。

• 应急列表—通常，OPF 运行一组潜在的突发事件，而不是所有可能的突发事件，以减少处理时间。

• 稳定性极限—OPF 通常不计算内源网络的稳定性。相反，OPF 以列线图或查找表的形式提供规则，以确保避免不稳定的解决方案。

• 储备容量—剩余发电容量必须满足负载和可再生能源预测以及发电机停机等不确定性。

在市场方面，独立系统运营商（ISO）或区域输电操作者（RTO）决定应用哪些发电机、这些发电机被用于什么水平。输电网络通常是受监管的实体，也拥有自己的配电网络。发电机是独立于业主的输配电网络。发电机业主提交投标曲线而不是成本曲线给独立系统运营商或区域输电操作者。投标曲线指定最低价格，电网业主愿意接受，产生的能量超过整个范围内发电机的输出。在最简单的方案中，分销网络的所有者指定其客户需要电流的大小，消费者是价格的接受者。OPF 的其他投入使用和垂直整合使用相同。使用发电机的报价和预测需求，独立系统运营商或区域输电操作者利用 OPF 计算最小成本调度运行发电机负载，满足安全需求。

电流控制缺乏的经济影响如图 6.3 所示。在图中，每个含有字母“G”的圆圈代表每个发电机，连接到母线 1 和母线 3，负载连接在母线 3 上。三个输电线路连接三条线路。每条线路的热功率为 1000MW。所有输电线路阻抗相同，都是 X。G1 是最便宜的发电机。将成本降至最低，G1 应该在母线 3 上为整个负载服务。然而，由于输电网络限制，G1 只能供应 1500MW 的电力。1000MW 电流从母线 1 流向母线 3，线路为 1－3；500MW 的电流从母线 1 流向母线 3，线路为 1－2 或 2－3。因为阻抗增加，线路 1－2 和 2－3 的电流少于线路 1－3。由于这种阻抗差异，当总功率传输达 1500MW 时，流经线路 1－2 的电流达到 1000MW

的极限。尽管在线路 1－2 和 2－3 上存在 500MW 未使用电力，G1 对母线 3 的供应也能达到最大化。

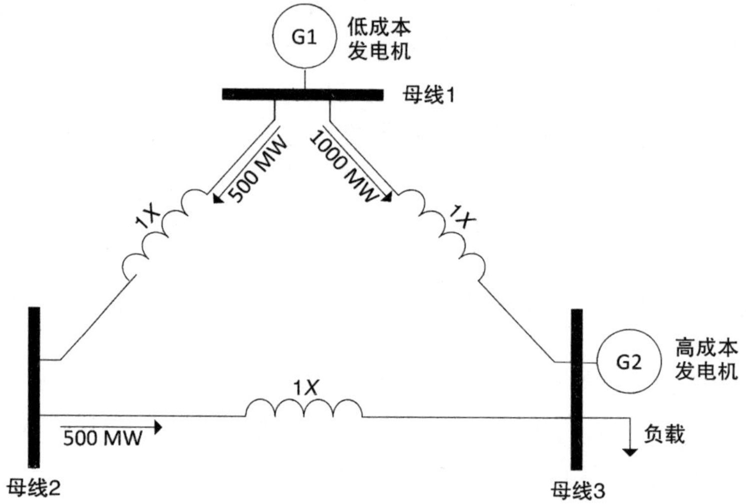

图 6.3　OPF 发电控制下的三母线系统潮流

OPF 仅局限于调整发电机输出，不能够解决许多挑战，包括上面所描述的一些挑战。以下内容将描述潮流控制能力超过发电机组功率输出控制的当前现实。目前大多数电力控制都是通过 OPF 控制发电机组设置点，效率低下。

6.3.2　无功控制

无功控制系统具有许多优点。首先，它可以用来控制沿输电线的电压分布，从而提高功率达到线路输电的最大量。它也可以被用来降低无功功率，此时必须把它包在线的末端，从而降低线路损耗。如果电力线的末端电力不足，无功控制也可以用来提高电压稳定性。如果适当地快，无功控制可以提高系统的暂态稳定性。暂态稳定性的改善也可增加输电线路上的功率。最后，无功控制可用于阻尼电力系统振荡，避免发电机旋转损伤，增加功率传输能力，并有可能提高稳定性。

6.3.3　潮流控制

做个简化的假设：假设电网中两条母线间的潮流是由式（6.1）决定，功率可以通过修改任何参数的方程决定：

- V_1 和 V_2 是输电线路端点的电压大小。
- δ 是输电线路端点电压相量的角度差。
- X 是输电线路的电抗。

- P 是输电线路的功率输出。

电压变化不能大范围影响潮流，电压通常保持在标称值的5%，以避免损坏发电机、输电网络、配电网络、用户设备。

以下部分是改变潮流的详细方法：

交流母线之间的潮流：

$$P = \frac{V_1 V_2 \sin \delta}{X} \tag{6.1}$$

阻抗控制

潮流阻抗控制的目的是直接改变阻抗，该值用 X 来表示，如式（6.1）所示。技术能够改变阻抗包括串联机械投切电容器（MSC）、串联机械投切电抗器（MSR）、晶闸管控制串联电容器（TCSC）、静止同步串联补偿器（SSSC）、统一潮流控制器（UPFC）。这些技术将在“现有分布式控制技术”中更详细地讨论。

阻抗控制的好处如图 6.4 所示，母线 3 系统的变形示例如图 6.3 所示。潮流控制器变线阻抗已经安装在线路 2－3 上。和1500MW 单独使用发电机控制相比，通过适当的阻抗改进，所有线路上的潮流可以被均衡，允许多达 2000MW 在母线 1 和母线 3 之间传送，使母线 3 上的总负荷由低成本的发电机提供能量，从而降低能源成本。

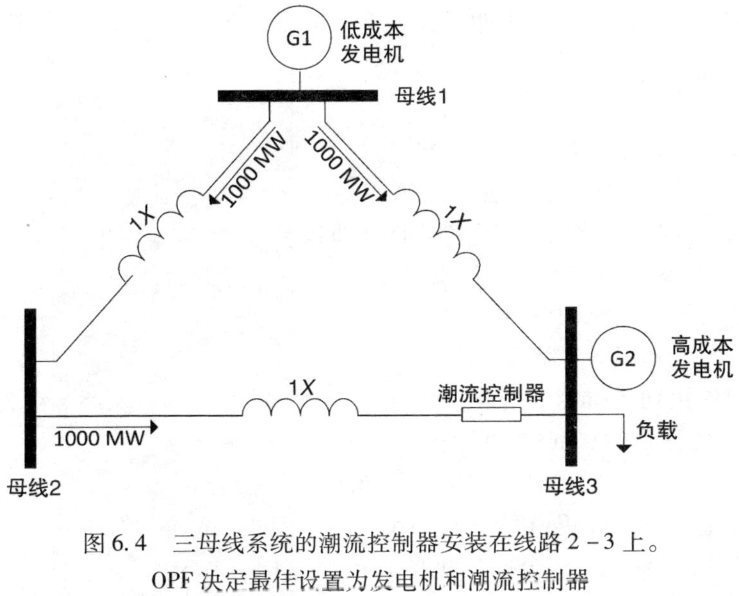

图 6.4　三母线系统的潮流控制器安装在线路 2－3 上。OPF 决定最佳设置为发电机和潮流控制器

相角控制

相角控制旨在通过 δ 改变潮流，如式（6.1）所示。能够控制相角的技术包括移相变压器（PST）［也称为相角调节器（PAR）］、变频变压器（VFT）和固

态变压器。图 6.4 的潮流控制也可以使用相角控制实现。将在“现有分布式控制技术”部分详细讨论移相变压器和变频变压器。因为固态变压器不是商用，预计成本太高，所以不会讨论。

电压控制

相角控制旨在通过参数 V_1 或 V_2 改变潮流，如式（6.1）所示，能够控制电压的技术包括静态无功补偿器（SVC）和静态同步补偿器（STATCOM）。虽然电压控制可在更复杂的网络中用于有限的潮流控制，但潮流控制无法通过电压控制来实现（见图 6.4）。

直流控制

通过把交流变换成直流，然后逆变回直流可以用来控制交流潮流。两种技术包括高压直流输电（HVDC）和背靠背换流器（B2B），这两种技术将在“现有分布式控制技术”部分更详细地讨论。

6.4 现有分布式控制技术

本节将讨论用于无功控制和潮流控制的现有的分布式控制技术。这些技术提供各种级别的动态细粒度控制（DGC）。这些技术可以通过最优潮流响应时间或通过单独控制算法响应时间来驱动，前者以 min 计算，后者以 μs 计算。

6.4.1 无功控制

分流机械投切电容器（分流 MSC）

母线并联时，MSC 可以通过提供电容无功实现无功控制。典型的安装如图 6.5 所示。切换导致机械开关的劣化，因此 MSC 不经常驱动。MSC 很常见。20 世纪 90 年代中期，其成本是 8～10 美元/kvar[31]。

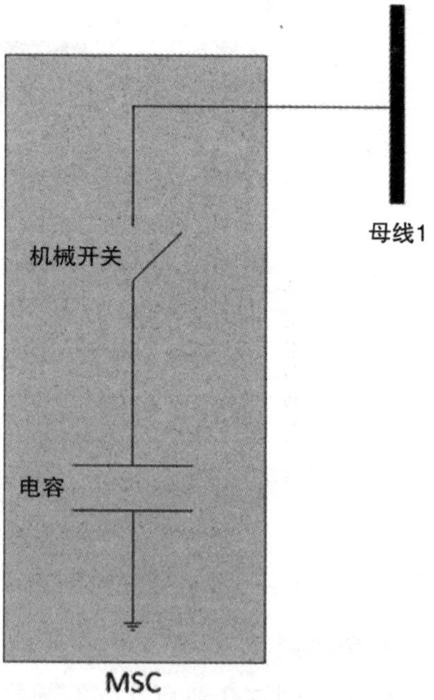

图 6.5 分流的 MSC 连接到母线 1

分流机械投切电抗器（分流 MSR）

当并联在母线时，MSR 可以通过提供电感无功实现无功控制。典型安装如图 6.6 所示。由于感性负荷，断路器通常用于连接和断开 MSR。频繁起动会损坏机械开关。MSR 被广泛应用。

晶闸管控制串联电容器（TSC）

如图 6.7 所示，TSC 是使用一对晶闸管进行切换开关的分流电容器。晶闸管组取代了 MSC 上的机械开关，延长了使用寿命。同时，TSC 的响应速度比 MSC 更快，允许对系统瞬态注入无功流。

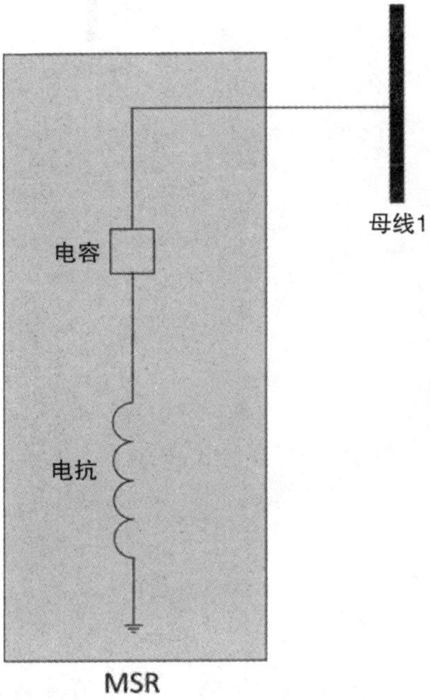

图 6.6　分流 MSR 连接到母线 1

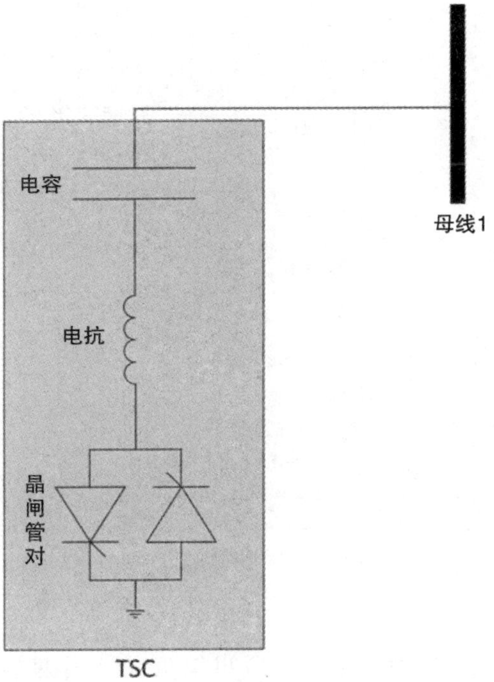

图 6.7　TSC 连接到母线 1

静止无功补偿器（SVC）

SVC 由分流 MSC、TSC 和 TCR 组成。可通过改变无功电抗 SVC 来控制网格参数。典型的 SVC 配置如图 6.8 所示。无功电流的最大电平与母线电压呈线性变化，最大无功电压的输出随着母线电压二次方的不同而不同。SVC 不能在瞬态增加无功控制的流量。然而，由于 SVC 通常是以单相线路接地的方式实现的，因此可以在出现不平衡故障时提供支持。如果需要持续电容式注入，MSC 是首选，它的损失低于 TSC。然而，在开关必须更换之前，MSC 被限制在 2000 ~ 5000 转换周期来限制其使用，除非所需的补偿水平变化缓慢[32]。此外，MSC 和 TSC 相比响应时间缓慢。如图 6.8 中的配置所见，由于稳态电容的注入，MSC 与暂态 TCR 结合，达到暂态。去除了分流滤波器的 TCR 能产生谐波。

ABB 公司在全世界已经安装了 499 个 SVC，总计 73.3Gvar，占全球总数的 54%[33]。其中公用事业用户 228 户，总容量达 49Gvar，其余的为工业用户。西门子公司已经安装了至少 45 个公用事业 SVC，达 10Gvar[34]。尽管这两种类型之间的故障是未知的，AMSC 公司（前身是美国超导公司）已安装了 130 个 SVC

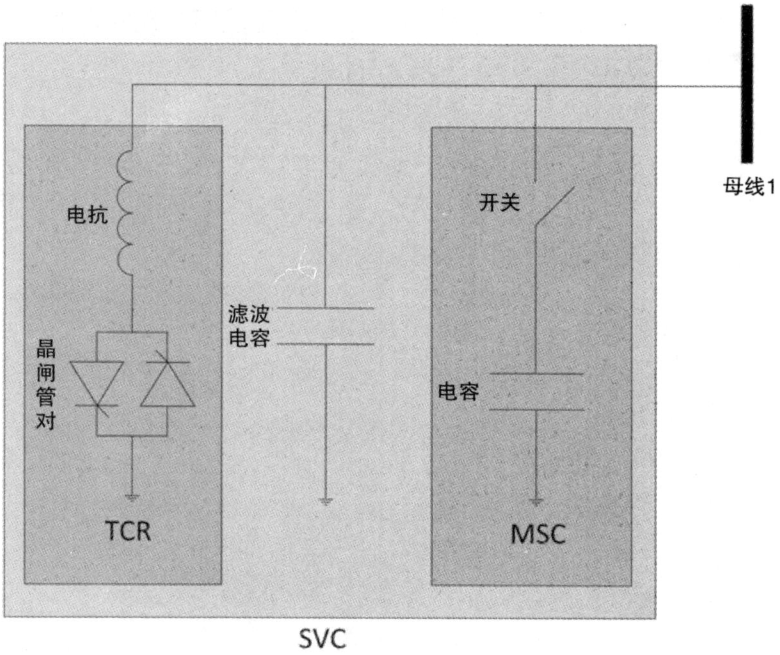

图 6.8　SVC 连接到母线 1

和 STATCOM[35]。20 世纪 90 年代中期花费 50 美元/kvar 的 SVC 目前预计将花费大约 80 美元/kvar[31]。

静态同步补偿器（STATCOM）

STATCOM 使用固态门极关断器件模拟同步电容器的操作，发电机的配置只为产生无功功率。最常见的 STATCOM 如图 6.9 所示，使用单一的三相电压源变换器。STATCOM 最大无功输出电流在宽电压范围内几乎是恒定的，所以无功功率输出在母线宽电压范围内接近线性。在故障和部分瞬态期间母线电压通常很低，和相同等级的 SVC 相比，STATCOM 在母线低电压期间需要提供额外的无功控制。STATCOM 的响应是数量级的，速度比 SVC 快，输出量是 SVC 的 30%～40%[32]。

STATCOM 在瞬变期间也可以临时增加无功电流。使用 STATCOM 的三相故障和瞬态缓解允许使用比 SVC 等级低的 STATCOM。然而三相变换器的实施在不平衡故障期间限制了 STATCOM 提供无功控制的能力，除非相对于稳态运行直流电容器被显著高估。和 SVC 相比，这是一个很大的劣势，因为 SVC 通常支持不平衡故障。然而，通过在每相使用单独的变换器，AREVA 能够使 STATCOM 支持不平衡故障。

单个三相 STATCOM 的费用在 20 世纪 90 年代估计为 55 美元/kvar[31]，而现在是 150 美元/kvar。三个单相系统的 STATCOM 估计费用在 200 美元/kvar。

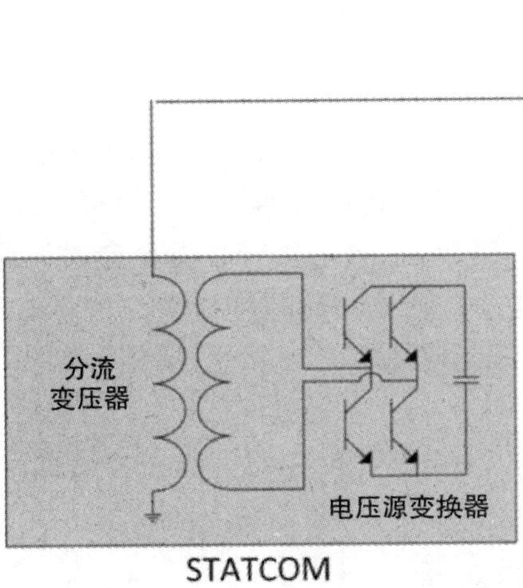

图 6.9　安装在母线 1 上的 STATCOM 单线图

西门子公司已经安装了至少 14 个 STATCOM[46]，而 ABB 公司安装数量未知。尽管这两种类型之间的故障是未知的，AMSC 公司也已经安装了 130 个 STATCOM 和 SVC[35]。

混合无功控制系统

有些安装使用 SVC－STATCOM 配置，用 STATCOM 取代 SVC 的晶闸管控制电抗器。允许使用 MSC，其损失低于 TSC，同时保留了 STATCOM 的快速反应。允许使用小过滤器，因为 TCR 产生谐波[32]。其成本和性能特征介于 SVC 和 STATCOM 之间，取决于组件的相对等级。

技术比较

表 6.1 提供了上面讨论的无功控制器的比较。

表 6.1　无功控制器的比较

技术	成本/($/kvar)	母线电压无功特性	暂态过载能力	支持不平衡故障	响应时间
MSC	<50	指数	否	是	慢
MSR	<50	指数	否	是	慢
TSC	<50	指数	否	是	适中
SVC	80	指数	否	是	适中
STATCOM 三相	150	线性	是	限制，无额外成本	快
STATCOM 单相	200	线性	是	是	快
混合	depends（取决于）	depends（取决于）	是	depends（取决于）	depends（取决于）

6.4.2 潮流控制

串联 MSR

MSR 可以修改线路阻抗，安装如图 6.10 所示[36,37]。经过适当的设计，可以把串联 MSR 安装在网状系统内重载，低阻抗的线上，这样可以推动潮流流入使用较少的路径，以防止瞬态和应急线路频繁跳闸，并限制故障电流。虽然不易，串联 MSR 也是可以做到的。此外，阻抗投切速度缓慢，主要由于系统/线路阻抗有计划的变化，减轻瞬变的反应不够快速。

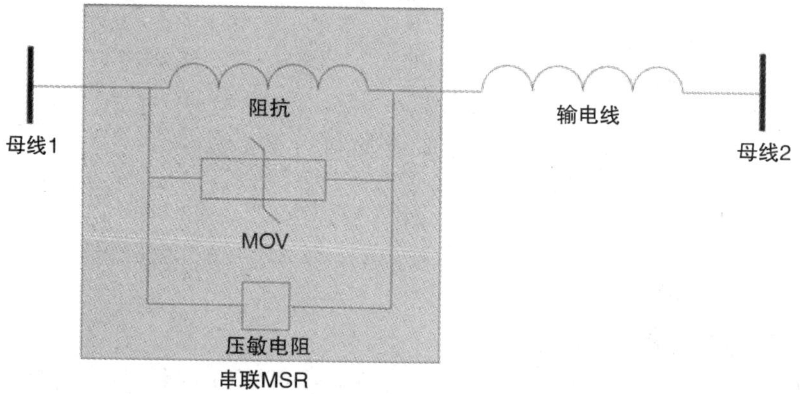

图 6.10 安装在母线 1 和母线 2 之间输电线上的串联 MSR

相对于其他控制或减少潮流的方法，串联 MSR 具有许多优点和缺点：比新输电线安装迅速，之前的项目都需要 6 ~ 8 个月的时间[38]；此外，鉴于机械切换电抗不需要新的路权，计划和办许可证花费的时间相对少。然而，它在沿线某处强制规定了额外的覆盖区，通常是其中的一个变电站，需要获得许可和增加成本。加利福尼亚州的一个 230kV MSR 解决方案需要附加 5000ft^{2}㊀的变电站区域[37]。为了降低成本、管理机械应力、避免电抗器故障期间铁心饱和，通常使用空气心电抗器，导致噪声增大，磁场增加。磁场太高，必须加倍小心以减轻变电站金属设备的无意加热对变电站里的工人造成的危害。最后，串联 MSR 很重不能由线支撑，这就要求必须接地安装，而接地线和电势之间的电位隔离是非常昂贵的。21 世纪初，串联 MSR 成本在 11 ~ 22 美元/kvar，虽然这些数字过时了，但目前的成本预计将接近 50 美元/kvar[36,39]。

㊀ 1ft^2 = 0.092903m^2。——译者注

串联 MSC

当串联插入输电线路，MSC 可通过降低阻抗低负载线路控制潮流，从而减低轻负载线上的阻抗。典型的安装如图 6.11 所示。如串联 MSC，它并没有设计成向内或向外迅速进行投切，因此不用于减轻瞬变。因为 MSC 通常不耐受高电流故障，保护方法即在故障期间绕过 MSC 重新接合以增加系统的稳定性[40]。虽然早期串联电容器使用维修密集的火花间隙使其避免故障电流，最新的设计是采用电涌防护器（MOV）或晶闸管的保护[41]。类似于串联 MSR，MSC 对沿线覆盖区强制封包要求。与串联 MSR 相比，MSR 很重，无法用线支撑，需要一个孤立的高架平台。最后，MSR 可以导致次同步谐振造成发电机转子部件故障和电力系统的不稳定[42]。这个结果导致选址限制。单个 MSC 的成本在 30～50 美元/kvar[43,44]。

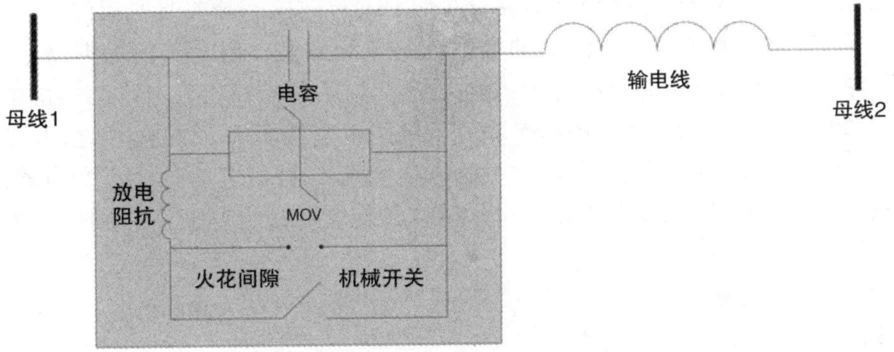

图 6.11　安装在母线 1 和母线 2 传输线之间的串联 MSC[45]

TCSC

TCSC 如图 6.12 所示，是一个使用额外并联（分流）增强的串联电容器，由电感器、晶闸管构成。TCSC 注入的电容比电容器标示牌的容量高。然而，像该串联 MSC，其溶液需要隔离平台，受此困扰增加了成本，并且需要在变电站增加额外空间。与串联 MSC 不同，TCSC 可以避免次同步的共振挑战和足够快的速度来提高暂态稳定。

多个厂家生产 TCSC。截至 2009 年年末，西门子公司单独安装了 5 个 TCSC[46]，美国西部电力管理局在 1992 年首次安装。国际权威发行量认证机构已于 1993 年完成 500kV 的 TCSC 工程[47]。通常 TCSC 解决方案需要 12～18 个月的建设期，成本是每个 150 美元/kvar[48]。

PST

PST 也叫相位角调节器（PAR），通过改变式（6.1）的 δ 项控制两条母线之间的潮流。存在无数的 PST 拓扑。PST 拓扑这种最简单形势拥有修正过的相位

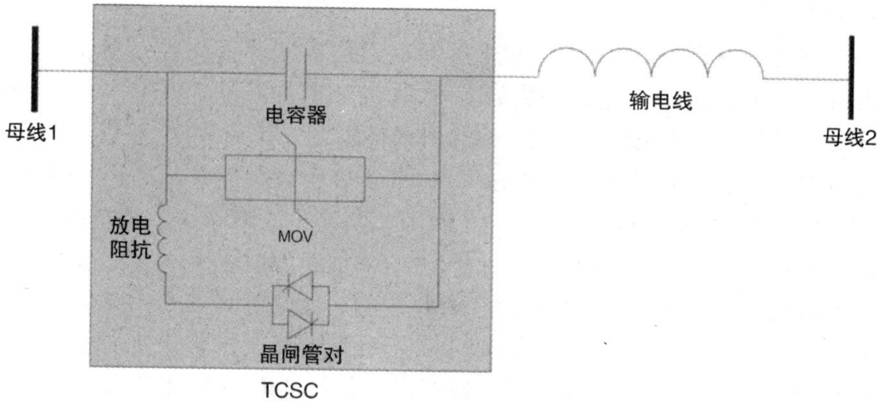

图 6.12 安装在母线 1 和母线 2 之间的输电线上的 TCSC

角。更复杂的拓扑结构采用机械分接开关（LTC）或固态开关改变相位角。最常见的 PST 都采用单核结构。以前的数据都是单线图表，但 PST 的数据基于其交叉耦合的特性可以显示完整的三项结构。绕组 1 在绕组 1′和 1″上产生感应电压，绕组 1′和 1″与输电线路的 A 相相连。由于绕组 1 连接于 B 相和 C 相之间，因此绕组 1′和 1″注入 A 相的电压为正弦。连接在绕组 1′和 1″上的分接头变换器能够承受不断变化的电压来校正移相。对称结构的装置可以使变化的正弦电压同时也进入到 B 相与 C 相中。

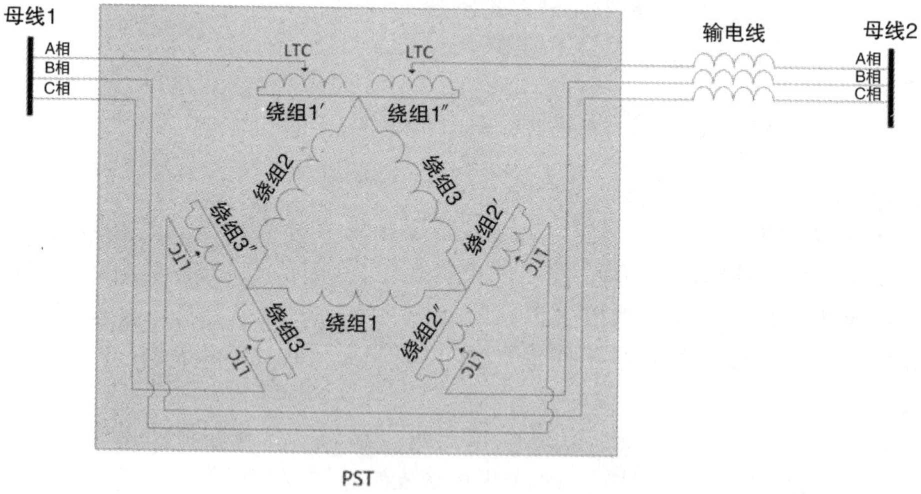

图 6.13 安装在母线 1 和母线 2 之间的输电线上的单心 PST 的三相图，设计灵感来自参考文献［52］

这种单核的设计需要让所有线路的电流都通过 LTC，但这样做会放大故障电流的影响并且增加成本。相对昂贵的 PST 可以通过采用分流转换器来弥补一些单核 PST 的缺点。图 6.14 中的版本同时采用了串联变压器和三角形联结励磁变压器。

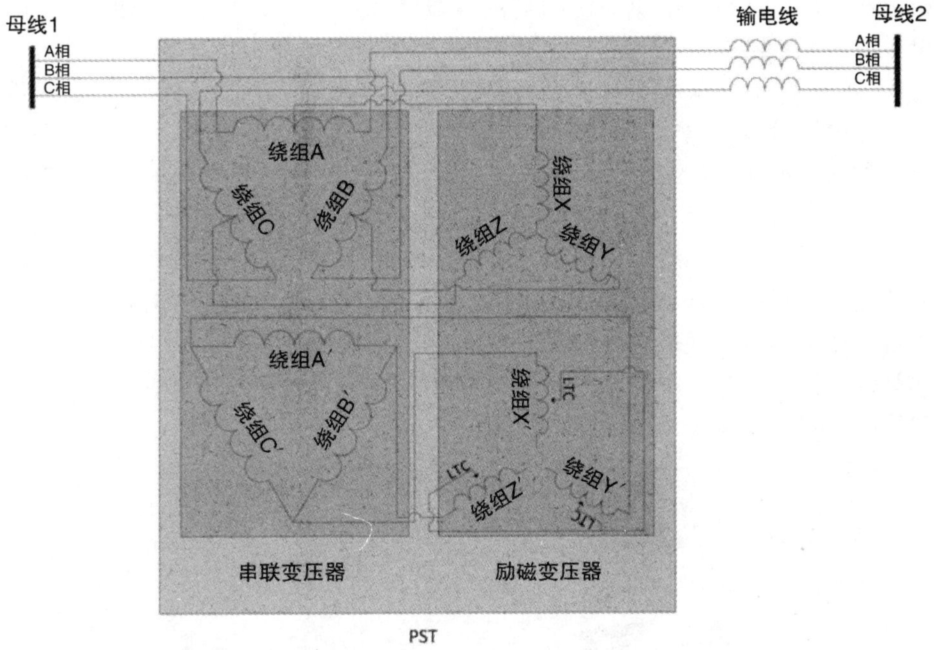

图 6.14　安装在母线 1 和母线 2 之间的输电线上的双心 PST 的三相图，设计灵感来自参考文献［52］

绕组 A′中的电压由绕组 Y′和绕组 Z′感应产生。绕组 A′中的正弦电压影响 A 相线路中的电压和相位角。和单心 PST 一样，LTC 也可以承受相应变化范围的正弦电压。另一种 PST 通过使用晶闸管对替代了 LTC。最终，1/5 的 PST 采用电源变换器来合成所需的正弦电压。尽管 PST 通常都能承受变化的潮流，但是只有应用了晶闸管对的方式才能充分降低瞬态的影响。单心 PST 的最低成本预计为 150 美元/kVA。但是 PST 价格的可控性很低，因此实际的价格可能要高得多。

PST 的性能已经被提升到 500MW – 230kV[50]，并且应用于美国 WECC 至少有 35 年了[51]。大部分的 PST 安装在美国，可以受人工控制或者在几分钟内针对预设的潮流自动控制[50]。MATL 公司，确切地说是美国的第一个应用 PST 技术的 AC 商业项目。在美国，至少有 20 台 PST 服役于美国 WECC，36 台应用于 Eastern Interconnection，至少 3 台用于 ERCOT。

高压直流（HVDC）输电和背靠背（B2B）变换器

HVDC 输电系统和 B2B 变换器能够将电流进行 AC – DC – AC 变换，并且都可以应用于同步和异步网络中。

HVDC 输电能以直流的形式实现电能上千千米距离的输电。HVDC 输电可以提供线上电能的完全控制。如果将一台 HVDC 输电应用于负载和一台远距离发电机之间，那么这台发电机所能实现的效益是和放在负载旁边一样的[53]。优良的可控性和容量已经大大促进了 HVDC 输电在美国商业输电工程上的应用。另外，HVDC 输电也可以用于限制系统中最大故障电流等级，介于新的直流线路会提升故障电流等级，这也成了 HVDC 输电的一大优势。目前最受欢迎的 HVDC 输电是如图 6.15 所示的双极型。图中，母线 1 和 2 通直流电，DC－AC 变换在 HVDC 输电终端里进行。每个 HVDC 输电终端包含一个变换器、一个谐波滤波器和一套功率因素校正系统。功率因素校正系统根据变换器的功率需求运行，谐波滤波器则用于消除变换器所产生的谐波。双极型 HVDC 输电采用两片导体并且在正常工作中不需要接地线。如果两极中的一端突然掉线，系统可以以少量额定功率继续工作。当另一端掉线时，地线可以传回反馈电流。一套两终端 3000MW 的双极型 HVDC 输电系统价格为一个终端 70 美元/kW 和 1 兆美元/km。

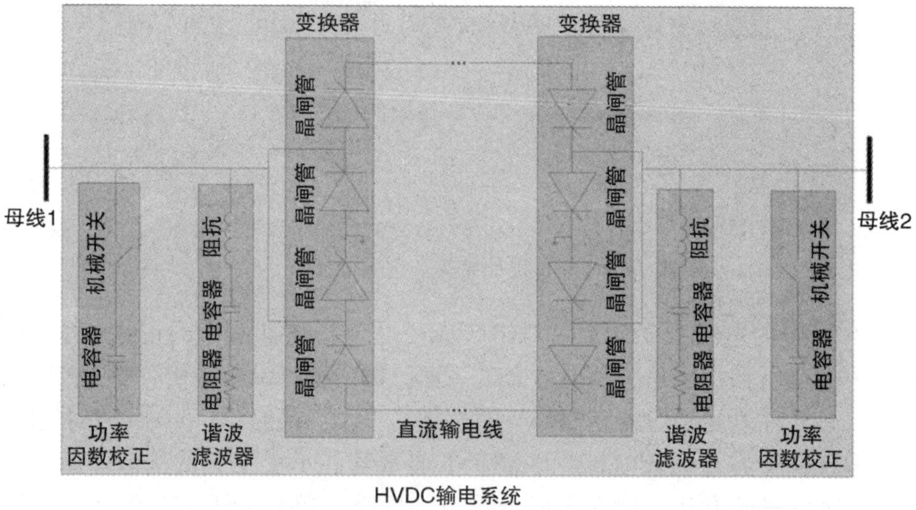

图 6.15　双极型 HVDC 输电系统在母线 1 和母线 2 之间的安装

B2B 变换器就是两端直接相连的 HVDC 输电系统，如图 6.16 所示。除了直流输电线路，B2B 变换器的组成和 HVDC 输电系统相同。和 PST 一样，B2B 变换器可以控制潮流。

与 PST 不同的是，它不受 PST 的移相和故障电流限制的控制。同时，B2B 变换器可以用来连网异步系统，PST 则不行。然而，B2B 变换器的 100～300 美元/kW 的造价要高于 PST[55]，同时，B2B 变换器的可利用率大约为 97%，比变换器 99.9% 的利用率要低[56]。增加一些额外的费用，B2B 变换器可以实现系统崩溃后的黑起动。

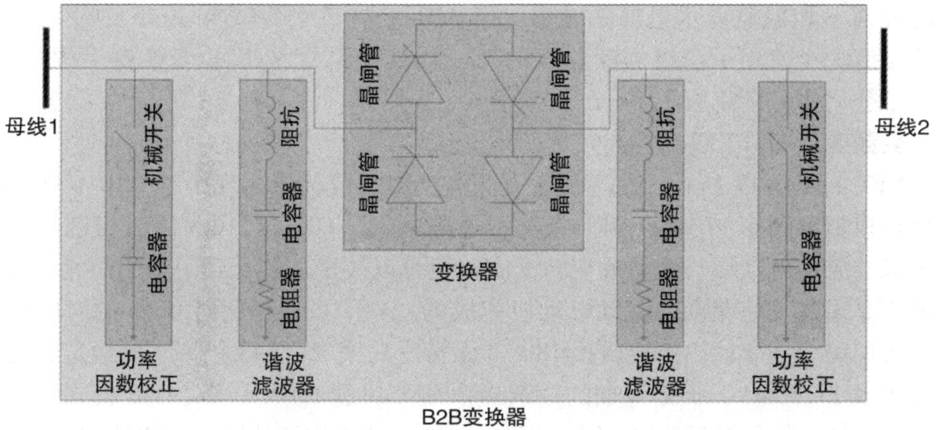

图 6.16　放置在两个交流母线之间的 B2B 变换器

HVDC 输电系统和 B2B 变换器的功能都是通过晶闸管和门电极关断器件完成的。门极关断器件适用于较低的电压等级，但同时容量却有所增加。目前，晶闸管系统主宰 HVDC 输电系统和 B2B 变换器市场。

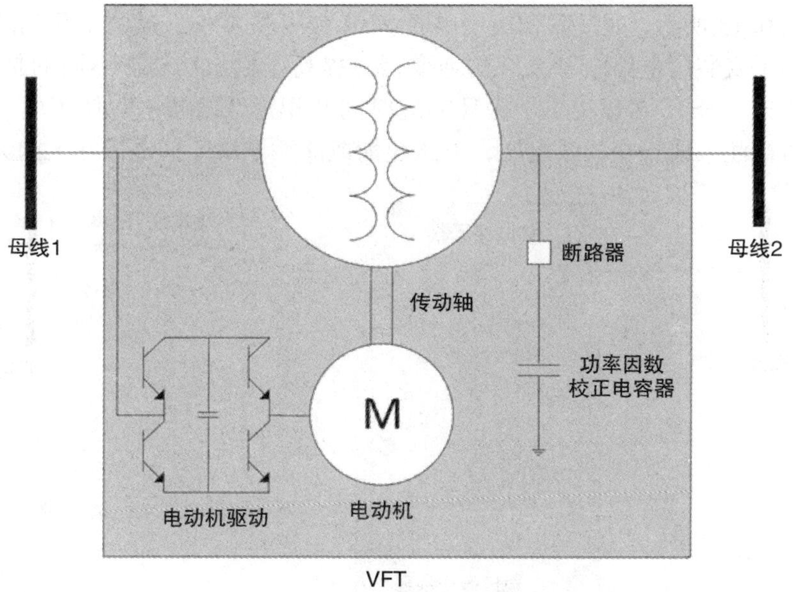

图 6.17　连接在两个 AC 母线之间的 VFT

总的来说，全球有将近 140GW 的 HVDC 输电系统和 B2B 变换器已经安装或计划安装。一些 B2B 变换器被安装在美国三大互连电网的接缝处、美国东部电网的界面上和魁北克水电局系统中。仅 ABB 公司就已经完成了 43 个使用晶闸管[57]和 21 个使用了门极关断器件的 HVDC 输电系统和 B2B 变换器工程项目。西门子公司也分别完成了 13 个[58]和 8 个相同工程[59]。

变频变压器（VFT）

VFT 如图 6.17 所示，在不使用直流变换器的情况下实现了对 B2B 变换器的函数性模拟。图 6.17 中的 VFT 是美国通用电气（GE）公司为潮流控制研发的大型双馈感应电动机。通过改变转子的转矩可以改变从转子到定子的潮流。转矩的改变是通过变速驱动的驱动电动机完成的。VFT 可以在将近 0.5s 的时间里将一个方向的全功率输出潮流转换 180°并保持全功率[60]。每个 VFT 的额定状态都被设置成了 100MV，但是短期的过载功率却会超过 150MW[61]。GE 公司使该装置全功率运行时能达到 99% 的效率[62]。GE 公司声称该地区对 200MW VFT 站的需求比 200MW 的 HVDC 输电站少 47%[62]。目前还无法得知 VFT 的成本。

GE 公司已经在 3 个地点安装了 5 个 VFT。第 1 个 VFT 用于互连魁北克水电局系统和纽约电网。接下来的 3 个分别安装在平行于德克萨斯州的拉雷多地区。最近安装的一个是位于纽约市和新泽西州之间的林登。

静止同步串联补偿器（SSSC）

如图 6.18 所示，通过联合使用串联 MSR 和串联 MSC，这两个系列的电子设备都采用了安装门电路断开系统的逆变器，提高了输出功能。不同的是，MSR/MSC 组合时，SSSC 可以提供子循环响应时间并积极减缓瞬态。使用电压源逆变器，电压被注入线正交的线电压，电压超前或滞后取决于线电流注入的无功控制

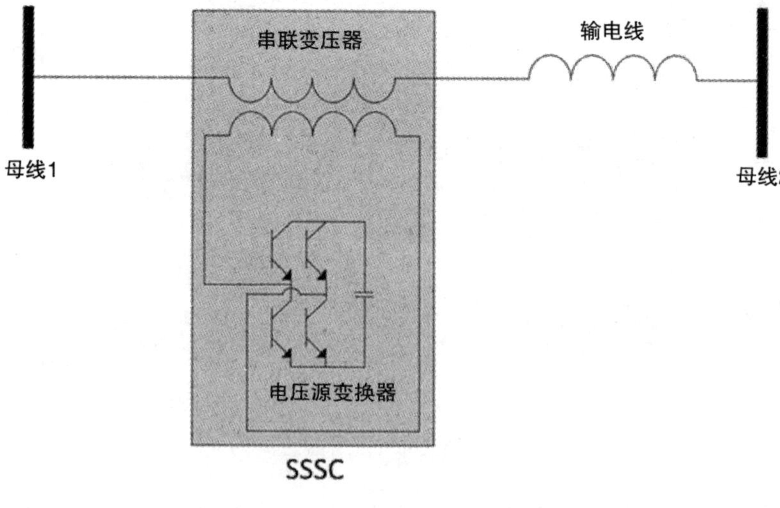

图 6.18 安装在母线 1 和母线 2 之间输电线上的 SSSC

是感性还是容性。次同步谐振的风险得以减轻。虽然没有安装 SSSC 的证据，它似乎被设计成地面安装，并连接到经串联变压器的线路。这就决定了 SSSC 不需要高架平台，而 MSR、MSC 和 TCSC 则需要，但需要额外的变电站空间。此外，该系列变压器很昂贵，因为它被设计用来处理高基本绝缘水平和高故障电流。SSSC 的解决方案也受到高成本的困扰，而且由于串联保护要求和规范化而进一步加剧。目前全球还没有出现 SSSC 的安装。Marcy 变换静止补偿器（CSC）可以被同时配置两个线路，成本是未知的，但预计会超过 200 美元/kvar[63]。

统一潮流控制器（UPFC）

如图 6.19 所示，UPFC 是 STATCOM 和 SSSC 的结合。该 STATCOM 和 SSSC 共享一个共同的直流母线，从而允许注入有功和无功电源进线。UPFC 能使用无功控制分流调节线路电压控制和利用串联电压注入有功和无功潮流控制。UPFC 都能满足对电力的技术性能要求，但价格昂贵，估计费用在 190～300 美元/kVA[48]。

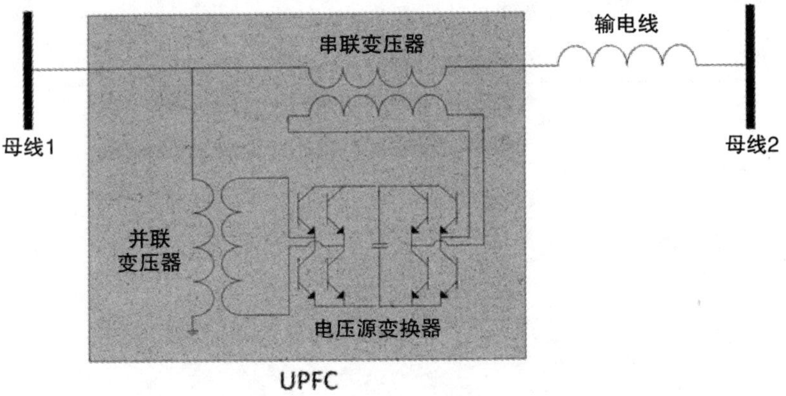

图 6.19　安装在母线 1 上的低压并联和安装在母线 1 和母线 2 之间串联的 UPFC

在美国至少有一个专用的 UPFC，位于肯塔基州的伊内兹。它有一个 40MVA 的串联变换器和一个 40MVA 的并联变换器，韩国也有一个 UPFC。Marcy CSC 可以为配置提供 UPFC 的功能。

技术比较

表 6.2 提供了一个简要技术比较。重要的是要认识到一些技术的费用是以美元/kvar 为单位，而另一些则是以美元/kVA 为单位计算的。PST 的售价体现在总吞吐量上，而每千伏安价格的可控性将会比列出值高很多。B2B 变换器的价格也是体现在吞吐量上，但 B2B 变换器的额定功率为可控。UPFC 的成本是用每单位控制效率来计算的。

表 6.2 潮流控制器的突出要素比较

技术	成本	使用水平	响应时间
串联 MSR	50 美元/kvar	未知	速度慢，多周期
串联 MSC	30 ~ 50 美元/kvar	未知	速度慢，多周期
TCSC	150 美元/kvar	最小	速度中等，能够提高瞬态稳定
PST	150 美元/kVA（单心） 未知（双心）	中等	取决于设计，部署最广泛的版本速度很慢，响应时间从秒到分钟
HVDC 输电器	取决于距离	中等	速度中等
B2B 变换器	150 美元/kVA （晶闸管基底的）	中等	速度中等（晶闸管）；快速（门极关断）
VFT	未知	最小	速度慢，多周期
SSSC	未知，可能 > 200 美元/kvar	假定为由于不存在独立技术	速度快
UPFC	190 ~ 300 美元/kVA	最小	速度快

6.5 新兴技术

下面部分回顾了三个新兴技术，它们可以解决潮流和如上所述的无功控制器的局限性。这三种技术都是弱电交流变换器（TACC）。

6.5.1 弱电交流变换器（TACC）

为了提高电力电子为基础的控制的成本效益和可靠性技术，提出了 TACC 的概念。TACC 增强无源电网资产，如电力线、并联电容器或分流额定变换器。在这个过程中，该资产被转化进入执行类似于传统柔性交流输电系统（FACTS）动态可控资产设备。另外，可靠性相对于传统的 FACTS 略有改善，因为如果 TACC 出现故障可以绕过留下被动资产投入服务，这被称为故障正常运行。现介绍三种 TACC：智能线（SW）、可控电网变压器（CNT）以及动态电容器（D - CAP）。该技术已经得到实验室证明，目前正在扩展到有效电压和功率级。

智能线路（SW）

一系列分布式阻抗控制技术已经应用于潮流控制。最简单的技术版本，即 SW，如图 6.20 所示，采用了几个输电线路上的独立导体模块。每个模块都监视着线路电流，如果线路电流超过了阈值，模块会主动将感应阻抗导入到线路中。其他模块在不同电流水平注入阻抗。如图 6.21 所示，每个模块的中心都是一个单匝变压器，在二次开放时注入感性阻抗。SW 模块是自供电使用线电流，不需要模块之间或与中央控制中心通信。该模块的线电位操作不连接在地上，所以没有隔离和变电站占地面积费用。SW 设定的零售价为 100 美元/kvar 注入。图 6.22 显示了安装和没有安装 SW 的测试系统的线路利用率。

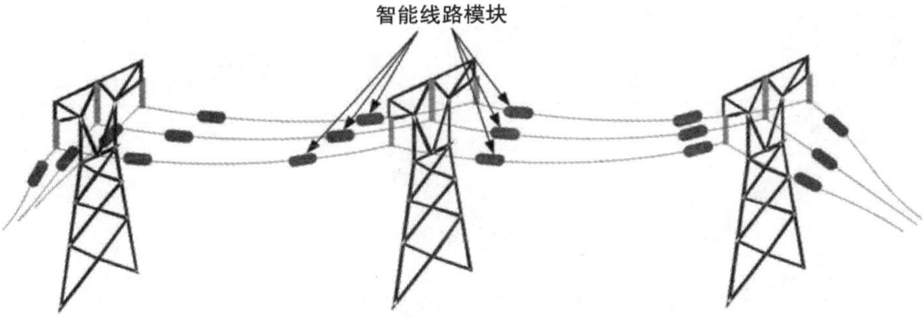

图 6.20　输电线上的智能线路模块安装概述

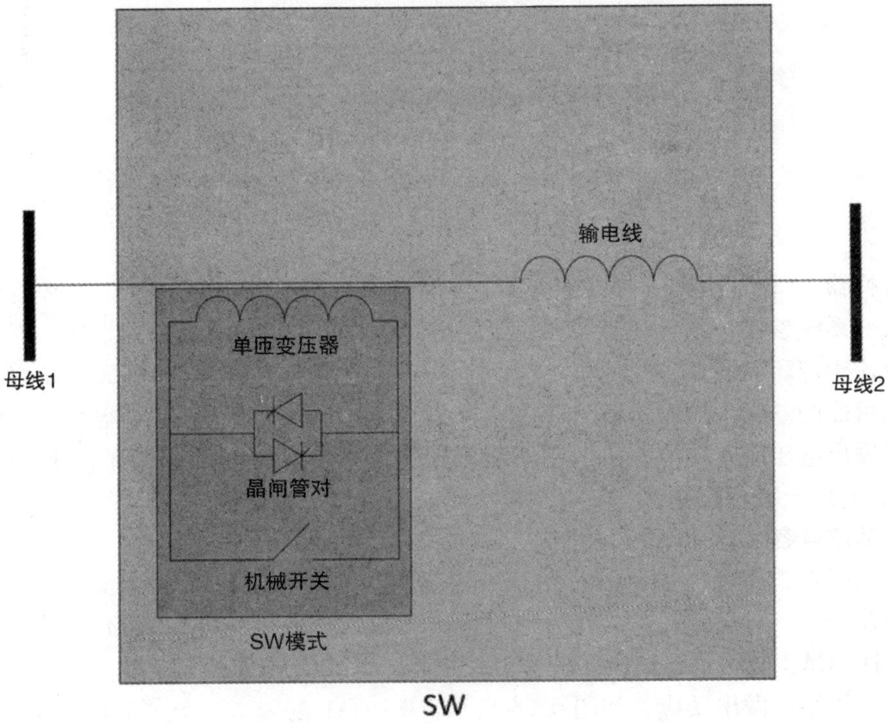

图 6.21　安装在母线 1 和母线 2 之间的输电线上的 SW 模块，把传统的输电线转换成 SW

可控电网变压器（CNT）

如图 6.23 所示，通过扩大现有的多键变压器，这些多键变压器装有额定分

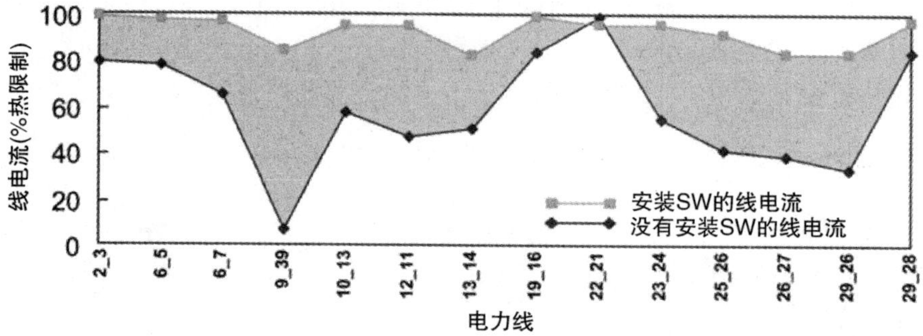

图 6.22　安装和没有安装 SW 的测试系统的线路利用率

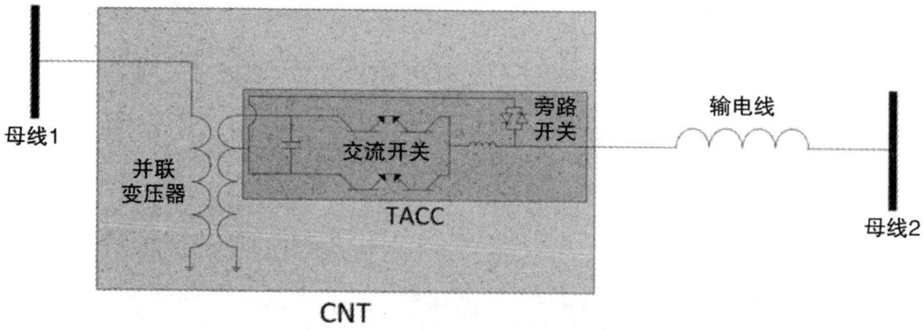

图 6.23　在母线 1 和母线 2 之间输电线上安装的 CNT

流变换器，CNT 能够同时控制母线电压幅值和相角。由于潮流控制通常需要较小改变系统参数，鉴于变压器和完成变压器有功和无功功率的独立控制，对变换器分流额定。如图 6.24 所示，在 CNT 的控制范围内，任何有功和无功功率组合都是可能的。CNT 同时具备 PST 和 LTC 变压器的功能。LTC 变压器经常被用来调节输出电压或无功控制，但它不能调整相位角。CNT 的反应明显快于 LTC 或 PST，有助于减轻瞬变。

动态电容（D－CAP）

如图 6.25 所示，D－CAP 结合了传统的并联电容器和小型过滤元件，并联电容器带有一对交流开关。开关通过占空比有效地改变控制总容量。与 SVC 一样，D－CAD 能够动态地改变电容值。然而，与 SVC 不同的是，D－CAD 可以在更短的周期内做出反应。如图 6.25 所示，D－CAP 配置了一个“升压”的装置，可以保持无功控制在电网电压发生故障时持续向电网供电。SVC 完全无法提供这种级别的电网电压支持。此外，如图 6.26 所示，D－CAD 也能够消除连接到电力系统的负载所产生的谐波。与该装置消除谐波能力形成鲜明对比的是 SVC，它能产生谐波。必须使用昂贵的空间密集过滤器去除 SVC 产生的谐波。

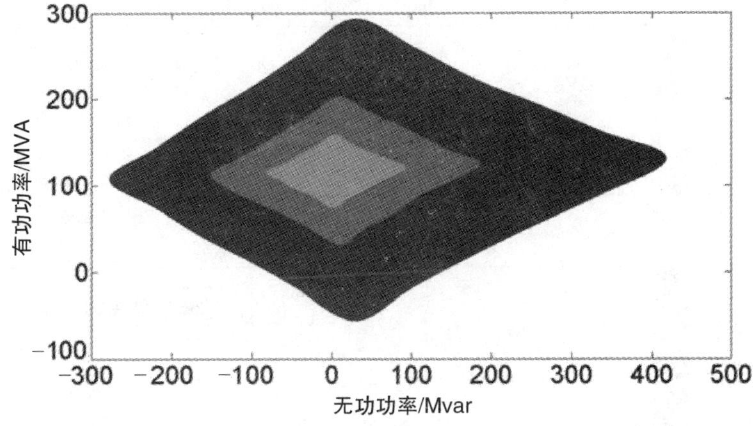

阴影	非标称(n)	变换等级/MVA
	0.100	90
	0.050	45
	0.025	23

图 6. 24　行使变压器抽头范围功能的 CNT 控制范围
（0. 10 指连接变换器的变压器无载调压升高 10%）

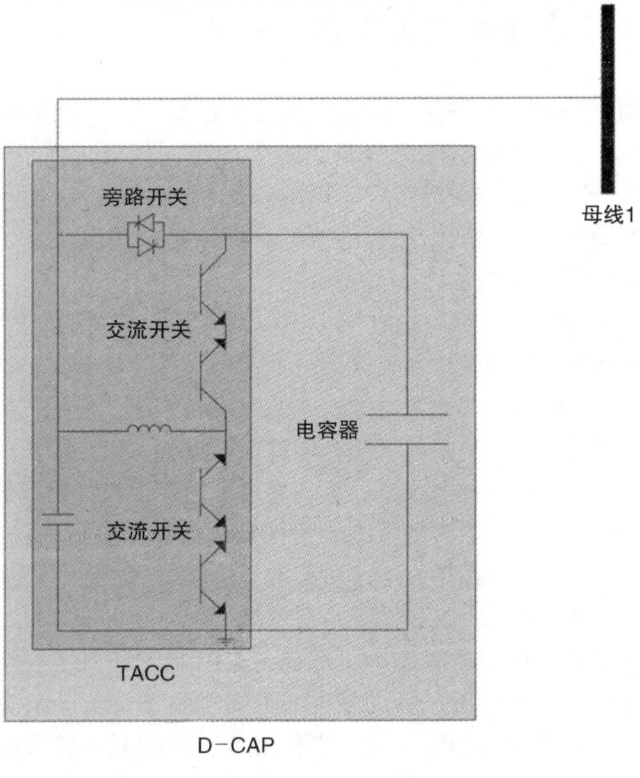

图 6. 25　连接到母线 1 的 D – CAP

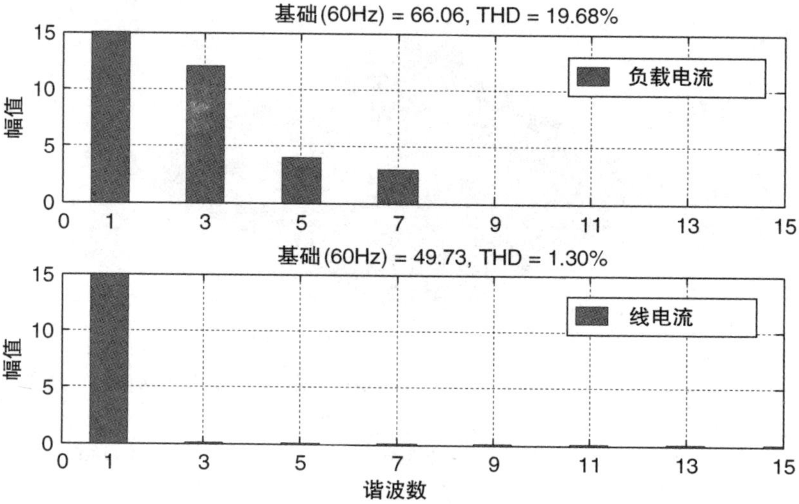

图 6.26 在负载电流（上）和线电流（下）安装 D－CAP 的谐波幅值；未经 D－CAP，负载电流谐波将出现在线电流中

6.6 作为能源市场推动力的潮流控制

由于缺乏潮流控制，有争议的成本分配方法已经开发，以确保输电的业主收回成本。由于输电业主很少有动力投资新的生产线，区域传播机构（RTO）/国际标准化组织认为有必要建设输电线，以减轻悬而未决的可靠性问题或严重的经济拥堵。阈值判断提出用输变电工程舒缓经济拥堵是保守做法，如果潮流更加可控会造成投资少于需求，增加能源消费者的投入。

迄今为止，美国每一个商务输电工程都包括某种形式的潮流控制。潮流控制普遍许可的交易类型和石油及天然气管道行业市场一样。例如，包括招投标、双边交易、公告板匹配，即输电的业主与准输电的用户相匹配。使用控制，发送用户迫切需要线传送到市场，如风力发电机储存能量很昂贵，可以在多风时期提供奖励来争取更多的潜在用户。在这种情况下，用户愿意推迟产生，如燃煤发电厂通过使煤不完全燃烧来储存能量，当可再生资源不可用时，可以从较低的输电成本中获益。相反，在目前的输电操作规则指引下，所有类型的输电用户往往退缩到根据长期的输电容量预留量按比例分配，这导致经济效率低下和更高的成本。

在特定路径以较低的成本控制潮流的能力会给制度和市场层面带来显著的好处。构建适应可再生能源标准的新的输电线的需求显著降低。减少线路所有者可用容量的循环流动是可以控制的。突发事件时改善区域间支持可以提高电网的可靠性和稳定性。相关电网制造和运行成本可以更公平地分配。发电资产的所有者能将电卖给感兴趣的客户，寻找降低电网拥堵的途径。总体而言，智能可控电网是实现更加环保、更加经济有效的能源市场的关键要素。

6.7　小结和未来方向

此项目已经讨论了给输电系统带来额外压力的新挑战以及减轻这些压力的潜在方法。目前已有许多方法提供无功控制和电源流量控制。所有这些方法都很昂贵并且存在缺点，这限制了它的应用。使用分流额定控制元件的新兴技术，固有地分布于自然界，可以显著地克服缺点，允许广泛采用无功控制和流量控制。这些功能可以改变变压器的操作系统，实现低成本和可再生能源的交付，允许具有竞争力的能源市场有效运作。

参 考 文 献

1. IEA (2008) World energy outlook 2008. http://www.iea.org/textbase/nppdf/free/2008/weo2008.pdf. Accessed 30 Mar 2011
2. EIA (2010) Table 8: electricity supply, disposition, prices, and emissions. Annual energy outlook 2011. http://www.eia.doe.gov/forecasts/aeo/excel/aeotab_8.xls. Accessed 16 Mar 2011
3. EIA (2010) Table 46: transportation sector energy use by fuel type within mode. Annual energy outlook 2011. http://www.eia.gov/oiaf/aeo/supplement/suptab_46.xls. Accessed 24 Apr 2011
4. Sovacool B, Sovacool K (2009) Identifying future electricity–water tradeoffs in the United States. Energy Policy 37(7):2763–2773
5. Wang F, Yin H, Li S (2010) China's renewable energy policy: commitments and challenges. Energy Policy 38(4):1872–1878
6. DOE (2011) RPS data spreadsheet. http://www.dsireusa.org/rpsdata/RPSspread010211.xlsx. Accessed 30 Mar 2011
7. NYSERDA (2004) The effects of integrating wind power on transmission system planning, reliability, and operations: report on phase I
8. Xcel Energy, Minnesota Department of Commerce (2004) Wind integration study – Final report
9. NYSERDA (2005) The effects of integrating wind power on transmission system planning, reliability, and operations, report on phase 2: system performance evaluation
10. Minnesota Public Utilities Commission (2006) Final report – 2006 Minnesota Wind Integration Study, vol I
11. CEC (2007) Intermittency analysis project: final report, CEC-500-2007-081
12. Arizona Public Service Company (2007) Final report: Arizona Public Service wind integration cost impact study
13. CA ISO (2007) Integration of renewable resources. http://www.caiso.com/1ca5/1ca5a7a026270.pdf. Accessed 27 Oct 2010
14. ERCOT (2008) Analysis of wind generation impact on ERCOT Ancillary Services requirements – final report
15. Xcel Energy (2008) Final report: wind integration study for Public Service of Colorado
16. SPP (2010) SPP WITF wind integration study
17. NREL (2010) Eastern wind integration and transmission study. Subcontract report NREL/SR-550-47078
18. NREL (2010) Nebraska statewide wind integration study, Apr 2008–Jan 2010. NREL/SR-550-

47519
19. NREL (2010) Western wind and solar integration study. Subcontract No. AAM-8-77557-01
20. NYISO (2010) Growing wind: final report of the NYISO 2010 wind generation study
21. NREL (2010) Oahu wind integration and transmission study: summary report. TP-5500-48632
22. GE Energy (2010) Final report: new england wind integration study – executive summary. Prepared for ISO New England
23. BP (2010) BP statistical review of world energy. http://www.bp.com/liveassets/bp_internet/globalbp/globalbp_uk_english/reports_and_publications/statistical_energy_review_2008/STAGING/local_assets/2010_downloads/Statistical_Review_of_World_Energy_2010.xls. Accessed 24 Apr 2011
24. Electrification Coalition (2009) Electrification roadmap, Revolutionizing Transportation and Achieving Energy Security. http://www.electrificationcoalition.org/reports/EC-Roadmap-screen.pdf. Accessed 7 Mar 2011
25. Allegro Energy (2001) How pipelines make the oil market work their networks, operation and regulation – a memorandum prepared for the association of oil pipe lines and the American Petroleum Institute's Pipeline Committee. http://www.pipeline101.com/reports/Notes.pdf. Accessed 25 May 2009
26. Hull B (2005) Oil pipeline markets and operations. J Transp Res Forum 44(2):111–125
27. Brown S, Yücel M (2008) Deliverability and regional pricing in U.S. Natural Gas Markets. Energy Econ 30(5):2441–2453
28. Cremer H, Gasmi F, Laffont J (2003) Access to pipelines in competitive gas markets. J Regul Econ 24(1):5–33
29. Silvestre B, Hall J, Matos S, Figueira L (2010) Privatization of electricity distribution in the Northeast of Brazil: the good, the bad, the ugly or the naïve? Energy Policy 38(11):7001–7013
30. Balijepalli V, Khaparde S, Gupta R (2009) Towards Indian smart grids. In: IEEE region 10 TENCON, pp 1–7
31. ORNL (1997) Ancillary service details: voltage control. ORNL/CON-453
32. Hingorani N, Gyugyi L (1999) Understanding FACTS: concepts and technology of flexible AC transmission systems. IEEE Press, New York
33. ABB (2010) ABB SVC and SVC light projects worldwide. http://search-ext.abb.com/library/Download.aspx?DocumentID=SVC_U%20Ref&LanguageCode=en&DocumentPartID=&Action=Launch. Accessed 1 Apr 2011
34. Siemens (2010) FACTS – flexible AC transmission systems: static VAR compensators. http://www.energy.siemens.com/hq/pool/hq/power-transmission/FACTS/FACTS_References_SVC.pdf. Accessed 1 Apr 2011
35. American Superconductor (2010) AMSC™ SVC static VAR compensator. http://www.amsc.com/pdf/PESSVC_BRO_0810_lores.pdf. Accessed 2 Apr 2011
36. Wolf G, Skliutas J et al. (2003) Alternative method of power flow control: using air core series reactors. In: Proceedings of the IEEE Power Engineering Society General Meeting, Vol. 2
37. Bonheimer D, Lim E, Dudley R, Castanheira A (1991) A modern alternative for power flow control. In: Proceedings of the IEEE Power Engineering Society transmission and distribution conference, Dallas, 22–27 Sep 1991, pp 586–591
38. Papp K, Christiner G, Popelka H, Schwan M (2004) High voltage series reactors for load flow control. e&i Elektrotechnik und Informationstechnik 121:455–460
39. Surapongpun L, Phuyodying P, Pimjaipong W (2002) New alternative of power control for transmission line investment in Thailand. In: Proceedings of the IEEE PES transmission and distribution conference and exhibition, Yokohama, pp 1596–1600
40. Courts A, Hingorani N, Stemler G (1978) A new series capacitor protection scheme using nonlinear resistors. IEEE Trans Power Appar Syst 97:1042–1052
41. Bhargava B, Haas R (2002) Thyristor protected series capacitors project at Southern California Edison Co. IEEE Power Eng Soc Summer Meet 1:241–246
42. Elfayoumy M, Moran C (2003) A comprehensive approach for subsynchronous resonance screening analysis using frequency scanning technique. In: IEEE power tech conference proceedings, Bologna
43. Agrawal B (2009) Reactors, capacitors, SVC, PSS: long term transmission planning seminar.

Arizona Public Service Co, Long term transmission planning seminar
44. Acharya N (2004) Facts and figures about FACTS. Presented at: AIT training workshop on FACTS application, Asian Institute of Technology, December 16, 2004
45. Altuve H, Mooney J, Alexander G (2009) Advances in series-compensated line protection. In: Proceedings of the 62nd Annual Conference for Protective Relay Engineers, pp 263–275
46. Retzmann D (2009) Tutorial on VSC in transmission systems HVDC & FACTS. http://www.ptd.siemens.de/Siemens2_VS_Application_Prospects_V1.pdf. Accessed 1 Apr 2011
47. Urbanek J, Piwko R, Larsen E, Damnsky B, Furumasu B, Mittlestadt W, Eden J (1993) Thyristor controlled series compensation prototype installation at the slatt 500 kV substation. IEEE Trans Power Deliv 8(3):1460–1469
48. Cai L, Erlich I, Stamtsis G (2004) Optimal choice and allocation of FACTS devices in deregulated electricity market using genetic algorithms. In: Proceedings of the 2004 IEEE PES Power Systems Conference and Exposition, pp 201–207
49. IEEE (2010) IEEE draft guide for the application, specification and testing of phase shifting transformers. IEEE PC57.135, Draft revision 8, Nov 2010, pp 1–53
50. Bladow J, Montoya A (1991) Experiences with parallel EHV phase shifting transformers. IEEE Trans Power Deliv 6(3):1096–1100
51. WECC (2009) Unscheduled Flow (USF) FAQ. http://www.wecc.biz/committees/StandingCommittees/OC/UFAS/Shared%20Documents/USF%20FAQ.doc. Accessed 20 Mar 2011
52. IEEE (2010) IEEE draft guide for the application, specification and testing of phase shifting transformers. IEEE PC57.135_D8, pp 1–53
53. O'Neill R (2010) Merchant transmission: a new approach to transmission expansion. In: Proceedings of the 2010 IEEE Power and Energy Society general meeting, pp 1–5
54. Bahrman M, Johnson B (2007) The ABCs of HVDC transmission technologies. IEEE Power Energ Mag 5(2):32–44
55. Hingorani N (1996) High-voltage DC transmission: a power electronics workhorse. IEEE Spectr 33(4):63–72
56. ABB (2011) HVDC classic reliability and availability. http://www.abb.com/industries/ap/db0003db004333/eb8b4075fb412
52ec12574aa00409424.aspx. Accessed 5 May 2011
57. ABB (2010) HVDC classic – reference list. http://www05.abb.com/global/scot/scot221.nsf/veritydisplay/a0f3c70bc17b846fc
12577a8004da670/$file/pow-0013%20rev10%20lr.pdf. Accessed 1 Apr 2011
58. Siemens (2011) References. http://www.energy.siemens.com/hq/en/power-transmission/hvdc/hvdc-classic/references.htm. Accessed 1 Apr 2011
59. Siemens (2011) HVDC plus (VSC Technology). http://www.energy.siemens.com/hq/en/power-transmission/hvdc/hvdc-plus/#content=References. Accessed 1 Apr 2011
60. Larsen E, Piwko R, McLaren D, McNabb D, Granger M, Dusseault M, Rollin L, Primeau J (2004) Variable frequency transformer – a new alternative for asynchronous power transfer. http://www.gepower.com/prod_serv/products/transformers_vft/en/downloads/overview_vftmarketing.pdf. Accessed 6 Apr 2011
61. Miller N, Clark K, Piwko R, Larsen E (2006) Variable frequency transformer: applications for secure inter-regional power exchange. Presented at PowerGen Middle East 2006. http://www.gepower.com/prod_serv/products/transformers_vft/en/ downloads/vftfor_pgmev9.pdf. Accessed 4 Apr 2011
62. GE (2004) Variable frequency transformer™: fact sheet. http://www.gepower.com/prod_serv/products/transformers_vft/en/ downloads/vft_factsheet.pdf. Accessed 1 Apr 2011
63. Song W, Bhattacharya S, Huang A (2008) Fault-tolerant transformerless power flow controller based on ETO light converter. In: Proceedings of the 2008 IEEE Industry Applications Society annual meeting, pp 1–5
64. Moghe R, Kreikebaum F, Hernandez J, Kandula R, Divan D (2011) Mitigating distribution transformer lifetime degradation caused by grid-enabled vehicle (GEV) charging. In: Proceedings of the IEEE Energy Conversion Congress & Expo, Phoenix, 17–22 Sep 2011, pp 835–842

第 7 章　地下电缆系统

Yamille Del Valle、Nigel Hampton、Josh Perkel 和 Caryn Riley

术语表

故障	绝缘损坏造成的永久性故障。
电缆系统	电缆及其附属器件。
悬链式交联生产工艺（CCV）	接触网连续硫化生产线的挤出介质。
交联	用作电缆电气绝缘的热固性聚合物。
交联聚乙烯（XLPE）	用作电缆电气绝缘的热固性无填充聚合物。
诊断测试	在电缆系统使用寿命期间进行的现场测试。它的目的是判断当前、未来可能出现的故障，一些测试，能够定位老化区域，而这些老化区域可能会在未来导致电缆及其附属器件故障。
介电损耗	用来评估每周期电能的损耗。性能不佳的电缆系统将会导致在每个周期内有更多的电能损耗；可以在选定电压或电压稳定期测量；损耗的稳定性是由电压的变化量和固定损耗决定的。数据可以来源于基于时间（如果时间充裕）或基于频率测试的方法。
电树枝	应力的增强可以导致永久性树突增长，它包括非实体或炭化微通道，如突起、污染物、空隙或水树枝都受电应力的影响。电树枝部位的绝缘受到不可逆地损害。电树枝的生成使绝缘发生了不可逆转破坏。
乙丙橡胶（EPR）	一种热固型填充聚合物用于电缆及其附件的电气绝缘。有几种含有不同成分的 EPR，它们分别有不同的特性。在这里，该术语也包括乙烯丙烯二烯单体橡胶（EPDM）。
超高压（EHV）	电压在 161～500kV，但更常见的是电压在 220～345kV 的电缆系统。虽然通常情况下其设计的应力水平要高于高压电缆系统，但还是把它归于输电用途的类型。

挤出介质	绝缘诸如EPR、超高分子量聚乙烯（HMWPE）、聚乙烯（PE）、抗水树交联聚乙烯（WTRXLPE）和交联聚乙烯（XLPE）等，使用挤出工艺。
绝缘填料	挤出绝缘中填充物的混合物使得基本聚合物的固有性质发生改变。这一类包括所有类型的EPR、Vulkene㊀等。
高压充液技术［管式或钢管充油式（HPOF）］	纸绝缘安装在三叶钢制压力管上，用高压不可降解流体浸渍，通过泵送流体到电厂使该流体保持高压—高压（HV）和超高压（EHV）在美国很常见。
高压（HV）	电压在46～161kV，但更常见的是电压在66～138kV的电缆系统。虽然通常情况下其设计的应力水平要低于EHV电缆系统，但人们也把它归为输电类。
外护套	挤压外聚合物覆层将电缆包裹起来，这样设计用于保护缆芯和金属屏蔽层（线、带、箔）。
接头	是一种把两段或几段电缆连接起来的器件。接头包括连接器用来固定电缆线路和应力控制/绝缘设备调节电应力。
夹层介质	由纤维素纸或聚丙烯或它们组成的混合物形成的绝缘层。例如PILC（铅包纸隔绝缘）、MIND（整体浸渍不滴流绝缘）电缆设计。
整体浸渍不滴流绝缘（MIND）电缆	用高黏度浸渍剂浸渍成的油浸纸作绝缘的电缆，当铅护套损坏后，该化合物不致泄漏。
最大电应力	最大电应力对应瞬时故障最大概率，或等效对应最大电老化率。
长承模法（MDCV）	三菱－大日连续硫化法，即长承模法，为交联聚乙烯电缆挤出生产线，用在HV和EHV电缆中。
均值或平均电应力	是否最严重的缺陷均匀贯穿大面积绝缘，这一点是很重要的。
中压（MV）	属于配电类型，电压范围在6～46kV，但更常见的是电压在15～35kV的电缆系统。

㊀ 本词无译文。——译者注

金属屏蔽:	同心中性线包裹缆芯。屏蔽层（在某种程度上）提供了机械保护、电流回路或者从某种意义上具有密封性（在浸渍电缆上是必不可少的）。
最小电应力	是否电缆系统的可靠性是由配件的性能决定的，或者所述电缆配件的电气设计或安装方式降低电缆性能，这一点最重要。
铅包纸隔绝缘（PILC）	电缆设计采用浸渍剂浸渍成的油浸纸并包裹上铅，以防止液体泄漏。
局部放电	在介质谐振腔内由于气体绝缘被击穿而产生的低压信号（mV 或 μV）。该信号沿电缆系统能够传播到电缆末端，因此能够定位放电发生的位置。
聚乙烯基	挤制绝缘中没有加入混合填充物（炭黑或粘土）。这种绝缘类型包括所有的超高分子量聚乙烯、聚乙烯、抗水树交联聚乙烯、交联聚乙烯等绝缘材料。
聚乙烯（PE）	用于电缆电气绝缘的聚合物。
工频	恒定幅值的正弦波，频率波动范围在 49 ~ 61Hz。
自容式充液（FF 或 LPOF 或 PILC）	纸或纸层压聚丙烯（PPL）用单个金属护套绝缘并用电介质浸渍。这种类型的电缆在陆上电缆的应用中是很常见。这种类型的电缆最早安装是在 19 世纪 90 年代。
屏蔽电缆	此种电缆绝缘导线封装在导通“圆筒”上，连接到地。
空间电荷	囤积在电缆系统绝缘的准永久注入电荷，能充分修正施加的电流和冲击电压下的应力。
接头	连接作用。
相角正切［tan δ（TD）］	电压波形和产生的电流波形之间的相角的正切值。
终端	在电缆线路末端处理电应力，同时密封电缆使其与外部环境隔离，并提供一种接入电缆线路的方式的装置。这种设备被称为弯头或电缆终端套管，属于终端类型。
立式连续硫化机（VCV）	立式连续硫化挤出生产线用于交联聚乙烯制程上，典型的是 HV 和 EHV 的电缆制造。
抗水树交联聚乙烯（WTRXLPE）	在电缆中用在电气绝缘上的热固性聚合物材料，其设计用以阻滞水树生长。

水树	突起、污染物、受到电应力和湿度影响，聚合物材料产生的空隙导致应力增强，出现电氧化树突状形状。由于存在水分、化学修正，水树内的绝缘被降解。

主题定义

早期的地下电缆就被用于输配电系统中并且是重要的组成部分。和架空电缆相比，地下电缆长期被视为电缆系统中最重要的组成部分，虽然其安装成本很高，但它有独特的载流容量并且其安装比较复杂。因此，从最初的技术资料看出，电缆的可持续性通过可靠性和它的寿命表现出来，可持续性已经成为首要的技术指标。目前这一贡献的重点在可持续性上，在以前成果的基础上所得的新进展可以看出，这些进展已经显示出可持续性的重要程度。

7.1　简介

几乎所有的电力公司都通过各种电缆系统输送一部分电能。总的来说，这些系统构成了一个巨大的、相互关联和有价值的基础设施。据估计，在美国地下电缆输送的容量占整个输配电系统的 15% ~20%。这一比例在欧洲接近 50%。这些电缆系统由几千英里[㊀]长的电缆线路和成千上万个器件组成，它们被安装在城市街道、郊区或农村的地下。电力部门使用地下电缆有悠久的历史，早在 19 世纪 90 年代就出现了地下系统安装。20 世纪 50 ~ 80 年代大规模应用电缆系统。大规模应用地下电缆来输送电能在近些年发展得非常迅速。大量的驱动器和制动器来控制这些过程，见表 7.1。

表 7.1　影响地下电缆系统安装的因素

促进地下电缆系统安装的因素	阻碍地下电缆系统安装的因素
公众对危险的认知	资金成本 - 电缆系统成本高
可靠性（断供期电缆的频率） - 地下电缆系统频率较低	故障处理的时间（维修时间） - 维修时间长
总运营成本 - 电力损耗、维修和维护成本较低	长距离输电时需要进行无功补偿
公众对视觉冲击力的认知 - 影响较低	

所设计的电缆系统应具备较高的可靠性和较长的寿命，然而电缆系统的寿命

㊀ 1 英里（mile） =1609. 344m。——译者注

不是无限的。这些系统会发生老化，最终不能提供可靠的服务。设计的地下电缆系统的使用寿命在 30 ~40 年。当今，相当大一部分电缆系统设施已达到使用年限，并且有事实表明这些设施已经到达能够提供可靠服务的年限。这是自然老化现象的结果，一些早期的电缆系统技术不成熟，和今天使用的电缆系统相比质量粗劣。这些老旧系统的故障率很高，并影响了系统运行的可靠性，而且显而易见，有必要采取一些措施来限制这一趋势。

7.2 电缆系统结构

电缆是一种长期的载流设备。它拥有自己的绝缘，通过绝缘与地表接触[1]。在这种情况下，电缆不会作为架空线使用。电力电缆具有同轴结构：本质上，它包括承载线路电压的载流导体缆芯和绝缘外皮，以及与地等电位的外层导体。交流电缆一般安装为三相系统，因此外层导体用来承载故障和电流损耗。实际上电缆的结构更为复杂。该金属导体和绝缘之间的界面（层叠或聚合）包括杂质、突起，以及空隙，这些特征将导致电应力增强、加速老化和过早失效[2,3]。为了克服这一点，在两个界面之间加入半导体层、导电纸层和用聚合物的复合材料层。内半导体、绝缘和外半导体保证界面光滑无污染。电缆的外层是在其安装/操作或者承载损耗/故障电流中起到保护作用。这些层也能够起到抗水功能，水分可能导致聚合物绝缘材料形成水树加速绝缘层老化。电缆示意图如图 7.1 所示。

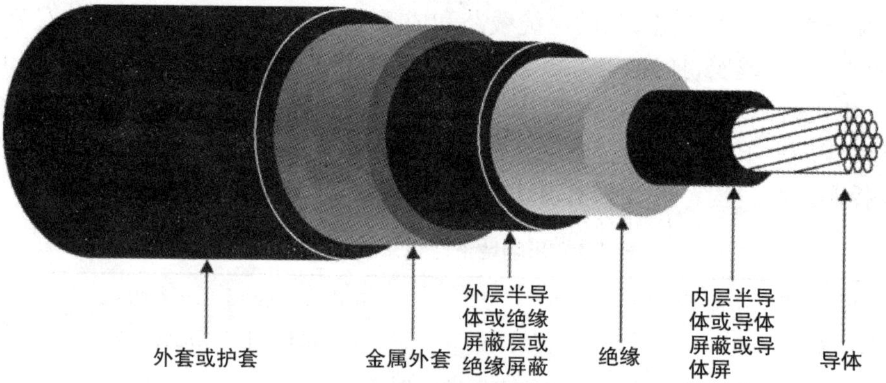

图 7.1　典型的电力电缆的截面

7.3 中压、高压和超高压电缆系统

用于输配电目的的电缆系统，一般根据电压等级进行分类。

- 中压（MV）：6 ~36kV；

- 高压（HV）：36～161kV；
- 超高压（EHV）：161～500kV（或以上）。

关于“配电”和“输电”的区别没有统一的国际标准，也就是输配电应用的范围还是清晰的，但具体的它俩的边界/转换就有些模糊。表 7.2 为世界某些地区电压和电缆系统的电压等级之间的关系。

表 7.2　选定地区交流电缆系统电压等级

	中压（MV）	高压（HV）	超高压（EHV）
亚洲	6.6、10、15、22、33	66、90、110、132、154、161	187、220、275、345、400、500、525
欧洲	11、20、33	63、66、90、110、132、145、150	220、275、380、400
北美	15、25、35、46	69、115、138	220、230、345、500
北欧	配电 20	输电 90、132、145	220、400

7.3.1　电应力

电缆系统的运行与电应力有关（E），例如：

- 介质加热 $\propto E^2$；
- 故障概率 $\propto 1-\exp(E/\alpha)^{\beta}$；
- 绝缘老化 $\propto E^n$。

为了能够理解与电缆系统可持续性有关的问题，需要对整个系统中的电应力有个深刻的理解。

交流（AC）

参考文献［1］给出了电缆内的电应力：

$$E=\frac{V}{x\ln\left(\dfrac{R}{r}\right)} \tag{7.1}$$

式中，V 是施加的电压；r 是内半导体屏蔽层半径；R 是绝缘直径；x 是 r 与 R 之间的中间半径，它决定电应力。

故障的概率与电应力和压力的增加有关。使用威布尔（Weibull）概率函数估算电应力增加后的影响是常用的做法[4]：

$$P_{\mathrm{f}}=1-\exp\left\{-\left(\frac{E}{\alpha}\right)^{\beta}\right\} \tag{7.2}$$

式中，P_{f} 是故障的累积概率，出现故障时应力增加到 E 值的概率；两个参数，α 和 β 是已知的，分别作为特征应力和形状参数。

如式（7.1）检查方程所示：电应力随电缆内的位置变化而变化。可以考虑以下三个潜在的有效电应力：

- 导体屏蔽最大应力；
- 整个绝缘平均应力的几何平均值；
- 缆芯屏蔽层最小应力。

哪种电应力对电缆系统重要这要取决于电缆潜在的故障方式：

- 最大值：应力的最高水平应和最高瞬时故障的概率，或与类似的最高电老化率一致。最重要的是电缆损坏处是否会位于靠近导体屏蔽层。
- 平均值：重点是最严重的缺陷是否均匀分布在整个绝缘层。
- 最小值：如果电缆系统的可靠性是由配件的性能决定的，或者如果所述电缆配件的设计或安装方法降低电缆性能，这一点最重要。其次，最重要的是电缆损坏处是否位于会靠近导体屏蔽层。

电应力应用范围见表 7.3。

表 7.3　选定绝缘平均应力水平

类型	应力/(kV/mm)	EHV	HV	MV
充液	绝缘屏蔽层平均应力	10.0	8	8
	导体屏蔽平均应力	17	14	10
乙烯-丙烯-橡胶（EPR）	绝缘屏蔽层平均应力	4	3	2
	导体屏蔽平均应力	8	5	3
交联聚乙烯（XLPE）	绝缘屏蔽层平均应力	5	3	2
	导体屏蔽平均应力	11	6	3

直流（DC）

直流电缆应力取决于其结构的电容（电容率）。然而，在直流电缆系统中，电阻（电阻率）决定应力[1,5]，与应力和温度无关（在正常使用的范围内），而电阻率明显与电压和温度有关。

检验（见图 7.2）显示，温度范围在 20～60℃，电阻率改变 2～3 个数量级。电阻 ρ 对于应力 E 和温度 T 的相关性可以通过式（7.3）或式（7.4）显示出来：

$$\rho = \rho_0 \exp(-\alpha T - \beta E) \tag{7.3}$$

$$\rho = \rho_0 \exp(-\alpha T) E^{-\gamma} \tag{7.4}$$

式中，ρ_0 是在基准温度时的电阻率；α 是温度系数；β 和 γ 是绝缘体的应力系数。

实际结果是，在直流电缆系统上的应力主要是由尺寸、电压和温度分布来确决定。因此，直流系统的设计在技术上要比交流系统更具挑战性。最明显的表现就是最大应力的位置差异（相对于交流系统）。在交流系统中，位置靠近导体

（称为拉普拉斯区，见图 7.3）；在直流系统中，可以把导体移到（无负载的情况下）外部（高负荷的情况下），这也称作应力/温度反转。

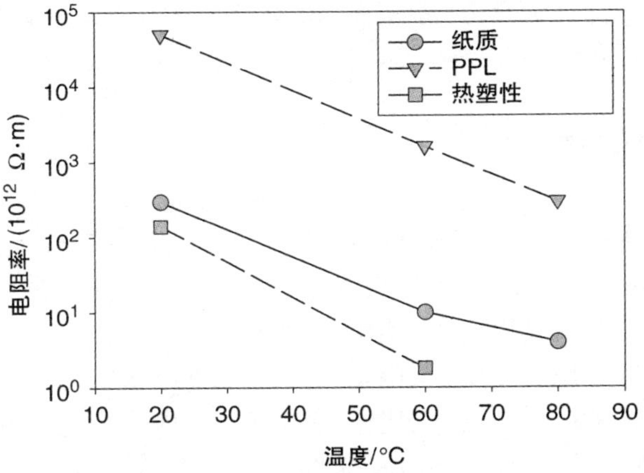

图 7.2　所选绝缘体在不同温度下的电阻率

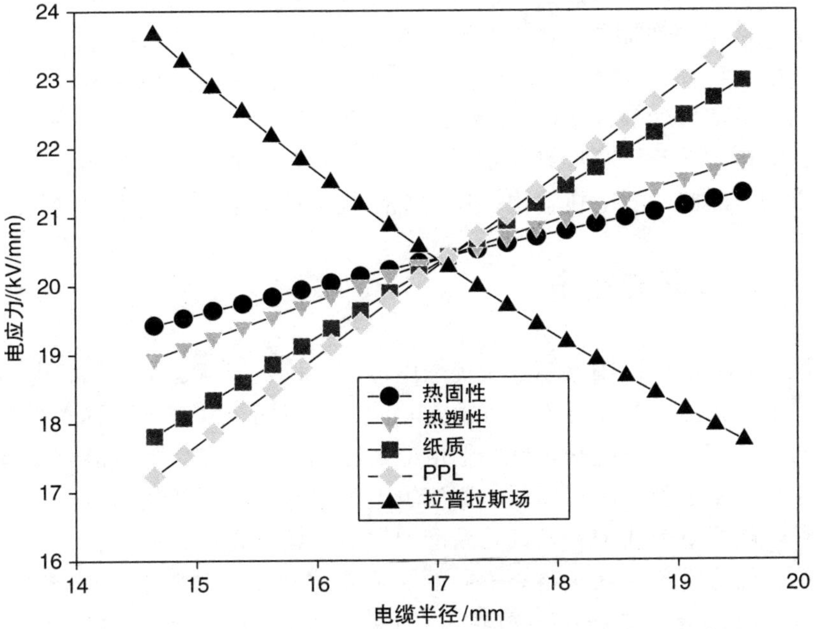

图 7.3　负载下电应力分布，使用不同绝缘材料制造 100kV 直流电缆

设电缆绝缘半径为 r，其中一种计算电缆的电应力分布 E_r 的方法如下：

$$E_r = \frac{\delta V\ (r/r_2)^{\delta-1}}{r_2[1-(r/r_2)^{\delta}]} \tag{7.5}$$

$$\delta = \frac{\alpha W/2\pi\lambda + \beta V/(r_2 - r_1)}{\beta V/(r_2 - r_1) + 1} \tag{7.6}$$

式中，λ 是热导率；r_1为导体屏蔽层半径；r_2为绝缘半径；$W = I^2R$ 是导体损耗；V是施加电压；α 和 β 参数来源于式（7.3）的电阻率数据。

7.4 电缆的应用

电力电缆通常用于地下或水下（海底的）连接。电缆铺设在输电网的重要位置上用来补充架空线，或者在某些情况下，它们可以组成整个“骨干”。电网之间的互连特别适合于电缆安全供给的解决方案[3]。

电缆也可以有其他的应用，而不是仅仅在地下或水下使用。例如，电网之间的互连特别适用于解决安全供电问题。这样某些物体特别是树枝在触碰到线路时不会引起跳闸或停电，这使供电的可靠性大幅度改善（例如，参考文献［5］）。在大多数情况下，铝合金导体外包黑色防紫外线交联聚乙烯并填充润滑脂，用来提供腐蚀保护和纵向水密性。电弧影响到绝缘子顶端，防止电线电弧损伤。另一个应用是“能量转换器”[6]和相关的电动机变换器。这些新的发电机发电的电压可以直接接入电网，而不需要升压变压器。它适合发出的电压在100kV以上。安装了两套电动机变换器电动机的北海“Troll A”油气开采平台项目就是一个范例。新的概念是基于圆形导体定子绕组，而且它是通过使用成熟的高压电缆技术来完成的。因此，发电机输出电压的上限是由该电缆承受能力决定的。

7.5 交流和直流输电

交流和直流都可以用电缆系统传输电能。无论是交流还是直流，电缆的设计在外部看来都相似，并在许多设计上是相同的。然而，详细的工程和所用的材料有很大的不同。交流输电是全球传输电能的首选方式，发出的电能直接是交流电并且能够直接使电压升高和降低。交流输电占全球输电形式的98%。

在长距离输电方式中，尤其是新能源发电，例如光伏和风电，直流输电比交流输电更有优势。连接区域略有不同的交流相位和频率消除造成系统的不稳定。电容充电电流是指无需使用并联电抗器的交流电缆的最大有效长度。因此直流电缆用于长距离海底连接特别有用。此外，由于直流条件下缺乏直流电磁效应消除了趋肤效应，其中，导体的电阻在50Hz可以上升高达20%。直流解决方案的缺点是AC－DC变换终端设备比直流变换器更昂贵、低效（关于AC/DC电力传输的评价在参考文献［7］中）。因此，该系统必须足够长，在经济上可行。此外，被束缚的空间电荷产生的热引起应力倒位和应力形变使直流电缆绝缘的电应力控制也更为困难。空间电荷的问题特别是在繁杂的接口，如配件（接头和终端）。

2000 年以前，采用搭接/浸渍（油或化合物）的电缆绝缘几乎全部用于直流输电高达 500kV，距离也很长。即使在今天，这种技术是特高压［超高压直流（EHVDC）］和远距离的首选。然而，HVDC 输电和较低功率范围的最新发展已经看到电缆系统及变流器技术的共同发展。发展速度相当迅速，当前安装的纸质和挤出电缆长度（而不是在类似的电压）大约在 22500km。使用挤出电缆的 HVDC 输电工程见表 7.4。

表 7.4　使用挤出电缆系统的 HVDC 输电工程

工程	工程类型	电力/MVA	电压等级/kV	电缆长度/km	服务年代/年
Gotland/SE	S	60	80	140	1999
Directlink/AU	TL	180	84	390	2000
Tjoereborg/DK	WIND	8	10	8	2000
Cross Sound/US	S	330	150	82	2002
Troll/NO	OFF	80	60	70	2004
Estlink/FI	S	350	150	105	2006
Valhalla/NO	OFF	78	150	292	2009
NordEon/DE	WIND	400	150	390	2009
Transbay/US	S	400	200	95	2010

注：S：海底互连；OFF：近海电力供给；WIND：风电到岸；TL：交易链接。

7.6　电缆类型

目前使用的地下电力电缆技术有四种类型：

• 聚合：交联聚乙烯（XLPE）、抗水交联聚乙烯（WTRXLPE）或乙烯丙烯橡胶（EPR）。

• 自容式充液（FF 或 LPOF 或 PILC）：纸或纸层压聚丙烯（PPL）用单个金属护套绝缘并用电介质浸渍。这种类型的电缆在陆上电缆的应用中很常见。这种类型的电缆最早安装是在 19 世纪 90 年代。

• 整体浸渍不滴流绝缘电缆（MIND 或固体）：用个别金属护套作绝缘的纸质电缆，浸渍在极高黏度的聚丁烯化合物中，在工作温度下不流动——在 MV 和海底 HVDC 输电中常见。

• 高压充液技术（管式或 HPOF）：安装在三叶钢制压力管上的纸绝缘，浸渍在高压不可降解的液体中，使用抽水设备维持高压流体，用于 HV 和 EHV，在美国常见。

在电缆中使用的典型的电应力见表 7.3。

直到 20 世纪 80 年代中期，纸绝缘电缆（PILC、MIND 和 LPOF）一直是 MV 和 HV 系统的首选。然而，聚合物电缆和附件的改进以及与浸渍相关的环境问题的改善（绝缘液体和相关的铅护套）已导致纸质陆上电缆使用量的显著减少。尤其是在 MV 方面，更倾向于 XLPE 和 WTRXLPE 电缆而不是 EPR（意大利和美国除外）。XLPE/WTRXLPE 和 EPR 已经成为人们青睐的绝缘材料，它们可以在连续工作温度 90℃ 的状态下仍能保持绝缘状态。当使用充液绕包绝缘（纸和 PPL）时，在相同温度下使用充液绕包绝缘也可以保持相同的绝缘状态。与此相反，低密度聚乙烯（LDPE）和高密度聚乙烯（HDPE）的工作温度分别在 70℃ 和 80℃。因此，这些绝缘材料不再使用。

表 7.5 和表 7.6 确定配电和输电电压技术各自的主要优势和劣势。

表 7.5　MV 电缆绝缘的优势（+）和劣势（-）

XLPE11 ~ 46kV	EPR11 ~ 46kV	WTRXLPE11 ~ 46kV	纸 11 ~ 46kV（PILC 和 MIND 技术）
+ 无漏油风险	+ 无漏油风险	+ 无漏油风险	- PILC 技术漏油 0 MIND 技术减少化合物泄漏
+ 简单的配件外观设计要求过得去的工艺	+ 简单的配件外观设计要求过得去的工艺	+ 简单的配件外观设计要求过得去的工艺	0 简单/坚固的配件要求高水平工艺 - 安装技能随着劳动力年龄的增长逐渐消失
- 如果没有金属护套，可能遭受水树	0 如果没有金属护套，可能遭受水树	0 如果没有金属护套，可能遭受水树	+ 所需金属护套含有液体，因而水被排除在外
0 标准尺寸	0 标准尺寸 缩小规模可用特殊设计	0 标准尺寸	+ 体积小 - 更高的设计应力 - 管道铺设的重要性

表 7.6　HV 和 EHV 电缆绝缘的优势（+）和劣势（-）

XLPE66 ~ 500kV	EPR66 ~ 138kV	纸 66 ~ 500kV（低压和高压技术）
+ 无漏油的危险 + 简单的设计	+ 无漏油的危险 + 简单的设计	0 漏油担忧 - 复杂的设计 - 高保养负担
+ 非常低的介电损耗 + 可接受火的性能	+ 中等程度的介电损耗 + 可接受火的性能	+ 中等程度的介电损耗 - 由于易燃油供应丰富，问题在于隧道防火性能和变电站的应用
+ 简单的配件设计要求高水平工艺	+ 简单的配件设计要求高水平工艺	0 简单的配件需要高水平的工艺 - 随着劳动力老龄化安装技能逐渐消失
0 成长跟踪记录 - 如果没有金属鞘，可能会遭受水树	- 成长跟踪记录 - 如果没有金属鞘，可能会遭受水树	+ 广泛的跟踪记录 + 所需的金属护套包含流体，因而水被排除在外
- 大尺寸	- 大尺寸	+ 体积小 - 更高的设计应力

目前的状况：

• 几乎所有正在安装的 HV 和 EHV 系统都是新建的/扩展的。

• 大多数在现有系统中已经安装的 HV 电缆都是纸绝缘（83% 的纸和 17% 的聚合物）。

• 很少更换现有纸质电缆：大部分安装容量基于纸质。

• 大多数 HV 输电都是用架空线（OHL）。

• 在环境敏感地区用 HV 电缆代替 OHL，但 OHL（全球）影响非常有限。

• XLPE 电缆占目前正在安装的高压电缆容量的 80% ~90%。

纸电缆几乎不可替代的原因如下：

• 纸电缆可以持续可靠地运行。

• 工作温度已经大大低于温限。

• XLPE 电缆设计过于庞大，不适合现存管道和路权，而现存管道和路权适用于纸电缆。因为那里有许多纸电缆，管道小而紧，所以这一点对美国的情况很重要。在这个领域，关键的任务是开发高分子电缆，其既灵活又小（即在高电应力下工作），并且容易加入，适于现有的管材/管。目前的设计解决了这些问题，而现在，现存电缆的尺寸和纸性能相匹配[8,9]。

7.7 电缆组件

7.7.1 导体

在美国，导体的标准基于美国线规（AWG），但是在世界其他地方，导体基于 IEC 228 和公制约定。绞线导体一般都包括同芯层，但是为了使它们更平滑、更紧凑，往往轧机把它们塑成特殊形状。当在高电压和电流下运行时，交流电在外部比内部导体传输更多的电流（趋肤效应）。此外，交变磁场在邻近导线上产生涡流（邻近效应）。这些效应在交流电下趋于增加导体电阻，直流电也会出现这一情况。AC - DC 比率（$R_{AC/DC}$）可增大到 1.15。增加的阻抗增加了导体中的热量损耗并升高了电缆温度。因此，特殊“Milliken”导线可以用于大电导设计以减少 AC - DC 比率。

几乎所有的导体都是由铜或铝制成。铜的优点是易导电，因此在相同情况下载流量更大。因此，铜导体具有直径小的优势。然而虽然易变，铝的成本比铜低，即使导电性较差也常被用作导体。铝优于铜的另一个优点是用料虽多但导体也很轻。MV 系统中铝是首选，然而对于 HV 和 EHV，铜线径小，占有更大的优势。

7.7.2 半导体

半导体筛选材料以炭黑为基础，由制烃的完全或受控燃烧制成。碳导电介质在纸或聚合物基质内分散，取决于所涉及的电缆类型。早期的聚合物电缆采用纸带或涂炭屏蔽，致使其性能极为糟糕，因此大大加快了水树的增长，也相应提高了电缆的预期寿命。目前的聚合物电缆（XLPE、WTRXLPE 和 EPR）的半导体筛选是使用挤出聚合物材料制成的。安装一个封闭的“真正的三重”挤压头，筛选的绝缘复合性能达到最佳。

纸和聚合物的屏幕需要有足够高的炭黑浓度，以确保适当一致的传导性。公司必须优化电缆导电和绝缘部分之间的光滑界面。光滑表面之所以重要是因为它降低了区域的高电应力。为了保持这些属性的平衡，炭黑与聚合物基体的设计很重要。

半导体绝缘基体材料的制造（纸或聚合物）也要仔细斟酌。例如挤出筛选在采用炭黑的情况下，其聚合物的化学性质和用于其他材质的绝缘材料略有不同。炭黑和其他必要的添加剂（不含交联包）配制成阵列。使用输送和复合机械设计以保持炭黑均匀的混合结构。使用交联包之前，应用过滤来进一步确保材质的粗糙度，以达到更高的标准。

通过挤压完整材料的带状样品以确保电缆屏的平整。一旦探测到带光学对点或突起的存在，就能估计出这些部件的高度和宽度，确定宽度隔离的浓度。使用系统时，应注意检查极度光滑（低部件浓度）屏幕的发电情况，区域胶带检查需要与可能探测到的部件数量相匹配：需要对大片光滑区域进行测试。

7.7.3 绝缘

众所周知，在全球范围内，XLPE 或其 WTRXLPE 变体是目前最常用的电缆绝缘材料。绝缘 XLPE 化合物需要满足一些要求，和挤压机与十字头一样都作为热塑性材料使用，有效交联高温高压硫化管。这种材料在电缆制造过程中不受热降解影响，最高温度操作不影响系统寿命。它还可以降低应用电应力提高导致的过早失效。

为了符合这些要求，需要注意聚合物的生产设计，适当地交联和稳定包，此项生产技术用于 XLPE 化合物，在电力应用上需要确保生产链的所有环节都保持最高洁净水平。该序列包括三个主要部分：基础聚合物制造、附加稳定包和附加交联包。交联电缆的最常见途径（XLPE、WTRXLPE 和 EPR）是过氧化物硫化，即在有机过氧化物热降解的作用下，熔融聚合物链交叉链挤压形成。

清洁

将聚合物的代表性样品转换成透明胶带状，然后建立任何不均匀浓度来评估 XLPE 绝缘材料和 WTRXLPE 绝缘材料的洁净度。电缆挤压之前不能应用莫诺西尔（Monosil）一步法。通过识别光通过磁传输的变化能检测到这种非均匀性。

通过自动光学系统检测磁来达到所需的一致性和敏感性。

7.7.4　金属护套

多年来，铅或铅合金是用于金属护套层的主要材料，这主要是因为它的大约 200℃的低熔点适合聚合物电缆。铅的主要缺点是其高密度（11.400kg m^{-3}）导致其本身是重金属产品，产生环境问题，蠕变倾向、流动、在脆化温度循环载荷下脆化，这些影响导致了许多护套破裂。使用铅也涉及环境问题，因此它的使用受到欧盟（EU）委员会法令限制。2000 年 EU 委员会正式通过了废电器及电子设备（WEEE）和减少有害物质（ROHS）的提议。ROHS 提议从 2008 年起替代铅和其他重金属的使用。许多材料已投入使用来解决这些问题。

- 挤压铝：这种铝具有优良的力学性能，但弯曲半径大，需要波纹，很难生产，也很重。
- 铝箔：特点是轻、容易生产，但是薄（0.2～0.5mm），没有机械保护；力量来自聚合物护套。它依赖于胶作防水密封，易受腐蚀。
- 铜箔：特点是很轻，易于制造，但不灵活，依赖胶作防水密封。
- 焊接铜：很牢固，能够承载电流，要求波纹，因此制造难度大，很难保证完美的纵向焊缝。
- 焊接不锈钢：具有很牢固、可承载电流的显著特征，但像焊接铜外护套一样，也有类似的制造困难。

7.7.5　外护套层（外套）

此外，为保证质量，必须依靠绝缘系统，因此也需要注意外护套层。最早人们从电缆芯和纸绝缘铅外壳电缆中得到的教训（使用铅护套）是安装损坏和腐蚀损害金属护套[11,12]。一旦外护套层防护性完整丧失，水渗入，溶剂泄漏。在这种情况下，故障发生相当迅速。氯丁橡胶带或挤压成型的应用能很快解决这些问题。众所周知，挤出电缆在 20 世纪 60 年代中期出现，这种绝缘聚合物本身防水，不需要外护套。然而，水树现象很快就显示一个高质量的电缆护套即使在 MV 盛行的低电应力下也是非常有价值的。

HV 和 EHV XLPE 电缆绝大多数都是“主干”的设计类型，其中包括金属屏障。其目的是保护缆芯免受机械损伤、排除故障和减少电流损耗、施工中排水（湿度大，电老化率明显增高）。金属屏障是电缆设计的一个关键部分，需要仔细斟酌，因为它影响电缆系统的实际安装。和 MV 相似，金属层本身也是由聚合物护套保护。由于保护套的关键作用，它需要具有很多特性：良好的耐磨性、优良的加工、优秀的阻隔性能以及良好的抗裂性应力。经验表明，聚乙烯外护套需要使用最好的材料。

7.8 电缆制造

7.8.1 制造阶段

电缆制造过程可概括如下：

1. 导体制造

- 拉拔减径所需；
- 布线和组装；
- 铺设：非圆装配（Milliken）段为准圆结构。

2. 缆芯的制作

（1）纸（LPOF、MIND 和 PILC）电缆

- 精研：通过包裹环绕导体（此导体具有张力和纸带重叠）的半导体和绝缘带形成缆芯；
- 铺（三部法）：适合三种缆芯电缆；
- 干燥：提高了缆芯的介电性能和在升高的温度下进行真空。

（2）聚合物（XLPE、WTRXLPE 和 EPR）电缆

- 三挤压：在其中的缆芯内形成半导体、绝缘体和外半导体；
- 交联：挤压后直接进行（过氧化物硫化）；
- 脱气：通过加热离线去除过氧化物交联副产物，扩散时间取决于温度和保温层厚度。

3. 电缆制造

（1）纸（LPOF、MIND 和 PILC）电缆

- 浸渍：在升高的温度下干纸胶带浸渍在干燥/脱气介质流体中；
- 金属护套：金属浸渍罩中的应用；
- 护套：高强度应用挤出的聚合物护套（外套）；
- 铠装：高强度金属构件的应用（钢）以保护电缆，特别适用于海底电缆；
- 例行检测：耐压和电离因素检测。

（2）聚合物（XLPE、WTRXLPE 和 EPR）电缆

- 芯贴：缓冲、保护和隔水层，在半导体、绝缘和外半导体内层，应用在挤出芯上；
- 金属护套：金属滋润（metal moisture）和保护层中应用；
- 护套：高强度应用挤出聚合物护套（外套）；
- 铠装：高强度金属构件的应用（钢）以保护电缆，特别适用于海底电缆；
- 例行检测：耐压和局部放电检测。

7.8.2　挤出电缆制造方法

除了挤压过程以外，所有的生产流程都适合所有的制造方法。因为在挤压过程中，有三种类型的过氧化物交联（交联往往是作为硫化或固化）。

- VCV：垂直连续硫化；
- CCV：链状交联生产工艺；
- MDCV：三菱 - 大日连续硫化法，即长承模法。

在所有这些程序中，三层缆芯在导体周围受到挤压。然后非交联缆芯直接进入硫化管，过程的差异变得很明显。使用湿固化的方法，离线挤压后，制造过程大大简化，但是挤压后管的长度必须足够长，这样能使热塑性缆芯充分冷却以防止变形。

制造方法之间的一般关系、绝缘技术和电压等级见表 7.7。

表 7.7　绝缘材料挤出设备

	MV			HV			EHV		
		WTR			WTR			WTR	
	EPR	XLPE	XLPE	EPR	EPR	XLPE	EPR	XLPE	XLPE
链状硫化 	×	×	×	×	—	×	—	—	×
垂直硫化 	—	—	—	—	—	×	—	—	×
水平硫化 	—	—	—	—	—	×	—	—	×

7.9　故障处理

电力电缆系统的设计具有可靠性高的特点。主要的电力电缆故障可能会对电网产生较大影响，维修需要几天甚至几星期。如果是在海底，可能需要几个月甚至几年的修复，成本超过 3 百万美元（欧元）。电缆有一个良好的服务历史。大多数电缆故障是受外部因素的影响，如道路挖掘机或船锚。电缆系统故障也可能发生在接头和终端上。

在法国，MV 电缆系统的研究表明[13]，电缆故障率每年每 100km 是 3.5，而 XLPE 电缆是 2。XLPE 绝缘故障率列在表 7.8 中。这一分析表明，电缆系统最可靠的组件是 XLPE 绝缘电缆。进一步的检查表明，在排除第三方破坏的前提下，XLPE 电缆系统的可靠性是纸系统的 2.5 倍（纸质电缆可能会比 XLPE 电缆更容易被挖出来！）。这一估计可能有些夸大了，但说明了评估现场故障统计数据出现的一个问题，即不同年份的电缆系统。XLPE 的数据是基于使用 15 年的电缆，而纸质的数据是基于 30 ~ 40 年的。因为设备陈旧，纸质系统的预期故障率较高。这是一种完全独立于系统的固有可靠性。

表 7.8　25kV XLPE 系统的性能[13]

类别	故障率（#/年/100km 维护成本）
整个系统	2.0
第三方破坏	1.0
配件	0.9
电缆	0.1

电缆系统配件的使用性能（接头和终端）取决于五要素：

- 连接器的设计；
- 接头/终端自身设计；
- 安装方法；
- 安装质量；
- 操作条件。

在美国[11]近期一项研究估计每年每 100mile 维护成本的中值故障率为 3.5，图 7.4 显示了怎样找到这些故障的根源。乍一看，这些数字似乎是和 EDF㊀的研

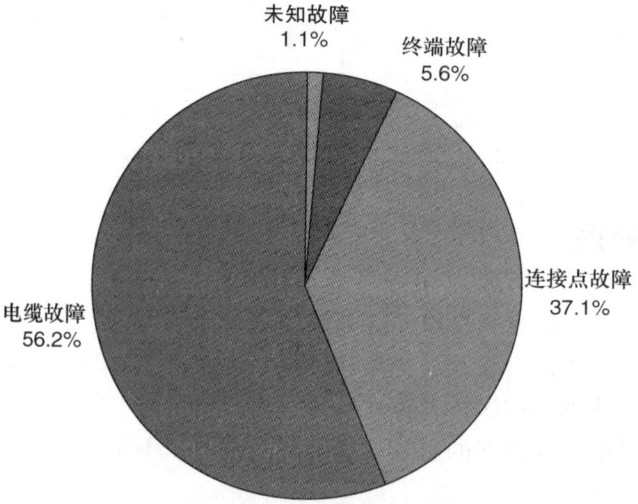

图 7.4　北美 MV 电缆系统故障的工程类型分布预测

㊀ 法国的一个公司。——译者注

究完全不同，然而也应该认识到由于规范和地理位置不同，会有相当大的变化。例如，该失败归因于接头的平均比例为 37%，然而此范围可以为 5% ~80%，取决于效用。这些研究都表明把电缆系统作为一个整体考虑的必要性。

在一般情况下，绝缘故障的原因有以下几种。表 7.9 显示了电缆在不同电压等级下，相关故障模式的瑕疵类型。这些瑕疵如图 7.5 所示。

表 7.9　瑕疵导致的电缆故障

故障原因	MV	HV	EHV
外在缺陷污染物	促进剂对水树枝状组织的作用	故障主要来源	故障主要来源
脱层 突出		促进剂对电树枝状组织的影响	
屏蔽中断 空隙/裂缝			
水树枝状组织 暴露部分 桥接部分	挤出导致的故障	如果不使用耐用的金属水障碍就会产生故障	使用耐用的金属水障碍会减少故障率
进水	层流的主要有机故障	层流的主要有机故障	使用耐用的金属水障碍会减少故障率
热电老化	低温低压下，故障率很小	外在瑕疵是故障的主要来源	外在瑕疵是故障的主要来源

- 外在的缺陷（污染物、突起或空隙）是制造或安装过程中造成的。这些缺陷通常会在空隙出现和电缆通电不久后导致电树枝或直接断电。
- 水树（“湿老化”）是由于护套漏水、设计不当或电缆无防水层引起的。水树削弱绝缘和电气电弧电阻或直接导致断电。
- 进水引起金属水障碍故障。水增加介电损耗，从而导致局部过热。造成局部地区断电导致热失控。
- 热电老化：电场的组合、

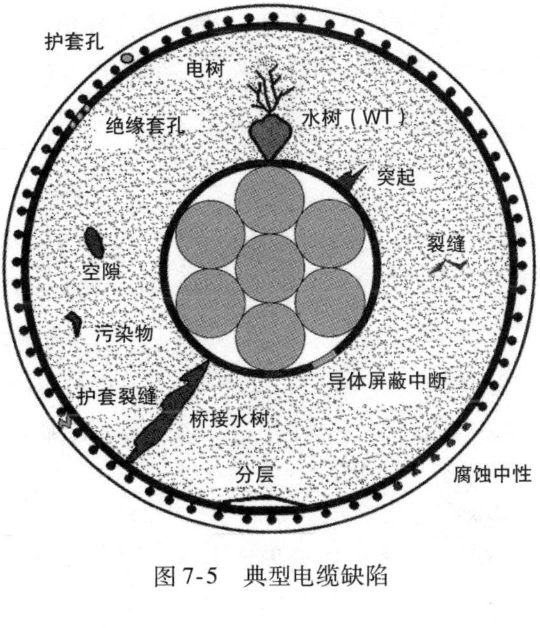

图 7-5　典型电缆缺陷

协同作用的温度上升，导致绝缘老化，随着时间的推移，降低精密电缆的寿命。

7.9.1 外部缺陷

人们所做的努力前面已经具体描述，早期的电缆制造商就在他们的产品中排除和检测 CPV。大部分绝缘突起内的污染物从半导体进入绝缘引起场增强，导致聚合物过早失效。

老化程度伴随着经验逆幂律与电应力（$\propto E^n$）关系[2,3,12,14,15]。

污染物和突起

许多研究已经表明产品中的大量金属污染物导致降解[2,3,5,11,12,14-18]。一般污染物和突起型缺陷降低绝缘体的自身性能，此外日益增加的污染物改变了故障的统计性质，减少散射增加稳定性。

该效果可以通过以下事实来解释：金属杂质即刻增加局部电应力导致局部电应力高于绝缘体的击穿强度。作为拉普拉斯电应力倍增的场增强因子就是一个最好的描述（即几何计算电应力），有趣的是，在金属污染物的尖端电应力最强，但是，提高的幅度从尖端到远端急剧下降；5μm 半径，磁场在 1.5 半径尖端下降 50%[10]。因此，计算出的应力增强为任何评估提供了上限，把这些和失败的可能性联系起来相当具有挑战性。

电应力增强不仅是以大小和浓度为基础，自然（导电性、绝缘或高介电常数）对它们也有强大的影响。形状（尖锐或钝）以及把它们纳入矩阵的方法都要考虑进去。利用 XLPE 罩环与 Rogowski 剖面，污染物形态的效果已被评估[18]。结果表明，不规则表面的污染物比表面光滑的更能减少交流斜坡的击穿强度。

污染物的大小、浓度以及自然（导电性或高介电常数）因素导致绝缘体内的局部应力增强。如式（7.7）所示：

$$\eta = 1 - \frac{1}{\alpha}\left(0.5\ln\frac{\lambda+1}{\lambda-1} - \frac{\lambda}{\lambda^2-1}\right) \tag{7.7}$$

式中

$$\alpha = 0.5\ln\frac{\lambda+1}{\lambda-1} - \frac{1}{\lambda} + \frac{1}{(k-1)\lambda(\lambda^2-1)}$$

$$k = \frac{\varepsilon_2}{\varepsilon_1} \qquad \lambda = \frac{1}{\sqrt{1-\dfrac{r}{a}}}$$

η 为场增强因子；r 为椭圆的半径；$2a$ 为椭圆的长度；ε_1 为基体的介电常数；ε_2 为缺陷的介电常数。

空隙

空隙内放电可能会导致击穿，这些放电被称为“局部放电”，因为它们本身没有形成一个完整的击穿或“完全放电”。问题最少的（也许是最不可能的）空洞形状是球体。在充满空气的地方，球形空隙高于绝缘场，即因子等于该固体的相对介电常数。对其他形状的空隙，在空隙的领域会比这更高。例如，XLPE 绝缘空隙（相对介电常数 = 2.3），其内场至少高出其本身 2.3 倍。空隙放电标准必须超过阈值的帕邢（Paschen）曲线描述（见参考文献［12］示例），依赖于空隙的大小和里面的气压。帕邢场有一个最小气压空隙，直径为 7.6μm。这一直径的击穿电压是 327V。相当于一个 43kV/mm 的空隙场（忽略非线性效应）或 XLPE 内 19kV/mm 大小的一个应用领域。在这个空隙尺寸下，帕邢场迅速增加，例如一个 2μm 的空隙需要约 150kV/mm 外加电场引起放电。很明显，直径超过几微米的空隙可能导致严重电力损害。

局部放电和电树

放电是指电子在电场的作用下，其动能可能超过几个电子伏。这样的能量，与气体分子碰撞可能导致更多的电子释放，从而加强了放电或者引起电致发光和能量光子释放。因此空隙的表面可能受到粒子（光子或电子）的影响爆破，其足够的能量可以打破化学束缚，削弱物质。尖锐的突起或污染物引起局部放电场，释放电子迅速获得动能造成绝缘永久性损害。电子可以积累—以此类推，也可以堆积，此类缺陷导致局部电场进一步增加。由于主体材料和 CPV 之间弹性模量和热膨胀系数的差异而增加了机械应力，在电应力的作用下可进一步提高。这些影响，在电场中通过污染物突起的催化可能直接导致击穿路径，更可能导致首个电树的形成。

电树，如图 7.6 所示。为了清楚起见，电树在透明环氧树脂中生成，树针充当突起。可以看到故障路径是通过电树从平面反向电极回长。电树分支通道大致沿电场线。通常情况下，通道的直径为 1～20μm，每个通道分支之前长度是 5～25μm 不等。有很多证据表明，分支由局部电场决定，但由于电树放电产生电子，这一点被严重扭曲。这个问题还有待研究（例如参考文献［12］）。如果这些树是细长的，可以直接穿过绝缘生长，即所谓的分支树。另一种是“布什（bush）”树，它利用能量来产生更大、更密集的局域树，倾向于需要更长的时间来弥补绝缘。由于低电压产生分支树，在分支和树丛生长的非单调区域内低电压更容易发生故障。由于那些突起，较大的空隙形成的树很快就能被识别出来。值得注意的是，树木形成之前，场必须要有放电空隙。在初始期，电树增长迅速，增长率下降。由于树接近反电极，快速失控进程随之而来。

虽然电树的形成过程很好理解，但是一旦电树开始启动，就无法防止聚合物绝缘传播。人们认为电树生长耗时短，但是或许几分钟至几个月就能引起电缆故障。一旦电树已经启动，电缆可以被认为是“病入膏肓”。在电缆的制造和安装过程中，防止污染物突起杂质是很重要的。三层共挤连续硫化技术和适当的电缆

图 7.6 在环氧树脂中生长的电树

生产和部署技术似乎已经在这方面取得了成功，电缆很少在这些方面出问题。如果前面部分提到的水树允许生长，问题更可能出现在接头或终端，那里可能在不经意间存在高场电应力。

水分和温度之间的相互作用

水进入绝缘的其中一个影响是增加介电常数和绝缘损失[1,19,20]。绝缘内每次循环能量损失与介电常数和损耗成正比。因此，电应力给定，水会增加能量损失升高温度。如果温度太高，其他机制发挥作用，会产生热失控故障。

虽然这种情况原则上所有绝缘都存在，但是在 HV 和 EHV 系统高应力作用下可能是非常重要的。这是纸绝缘 MV 电缆最常用的观察手段。最初的电缆介电损耗高，纸和油吸收水分多，这些导致电缆具有敏感性。布洛杰特（Blodgett）做了一些基本的测量[19]。这些基本测量表明，纸绝缘损耗随温度和湿度增加。这些数据可以用于电缆系统评级模型，评估选定温度和湿度的热平衡（结果见图 7.7）。图 7.7 显示在一个选定的湿度和温度下，以等高线图的形式显示基部外壳温度增量。检验表明，合理的湿度下温度显著上升。另一项研究表明，电缆无故障拆除服务可能预期具有 1% 的中值含水量，但电缆故障可超过 3%。因此，热失控机制似乎是对所观察到的现象的一个合理解释。此外，计算显示设置宽度很难达到标准，通常经验决定最大允许水分含量为 3%。然而，这一水平湿度的影响对于不同电缆和不同温度有所不同，分别是 3℃、7.5℃、14℃，15kV/90℃、35kV/90℃、35kV/105℃。

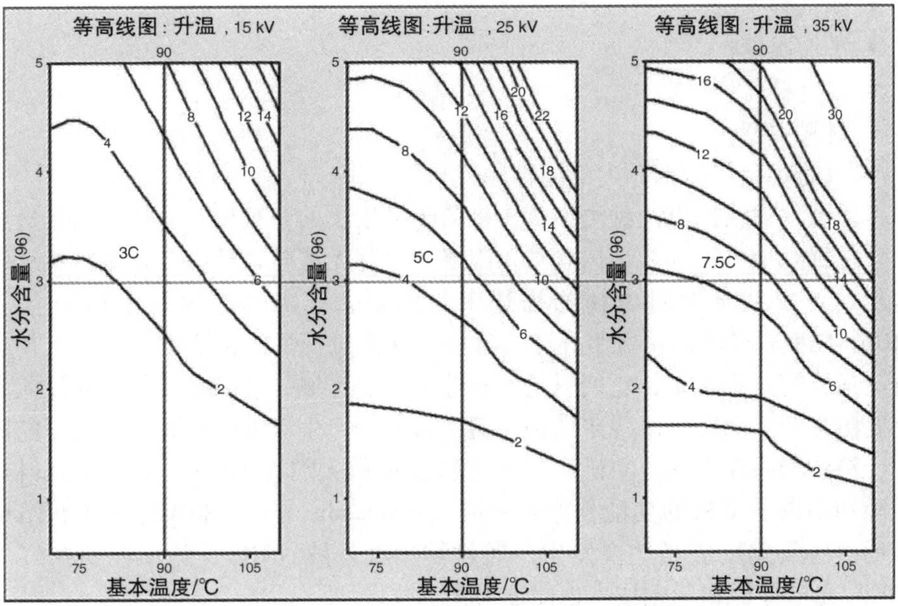

图 7.7　三条电缆高于基本温度和水分含量情况下的温度增量等高线图

7.9.2　湿老化：水树

人们认为早期的聚合物绝缘电缆不受水的不利影响，广泛用于纸质电缆。最初设计安装的电缆几乎不防水。几年之内，许多电缆开始出现故障并停止运行。经检查，可见透过绝缘长出的树状结构。树状结构持续生长然后绝缘出现故障，这样整个绝缘就被破坏了。这就是水树状化现象[1-3,21]。

许多研究已经对这种现象及其解决的方法进行了研究。回顾一下，很明显，一些电缆的设计、制造和材料的许多改进已经减少了由水树状化现象引发的电缆故障。这些改进包括：

- 防水层（金属或聚合物）用来阻水；
- 三层共挤技术（所有聚合物同时挤出）；
- 半导体聚合物屏蔽取代碳质涂料或纸带；
- 优化清理绝缘技术；
- 平滑的半导体；
- 国际公认的方法；
- 基于添加剂或聚合物结构的特殊耐用绝缘。

实验室研究已经得出结论，影响水树生长的因素如下：

- 测试电压；
- 测试频率；
- 平均温度；
- 温度梯度；
- 材料类型；
- 水的存在（外部和内部的导体）。

本质上水树结构有两种类型：①横跨绝缘生长的开衩树状结构可能是最危险的；②在绝缘上生长的领结树状结构因受到限制无法破坏绝缘。这些树状结构有储水管，可以从早期对电树的描述中猜测出来。实际出现的水树包含一个1～10μm典型直径的高密度水孔隙。这些分支恰似一个珍珠链，但实际上，水树的分支通常辨别不出来，它们只是水孔隙扩散的区域，如果枯竭，重新浸入水中会使孔隙再开。沸腾可以稳定结构，但也可能会产生额外的小孔隙。有限的证据表明，渗滤网络存在互连空隙，但互连特征规模大约在10nm。电解质材料具有水孔隙和阳离子染料的功能，像罗丹明（rthodamine）B，永久性对树状结构染色表明一些氧化反应必然会发生。通过使用红外线（IR）、傅里叶变换红外线（FTIR）光谱分析和荧光技术也能证明化学改性。

水树的生长比电树慢得多。通常情况下，即使满足生长条件，他们也可能几年之内不会被发现。它们最初生长很快然后放慢生长速度。的确，有很多迹象表明，领结状的水树生长到一定长度后便停止生长（依靠当时条件），它们不会沉淀分解，分支的水树可能会完全穿过绝缘，不会发生故障，但是它们大大降低了绝缘性能，当然电树或故障回路都可能通过电树重新生长出。

意识到水树结构出现在所有挤出绝缘（EPR、WTRXLPE、XLPE）是很重要的，并通过水树进行故障定位且恢复运行。众所周知水树阻滞绝缘（EPR和WTRXLPE）不生成水树。不幸的是，这是不正确的，尽管在这些绝缘中检测水树是相当困难的。然而，这是由于低启动和增长率以及不透明绝缘材料的性质决定的。虽然如此，EPR和WTRXLPE作为XLPE的衍生材料，通过类似的设计和使用寿命，具有更长的耐久度和更低的故障率。

已经提出很多水树结构的机制，在参考文献［12］中已经对各种结构进行了详细的评述。本质上，可能部分溶剂化的离子被注入氧化区域，维持离子浓度进一步催化氧化。金属离子催化反应序列的提出挣脱了束缚，促进了微洞现象的发展。交替机电应力为熔剂化离子打开通路启动新的微孔。许多水树阻燃聚合物含有“离子捕捉器”，以防止金属离子催化，这些发现已成功地延迟水树的生成和生长速度。

水树开始时间，即水树在一定条件下生成的时间到水树被发现时的这段时间，在很大程度上取决于电应力。基本上，起初的时间与高电场的能量成反比（4~10）。出于这个原因，运行在较低电场下的低压（LV）电缆没有防水障碍来阻水，因此产生电气树状化。在这种情况下，电场通常 < 4kV/mm（见表 7.3），电树状结构导致故障的可能性很低，水障碍几乎没有影响。HV 和 EHV 高分子聚合物绝缘电缆通常使用水障碍，并且在 66kV 以上电缆中强制使用。此外，通常用水堵塞导体（水溶胀性化合物或挤出胶粘剂），以防止水沿着导线传输。当一根电缆被破坏或在安装过程中不正确地安装配件时水会进入导线中。

7.10　干老化：热老化

对 EHV 地下电缆的需求正在增加[1,2,12,14,22,23]。商业压力推动电缆的绝缘倾向于 16kV/mm 的 MV 电场，最常用的绝缘材料是 XLPE。然而长期使用的 XLPE 电缆局限于 5~7kV/mm 的 MV 电场。此外，交联过程的引入已经允许聚合物电缆（XLPE 和 EPR）的连续运行温度达到 90℃，接近油浸渍的（低损耗塑料光纤和 HPOF）纸和聚丙烯层压纸（PPLP）电缆。XLPE 作为绝缘输电电缆的使用从 20 世纪 90 年代初以来一直稳步增长。许多挤出电力电缆已经使用 20 年了，接近它们 30 年的设计使用寿命。如果能找到适合的方法改善和评算交流电缆的可靠性，在不影响系统可靠性的情况下可以继续使用这些电缆。这种方法需要加大改善电缆绝缘老化或退化机制，使 XLPE 电缆更具竞争力。

7.11　未来方向

当回顾地下电缆系统的历史时，可以看出一些不变的趋势：

- 当系统运行可靠性增加后，线缆的长度应当增加；
- 电网正在寻找技术以使安装和维护更容易、更便宜；
- 制造工艺和材料技术的发展允许电缆可以承受更高的运行压力从而减少壁厚；
- 减少壁厚：

—降低安装的系统总成本，

—提高散热能力，

—电缆配件和安装实践的巨大压力；

- 终端用户正在寻找延长寿命的方法，但寿命终结标准仍然未给定义；
- 提高系统可靠性；
- 地下输电线位置的舆论压力；
- 增加地下电缆在城市和非城市地区的应用。

考虑到能源增长的需求（见图 7.8），以及日益增长的环保意识和信息传输水平，可以清楚地看出所有的这些趋势将会发生在可预见的未来。可以看到，我们将会扩大对未来的考虑，包括：

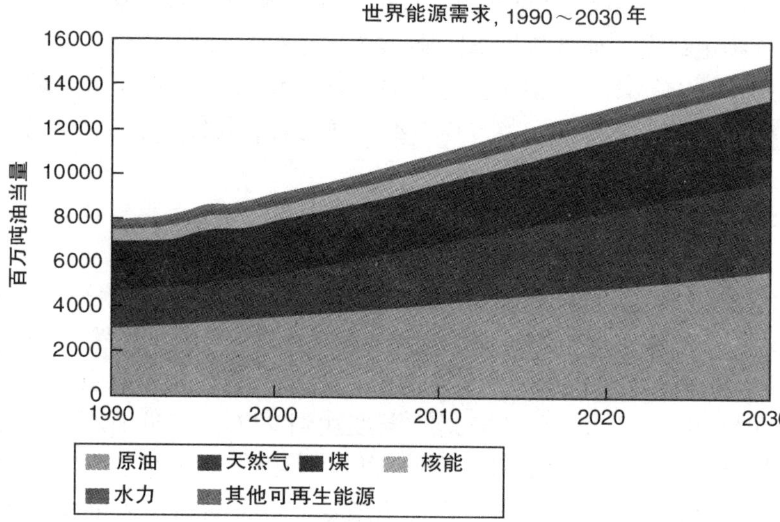

图 7.8　全球能源需求评估，包括不同形式的一次能源

- 输配电系统进一步降低电力损失——增加效率的需要；
- 更加注重电磁场问题——需要增加电缆系统的验收；
- 更高水平的城市地下电缆布置用来改善人们的视觉环境——需要增加电能的验收[25,26]；
- 集成数据和能量传递的需求以增加控制和最佳使用方式；
- 随着对电力系统的依赖与日俱增，有必要改善功率输出的可靠性来增加客户满意度。

毫无疑问，电缆的使用和重要性将会增加。

大部分有效的方式将被认为是：

- 了解电缆系统的寿命；
- 从老化问题方面提高电缆性能；
- 可回收/恢复的电缆设计；
- 增加使用长度长链接；
- 诊断电缆系统的趋势；
- 智能电网项目的影响；
- 高温超导（HTS）；
- 绝缘电线（GIL）。

7.12 了解电缆系统的寿命

世界各地的电力部门继续努力增加地下或海底电缆系统资产的使用寿命。然而，他们没有经过预测电缆寿命或很好地理解确定影响电缆系统使用寿命因素，这并不意味着一些故障的原因是不清楚的。事实上在早期15～30年范围做了大量的工作（如水树状结构、污染物的影响）。因此，对于40年的电缆系统任何严格的方式都很难估算出它的寿命。

关于这个问题一个很好的例子是美国MV纸绝缘铅包电缆安装情况[11]。这些电缆占装机容量的15%，然而在某些关键地区，可以提高到80%。这些最老的电缆的平均寿命都在80年以上，较低的在70年，高的90年。然而，这些电缆没有故障，高于纸绝缘包铅电缆的平均寿命44年。因此，不可能将其认定为已达到寿命，因为它们是旧的或未达到“浴盆曲线”的右侧部分。同样无益断言，这些电缆寿命无限，众所周知纸和油成分会不可避免地使电缆寿命缩短。

当考虑到经济性/可靠性和技术的可持续性时，这些问题相当重要：任何一个系统的影响可能会持续60年，远低于今天所估计的30～40年。

7.13 针对老化问题提高电缆性能

如果想建立前面讨论的预测寿命的概念，就需要重视延长电缆寿命的技术，图7.9显示了MV系统内提高可靠性后的经济效益。最近的实践表明，测量和确保电缆可靠性最有效的方法是长期进行湿老化测试（CENELEC－2年，ICEA－1年），其测试需要轻松超过指定的最低水平。

从两个电缆安装的角度看总成本，如图7.9所示。第一个显示了典型的参考方案，电缆的安装成本比架空线安装成本高，但在使用寿命期总成本较低（92%）。第二个显示的方案：其中，较长寿命的电缆具有更长的使用寿命（30年，而不是参考年限的25年）。在整个寿命期限内由于具有更高的可靠性，所以运营成本降低。很明显，寿命长的电缆总成本较低（82%）。这种方法比这里显示的高质量、寿命更长的电缆更具有优势，这是因为参考方案要求电缆在25～30年后再次产生安装成本。

HV系统中一个类似的情况：在奥地利，一个对110kV生命周期总成本非常详细的研究（见表7.10）。表7.10表明，和被称作普通高负荷线的架空线相比，电缆的成本更低。当获得通行权的成本和消极的客户/稳压器压力包括在内时，此比率青睐低负荷架空线，但差距有可能缩小[26]。

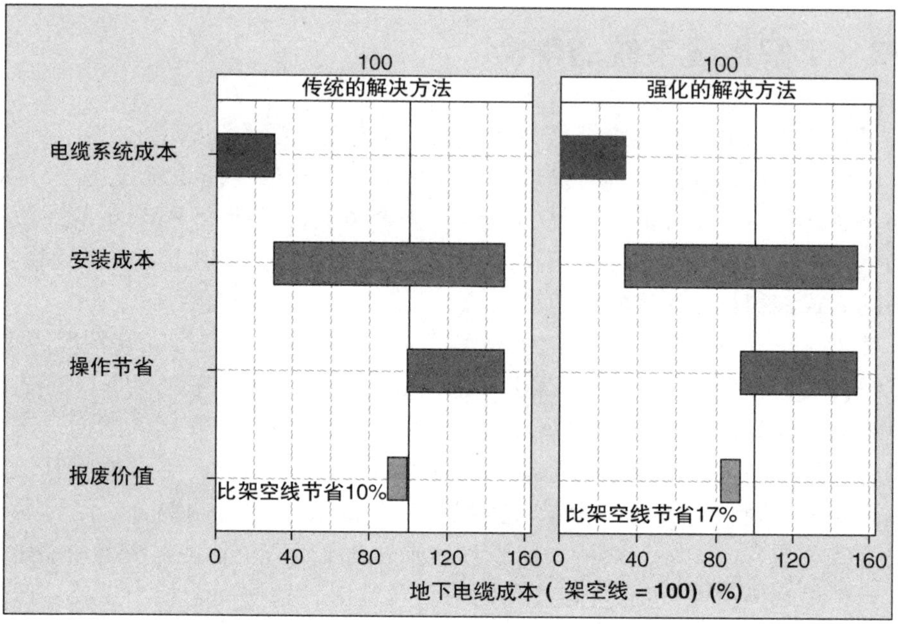

图 7.9　两个电缆安装的总成本对比：地下电缆和架空线。初始成本明显抵消运营（维护、损失和不可靠性——所有这些都是假定为正常的超过 30 年）的成本。两种情况显示：25 年的寿命是基本情况；另一个就是高 10% 的电缆成本带来更高质量和寿命增加 20%（30 年）

表 7.10　110kV 地下电缆和架空线（不包括允许成本和时间）。**奥地利格拉茨科技大学的研究**[26]

类型	负荷条件	安装费用/（欧元/km）	操作费用/（欧元/km）	总生存期费用/（欧元/km）	电缆相对于架空线的成本比率
架空线	低负荷	149000	15000	164000	1.18
地下电缆		181000	12000	193000	
架空线	高负荷	149000	165000	314000	0.76
地下电缆		181000	58000	239000	

7.14　可回收/恢复的电缆设计

如今由于废弃电缆系统几乎没有经济价值，所以几乎没有人回收它们，然而未来可能会有所改观：

- 可能迫于公众和环境压力修复土地；
- 电缆代表巨大的自然资源；
- 将会迫使重用以前用于电缆的土地，更重要的是与它们相关的变电站/变压器/开关。

这些趋势的迹象可以在海底流体充填电缆的恢复中看到（如先前在长岛海峡铺设的电缆）。在这里，作为安装新链接的先决条件，监管当局要求它们搬迁。在德国和其他地方通过更换气体压缩与挤出电缆以实现再利用，但是希望对现有的管道/密封结构再利用。

其中一种是限制回收混合性质的非金属组件，即绝缘和外套[27]，这是因为它是相对简单的从纸/塑料分离出来的金属。然而塑料分离并不简单，因此在未来要使用这种分离，关键部分是使用整体聚烯烃概念：XLPE 和 HDPE 外套。使用这种方法的材料质量很差，到使用期结束也没有昂贵的（50 美元/t，2003 年的成本）分离步骤。电缆内的金属可能被再利用，聚合物的能量释放和提供的成本非常接近现行的油价，这一点可能在今后的 25 ~ 30 年的时间是非常重要的[27]。

7.15　增加使用加长链接

7.15.1　海底电缆系统

海底电缆是指水下带电电缆，它们可能在水下、河口岸或者连接到岛屿的主要输电系统。大多数海底电缆系统，长度适中，交流，长距离输电用直流（后面论述）。用交流输电的理由是现有基础设施的集成简化。由于天然电容（natural Capacitance）和电线导电性能，交流实施方案产生无功损耗，因此长度有限制，然而相当大的空间可以用固态控制设备和无功补偿。直流输电无无功损耗，损耗是由直流输电线路的电阻产生的。然而，AC - DC 变换器的损耗应该包括在内。此外，换流站有相当大的维护成本。从纯粹的功率输出角度来看，直流电缆系统输电能力是同等交流电缆的 1.3 ~ 1.6 倍。

海底电缆的长度远远超过陆地电缆；数百千米甚至上千千米。铺设长度很长，铺设的时候需要多种类型的船只进行配合作业，种类繁多，从各种驳船到轮船不等。因此，在制造和可靠性方面比陆地电缆更加困难。考虑到服务中断后的维修事项，这些注意事项的重要性显而易见。当事人需要调动大量的海洋资源，找到合适的修复材料，获得必要的环境许可，亲自到现场，有效修护海底电缆，确认修复的完整性。如果这些要素不够有挑战性，用户和制造商需要确定一些方法为未来链接的无故障运行重建信心。因此，和类似的陆地的解决方案相比，海底项目的设计、规范、测试、制造和安装阶段项目繁多。

然而，很明显，在未来电网将安装更多的海底电缆系统，驱动程序将：

- 增加了电网互连和稳定性；
- 电力交易；
- 消除昂贵和低效的当地发电站（岛屿）；

- 水力和风能的集成；
- 减少公众对地面电力链接的反应。

7.15.2 高效直流输电

直流输电已被证明在高度控制的远程输电方面是高效的（来自 Nordpool 经验），远距离交流输电是可行的，然而它需要复杂的系统控制和电缆电容的无功补偿。因此，利用地下电缆进行直流输电。Gotland、Cross Sound、Murraylink、Troll 和 Estlink 项目检查向人们表明，电压源变换器（VSC）技术和采用直流的苛刻条件件制造的 XLPE 电缆已被证明可行并且已投入商业使用。值得一提的是，今天有多少设备应用直流电源操作和使用（计算机、电视等）——托马斯·爱迪生总是对的。

早期直流换流器有限成本的增加使其使用 EHV 电网互连（英国/法国、波罗的海的电缆等）。然而，最近的创新（VSC）包括变换器技术、XLPE 电缆和系统设计的柔性，已经看到了直流电在高电压（50～150kV）领域一个非常快速的增长。

在超高压条件下使用填充挤塑电缆的实验室研究和资格认证已经出现。然而，世界上所有的商业安装和经验如图 7.10 所示，已实现了专门设计的无填充的交联材料。很明显，挤出电缆时使用无填充交联技术融入 EHV 直流系统。

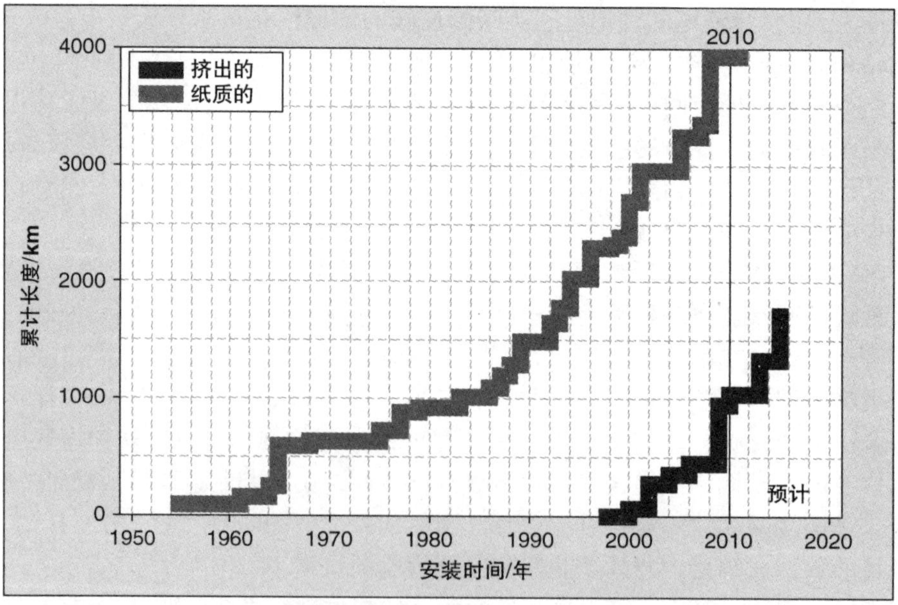

图 7.10 全球安装直流电缆隔离电缆绝缘类型的能力

国际委员会支持增加使用直流电，具体建议和准备公布于国际大电网会议工作组技术手册 219 21.01。本书为扩展挤出直流电缆提供了一个非常坚实的基础。直流电缆的设计展现出工程师把热电问题和电缆承受的应力结合起来，应力取决于温度和应力倒置。毫无疑问，HV 直流电缆的设计同 EHV 交流系统一样，同样面临更多的挑战，这些挑战包括：

- 应力倒置；
- 电应力高于 EHV 交流；
- 超长的长度；
- 测试和批准；
- 辅助技术；
- 系统集成。

然而，与 EHV 交流一样，对绝缘系统的关注使得一些项目取得了成功（Murraylink、Troll 和 Cross Sound），给人留下了深刻的印象。

附赠增加使用挤出直流 XLPE 电缆和电压源变换器（VSC，见图 7.10 和图 7.11）。这些发展已经明显地增加了完成速度，降低了总成本，增加了直流系统项目类型。有趣的是反映在图 7.10 上的系统需要 30 年达到 1000km 的累计装机容量而挤出电缆则需要 13 年。很明显，在海底和陆地环境使用 VSC 技术的挤出电缆系统呈增加趋势。

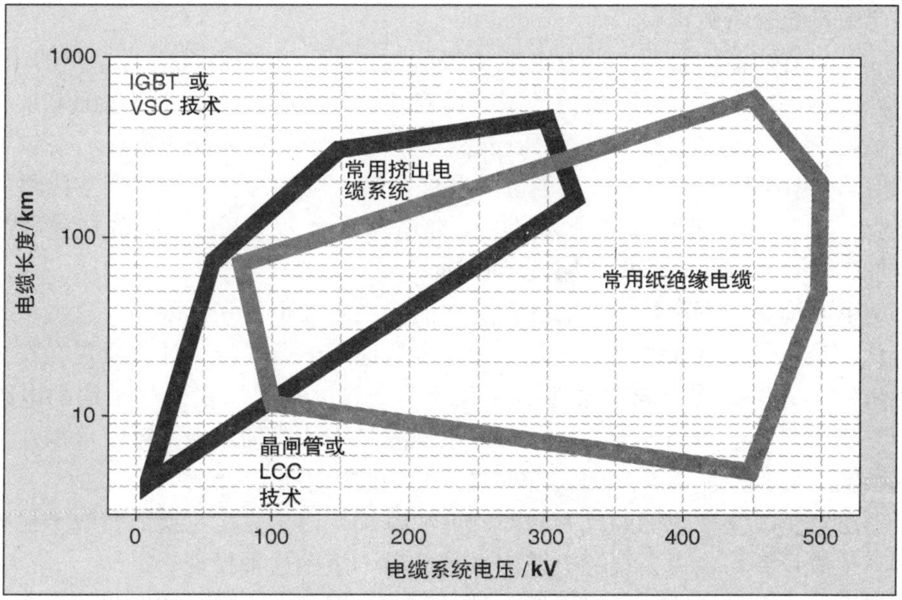

图 7.11　全球安装直流电缆隔离变换器技术的能力

7.15.3　电缆系统的诊断趋势

诊断在电缆系统中的使用越来越多，显然将成为未来电网管理的一个重要组成部分。新的电缆及配件功能可能会集成到能提供大量重要的数据。老系统不会从中受益，因而对不理想传感器和基线条件需要做出诊断。尽管如此，也取得了相当大的进步，然而电缆和系统工程师所面临的挑战是将这些数据转换成有用的信息。尽管新设施将带来令人兴奋的机会，但主要挑战将是今天和昨天的“哑巴”电缆系统。

诊断的主要活动领域如下：

- 实时控制电缆系统评级——通常是通过使用光纤温度系统被耦合成复杂的电缆系统的热模型完成的。
- 电缆系统调试/测试验收。电缆系统组件在工厂分别进行测试，然而有压倒性的共识是大多数电缆系统的问题发生在安装期间。因此，有一种越来越明显的趋势：电缆系统验收测试允许在接受服务之前发现这些缺陷，从而及时维修和符合成本效益。
- 电缆系统诊断测试[11]——这些测试确定电缆系统的“健康”，本质上是未来表现的概率性评估。这些结果在运营商层面积极支持产品优化。

通过国际化标准，如国际大电网委员会和国际电工委员会等，实时控制电缆系统和电缆系统调试测试的方法和实现程序已经成熟。在许多情况下，人们面临的挑战不是技术而是适当的可用性知识在适当的用户社区上的实现。

电缆系统诊断测试

几乎所有的电力公司的部分电能销售都通过地下电缆系统进行。总的来说，这些系统形成一个巨大的有价值的基础设施。估计表明，地下电缆占配电系统装机容量的15%～20%。公用事业历史悠久，使用地下系统的电缆系统安装早在20世纪20年代就出现了。由于经济的发展，聚合物绝缘化合物和架空线路的验收减少，在70～80年代安装了大量的电缆电路。今天，基础设施的规模继续快速增加，多数新安装的配电线路安装在地下。

地下电缆系统寿命长、可靠性高、然而使用寿命也不是无限的。这些系统也会老化，最后终止可靠的服务年限。估计设置地下电缆系统设计寿命是在安装的30～40年。这是自然衰老现象的结果以及不成熟的技术用在一些早期的电缆系统中，相比之下远不如今天的技术。旧系统故障率的增加对现在系统可靠性造成不利影响，而且是非常明显的，管理这一趋势的后果是必要的。

不是选择完全取代旧的或有故障的电缆系统，因为完全更换需要数十亿美元和重新生成设备。电力公司和电缆配件制造商不想做这种投资。

然而，完全取代这些系统可能不是必需的，因为电缆系统的老化不一致。电缆研究人员已经确定许多电缆系统故障是由孤立的电缆长度和特定电路部分孤立的缺陷。因此，管理这一过程的关键是找到这些“坏的成分”，在整个系统的可靠性降低失败之前主动取代它们。各种电缆系统诊断检测技术能检测电缆系统恶化。诊断测试的结果被用来识别电缆系统中潜在的故障，然后再次修复验证，验证执行的维修工作确实解决了发现的问题。

适当的保养和维修实践可以控制系统老化，帮助管理报废的替代品。诊断以确定电缆系统的健康是至关重要的管理项目。

现在很多电缆诊断技术来自各种服务提供商和设备供应商，然而目前对于电缆系统的各种服务没有一个明确、可靠的能力评估。实现电缆系统诊断的有效方法涉及许多不同的管理问题，包括系统类型（网络、循环或径向）、负载特性（住宅、商业、高密度、政府、医疗等）、系统介质（XLPE、EPR、纸、混合物）和系统建设（直接埋或导管）。基本的电缆诊断检测技术用于评估下面列出的电缆电路条件：

- 时域反射技术（TDR）；
- 在 60Hz、甚低频（VLF）或衰减交流（DAC）电情况下的局部放电（PD）[11,28]；
- 在 60Hz、VLF 或变频下[28-30]的损耗角正切或电介质光谱；
- 恢复电压；
- 直流漏电流；
- 极化与去极化电流；
- 在 VLF、60Hz 交流电或直流电下的简单耐压测试[11,31]；
- 声学 PD 技术；
- 在 VLF、60Hz 交流电或直流电压条件下，同时监测耐压测试、PD、损耗角正切或漏电流测试[11,31]；
- 建立在 PD 和损耗角正切基础上的 60Hz 交流电、VLF 和衰减电压的联合测试。

毫无疑问，电缆系统诊断测试可以用于改善系统可靠性，然而这项技术适用于被测电路才会有效。整个过程中，设置精确合理的期望值也是非常重要的。

大体来说，应用彩色多普勒表现（CDFI）技术[11]的工作导致了下面的观察方法：

- 诊断测试很有用。它们显示了很多电缆线路状况，虽然其中一些无关紧要。
- 诊断测试不是在所有条件下都有效的。比如当电路由于太过复杂而导致诊断技术不能精确测试出电路的真实状况。
- 诊断技术通常不能算出测试电路的寿命。电缆检测就像药物检测，可以知道哪里出错了，却不能预知被检测的缺陷对被测系统的影响程度。
- 数据显示大部分通过测试的检测系统善于精确地找出“好”的电缆电路，却不善于找出“坏”的电缆电路。大部分情况下，电路中正常的比有问题的段数多，然而几乎不可能知道哪段坏的电路要出问题。因此，通用电缆必须是可替换和可修复的，以此来增加可靠性。

- 检测项目的性能依靠：哪段电路在何时、何地检测及检测结果。
- 定量分析检测数据是很复杂的。数据形式不同，并且详细程度也不一样。然而，深入分析数据可以清楚地显示出检测的优点。
- 检测数据要求被翻译成可使用的数据。大部分情况下，在决定被检测电路是否需要维修或更换前，这个测试要提供详细的报告。
- 一组检测数据不可能提供足够的信息来精确地算出电路的状况。

7.15.4 发展智能电网的影响

已经有很多关于开创智能电网的文章。在中国，智能电网的定义与欧美有所不同，但是其共同目标是将智能和交互式设备嵌入到现有的基础设施中，从而满足更多要求，例如：

- 更好地促进不同尺寸和不同技术的发电机的联系和运营；
- 允许消费者参与电网系统的优化，并起到一定的作用；
- 极大地减少整个电网运行系统对环境的影响；
- 维持或改善现存高压系统的可靠性、质量和供应安全性；
- 依靠充分的网络安全，动态优化电网和资源运行；
- 包括可再生能源的分布式资源和发电的部署整合；
- 改善及整合需求响应、需求资源和高效资源；
- 部署智能技术（可以优化电网设备和用户设备的实时、自动、可交互的技术）致力于电网运行、电网状态和配电自动化的测量和联系；
- 部署和整合先进的蓄电和高峰调节技术包括插电式和混合动力电动汽车及蓄热空调。

因此，非常清楚，现有的电网将会以不同于以往的方式运行，同时对电网的要求也会更高。结果是一些迄今看不见的故障或退化模式普遍存在着。可以预见的故障包括：

- 那些原本用于更低等级电网载荷的零件因别无选择而过度发热[32]；
- 由于瞬变及谐波在电网上的叠加（尤其是三次及更高次谐波），会加速智能装置退化；
- 消费者对于电能质量的问题会更加敏感；
- 由于改变了电网要求和供应协议以及减少传统的“低负荷恢复期”，会有更多积极负载状况。

7.15.5 高温超导体（HTS）

当今，很多技术都会有合适的用途，但是不可能马上就推广使用。首先，

HTS 适用于在相对短的距离内传输大功率电流，这正是人们所希望的。在这项技术对公共设施具有吸引力之前，与它相关的长距离冷冻法、终点温度差异及复杂的启动步骤还有待验证。

7.15.6　气体绝缘线（GIL）

GIL 为较长距离电力传输中要求的大额定电流、低电容及减少介电损耗提供了希望。然而在大多数实际情况下，较短的长度、相关的制造困难以及大量的 SF_6 气体甚至是混合物造成的环境问题将限制其使用。比较起来，似乎 GIL 比超导电缆有更广泛的用途。典型的 GIL 设计如图 7.12 所示。

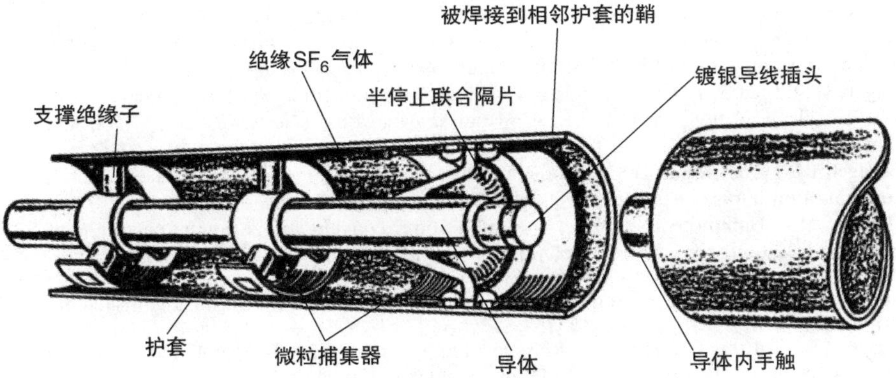

图 7.12　典型的 GIL 设计

参 考 文 献

1. Moore GF (1997) Electrical cables handbook. Blackwell Science, San Diego. ISBN 0 632 04075 0
2. Densley J (1995) Ageing and diagnostics in extruded insulations for power cables. In: IEEE 5th international conference on conduction and breakdown in solid dielectrics, IEEE publication 95CH3476-9, pp 1–15
3. Fothergill JC, Hampton RN (2004) Polymer insulated cable. In: Haddad A, Warne D (eds) Advances in high voltage engineering. IEE, London, pp 477–507, Chapter 10. ISBN 0 85296 158 8
4. Abernethy RB (1996) The new Weibull handbook, 2nd edn. Robert B. Abernethy, North Palm Beach. ISBN 0965306208
5. Hampton RN (2008) Some of the considerations for materials operating under High Voltage Direct Current Stresses. IEEE Electrical Insulation Magazine 24(1):5–13
6. Leijon M (1999) Novel concept in high voltage generation: Powerformer™. IEE Conference Publication, v5, n467, 1999. In: Proceedings of the 1999, 11th International symposium on "High Voltage Engineering", 23–27 Aug 1999, London, UK, p 5.379.S5-5.382.P5, IEE, ISSN: 0537–9989 IECPB4 ISBN: 0-85296-719-5
7. Jenkins N (2002) Power Engineering Journal 16(3):90–91
8. Karlstrand J, Sunnegardh P, Zenger W, Ghafurian R, Boggia R (2002) Water-cooled 345 kV solid-dielectric cable system, Cigré paper 21–111
9. Halvarsson P, Karlstrand J, Larsson D, Larsson M, Reinholdsdóttir K, Sigurõsson E (2002) A novel approach to long buried AC transmission system, Cigré paper 21–201

10. Bartnikas R, Eichhorn RM (eds) (1983) Engineering dielectrics, vol IIA, Electrical properties of solid insulation, Philadelphia, ASTM-STP 783
11. Diagnostic Testing of Underground Cable Systems (Cable Diagnostic Focused Initiative) DOE Award No. DE-FC02-04CH11237, December 2010
12. Dissado LA, Fothergill JC (1992) Electrical degradation and breakdown in polymers. In: Peter Peregrinuns for the IEE, London
13. Brincourt T, Regaudie V (1999) Evaluation of different diagnostic methods for the French underground MV network. In: JICABLE'99, Versailles, p 451
14. Peschke E, Schroth R, Olshausen R (1995) Extension of XLPE cables to 500 kV based on progress in technology. In: JICABLE'95, Montreal, pp 6–10
15. Griffiths CL, Betteridge S, Hampton RN (1998) Thermoelectric ageing of cable grade XLPE in dry conditions. Conduction and breakdown in solid dielectrics ICSD '98. Proceedings of the 1998 IEEE 6th international conference, pp 279–282, doi:10.1109/ICSD.1998.709279
16. Coppard RW, Bowman J, Dissado LA, Roland SM, Rakowski RT (1990) The effect of aluminium inclusions on the dielectric breakdown strength of polyethylene. J Appl Phys 23:1554–1561
17. Antoniscki JR, Nilsson U, Gubanski SM (1997) The effect of metal inclusions on the breakdown strength of XLPE cables. In: CEIDP 1997, Minneapolis, pp 283–286
18. Hagen ST, Ildstad E (1993) Reduction of AC breakdown strength due to particle inclusions in XLPE cable insulation. In: Conference on power cables and accessories 10 kV–500 kV, London, pp 165–168
19. Blodgett RB (1962) Influence of absorbed water and temperature on tan delta and dielectric constant of oil-impregnated paper insulation. Trans AIEE 81:93–100
20. Hartlein RA, Hampton RN, Perkel J (2008) Some considerations on the selection of optimum location, timing, and technique, for diagnostic tests. In: IEEE Power Engineering Society (PES) general meeting panel session, Pittsburg
21. Steennis EF (1989) Water treeing: the behaviour of water trees in extruded cable insulation. ISBN 90-353-1022-5, Kema, pp 132–133
22. Gregory B, Griffiths CL, Hampton RN and Mainwaring SP (2000) A probabilistic design method for polymeric structures to operate at high electrical stress. In: 8th international conference on dielectric materials, measurements and application, IEE Conference Publication no 473, pp 419–424
23. Ogawa K, Kosugi T, Kato N, Kawawata Y (1990) The worlds first use of 500 kV XLPE insulated aluminium sheathed power cables at the Shimogo and Imaichi power stations. IEEE Trans Power Delivery 5(1):26–32
24. International Energy Agency. www.iea.org
25. Gorham and Partners (1995) Undergrounding – A success story already in Europe – Potentially worldwide. Report to ICF Congress 1995
26. Campbell A (2003) Undergrounding HV and EHV – window of opportunity opens. In: ICF Congress 2003, St Petersburg, pp 169–193
27. Hampton RN (2005) Electrical insulation systems for energy technology and clean environment. In: Nordic insulation symposium (NORDIS), Trondheim, June 2005
28. Hampton RN, Olearczyk M, Perkel J, Weisenfeld N (2010) Cable fleet management. IEEE Power and Engineering, Nov 2010
29. Perkel J, Hernández JC, Hampton RN, Drapeau JF, Densley (2011) Challenges associated with the interpretation of dielectric loss data from power cable system measurements. In: International conference on insulated power cables JICABLE11, Versailles France, June 2011, C.4.5
30. Drapeau J-F, Cantin B, Hampton N, Perkel J (2011) Dielectric loss characterization of hydroquebec medium voltage (MV) submarine cables – phase 1. In: International conference on insulated power cables JICABLE11, Versailles France, June 2011, Paper A.7.6
31. Fletcher CL, Perkel J, Hampton RN, Hernandez JC, Hesse J, Pearman MG, Wall CT, Zenger W (2011) First practical utility implementation of monitored withstand diagnostics in the USA. In: International conference on insulated power cables JICABLE11, Versailles France, June 2011, Paper A.10.2
32. Parker T, Hampton RN (2011) Impact of filled-strand conductor on connector temperature for medium voltage joints. In: International conference on insulated power cables JICABLE11, Versailles France, June 2011, Paper C.1.5

第 8 章 能源与水利的相互依赖性以及对城市地区的影响

Liz Minne、Arka Pandit、John C. Crittenden、Miroslav M. Begovic、Insu Kim、Hyunju Jeong、Jean - Ann James、Zhongming Lu、Ming Xu、Steve French、Muthukumar Subrahmanyam、Douglas Noonan、Marilyn A. Brown、Jess Chandler、Yongsheng Chen、Eric Williams、Reginald Desroches、Bert Bras、Ke Li 和 Michael Chang

术语表

人类圈	被人类适应或由人类发展的环境。
寿命周期评估(LCA)	指某一产品（或服务）从取得原材料，经生产、使用直至废弃的整个过程，即从摇篮到坟墓的过程。
低冲击开发（LID）	一种利用分散蓄水系统管理暴雨的模式，比如绿色屋顶和雨水收集器。
材料流分析（MFA）	分析资源如何在工业、消费者及生态行业中流动。
弹性或灵活性	系统或原有格局在受到外力作用时，保持固有属性的能力大小恢复力的判定标准有 4 个：迅速性、冗余性、蓄能性及抗压性。迅速性是指遏制损失或及时防止进一步恶化的能力量度；冗余性是指对固有的可替代性的测量；蓄能性是以调动资源在事件中断时恢复功能的能力衡量；抗压性是指该系统所能承受的既定应力水平或需求水平。
可持续发展	在人类圈中以自然的方式进行的发展。可持续发展要求人类利用不超过自然界可以再生提供的资源，同时生产的垃圾可以在一段时间内被自然界吸收并且不破坏自然界的循环。
城市热岛效应	在建筑物、马路或其他基础设施高度集中的发达区域，其温度比周围不发达区域的温度高出许多的现象。
城市可持续发展	就基础设施（例如水、下水道、交通和建筑物）、社会经济问题（如人类的幸福、健康、财富、安全和保障）和自然环境（如资源、野生动物和生态系统健康）而言，需要评估一个地方的长期生存能力。

主题定义

可持续发展的定义有很多。生态足迹（ecological footprint）概念的提出者，Mathis Wackernagel 将可持续发展定义为“以自然的方式保证人类生活质量的发展”[1]。联合国环境发展组织将可持续发展定义为“在不破坏未来生产能力的前提下，满足目前要求的发展”[2]。依照上述几个定义，可以将可持续发展定义为人类按照自然的方式进行发展。人类圈指已建成的或者人类为了安全、生产财富和生活舒适而创造的环境。为了达到以自然的方式存在的目的，人类圈必须利用自然界可以提供的资源同时产生的垃圾可以被自然吸收又不破坏自然界的循环。在全球范围内，有几个例子表明人们目前的发展方式不是可持续发展。目前世界上有 70 亿人，这些人用了 14Gt 的材料[3]，其中只有 5% 的材料可以再生。自然界中被人类提取的资源远远超出了自然界可以提供的。除此之外，大量合成的和潜在的有毒物质正进入到全球物质循环中。

要全面了解可持续发展，需要全面、系统的方法。在传统的并且正在减少的工程范例中，每个单独的基础设施，比如用水设施、用能设施和交通运输设施都被单独优化。然而，每个部分的功能相互依赖，如果把所有的部分整体考虑，将会有一个更优的解决方案。这些相互依赖形成了一个基础设施的生态系统，如果适合，它将给人类的发展提供一个持续的保障。整体考虑基础设施的相互依赖性的例子就是水和能量的相互转换关系。在所有最基础的农业中，水可以产生有用的能量，同时能量也可以产生有用的水。这种关系不仅要求对能量的产生和水资源的管理有一个较深的理解，而且要求知道它们在时间和空间上（无论空间多大多小）是如何联系和相互影响的。工程关系中最重要的是将环境、社会和生态概念进行整合。

为什么可持续发展尤其是城市可持续发展如此重要呢？2005 年，联合国环境规划署主席，Klaus Toepfer 指出“城市吸收了大量的资源，包括水、食物、木材、金属和人。同时城市又输出大量的废物，包括生活垃圾、工业废物、废水以及使大气变暖的气体。因此，城市的影响向外延伸超越了它们的实体边界，影响着周围的乡村、地区甚至整个星球。为了实现更加稳定、健康的世界，在我们这个城市，打赢可持续发展这场战争将会有得有失。”联合国环境规划署预计到 2040 年世界上 64% 的人口都将住进城市当中。相比于 2010 年，会有 50.5% 的巨大增幅[5]。同时期，在欧美等发达国家，会有 87% 的人住进城市[5]。伴随着人们从偏远地区到城市的流动，城市必须准备好应对大规模的移民潮。随着这种迁移在发展中国家的进行，那些将可持续发展作为发展战略的发展中国家会迅速超越那些还在为维持现状而烦恼的国家。对于发达世界，已存在的集中式体制通过分布式体制而增加，这种混合体制可以使城市保持竞争和活力。无论何时，每个城市拥有不同的人口、价值观、财政措施、约束因素、气候及拓扑结构。任何一个满足城市设施的解决办法，不管是可持续发展还是不可持续发展，都必须正好适合这个变化。

8.1 简介

输电网络是城市基础设施的重要组成部分。了解电能如何使用以及怎样找到节能方法对于发展更多的可持续发展城市系统是非常必要的。最大限度地提高效率和可持续发展性可能不是唯一的解决办法，还需要将新老科技融合并用。输电网不仅传输电能给居民和工厂，也将电能供给供水系统、路灯、火车和充气站等。然而这种相互依赖性不是单向的，能量生产和能量需求在很大程度上要依靠这些系统。管道将天然气、石油和水送到精炼厂和发电厂。火车轮船运送用于供热、制造和生产能量的煤炭。为应对能量供应的短缺，在经济和技术上都可行的可再生和分布式能源包括光伏发电、风力发电和微型燃气轮机。多产、健康和可持续性城市的未来在于学习利用所有的能源去建立和运行所有被整合的系统。这些系统要满足城市短期和长期在经济上、社会上及环境上的需求和当地居民的期望。

与生态食物圈类似，城市地区是一个复杂的相互关联的系统。对于一个运行正常的城市地区，供水、供能和交通系统需要被设计成能有效支持这个地区的土地利用。同样，土地利用模式也应根据当地的发展容量承受限度。早在 19 世纪，城市供水、供能和交通系统作为相互独立没有影响的系统被越来越多地设计、建造和运行。水资源供应商对水资源分布感到担忧，电力公司检测电能的产生、分布和使用情况，运输公司关注如何高效安全地运送人和物。通常，他们只关注如何优化自己的工作方法以满足自己的需求。然而近几年，一些城市意识到，可以考虑这些不同的系统在整个城市系统中是如何相互影响和共同作用的，而不是单独的互不影响的，用以提高效率。例如，发电厂需要水来产生水蒸气和冷却设备。发电厂的废热可以用来生产热水、供热和提供空气调节。在另一个例子中，西北太平洋实验室在 2007 年的研究表明，现存的电力基础设施可以满足目前全美 73% 的轻型电车充电[6]。然而，电气化运输对电力需求的增加如何影响用水需求，这一点目前还不太清楚。以上是两个简单的例子。社会经济学、政策、土地使用和城市基础设施作为城市的一部分形成了一个复杂的系统。当用一个整体的计划去分析城市基础设施时，这些基础的特性就会显现出来，而这些特性在单独分析时并不明显。出现的这些特性涉及利益相关者为当地制定的经济和政治决策。因此，出现了城市容量，明智的居民要求更多可持续发展的基础设施，这对于驱动能够改善城区设施建设的政策议程是非常重要的。

在有如此多层面、复杂系统的城市，不可能轻易地测出某一决策或法案的影响。然而，可以通过建模来估算出这些决定的影响。同时，所建立的模型需要模拟出代理商在面对不同的选择时的表现。比如，第一代基于代理形式的模型对城市设施的分析需要包括以下方面：

1）基于发展或重建活动来确定城市基础设施建设的时空需求；

2）列出能够满足发展需求的基础设施替代品；

3）关于替代不同设施需要多少材料和能源的精确计算结果；

4）针对内源性和外源性的风险替代确定城市基础设施的脆弱性和弹性；

5）在寿命周期分析中，替代品对于当地、区域和全球影响的评估。

第二代模型应该包括反馈环节。在反馈环节中，当前一代建模结果清楚后，所有先前的决定都要被重新考虑。将来的决定会考虑涉及的特性，所以会更加真实。一旦证实模型可靠，就能更加精确地计算出能够产生更可持续发展和更有弹性城市设施的动态政策和经济驱动因素。更重要的是，这个模型可以用于评定对于不同输入时结果的敏感性。资源可以被集中在可以产生最大发展的部分。

8.2 方法学

有很多种方法来评定可持续发展，每种方法都有它的优势和局限性。下面讨论一些用于评定城市环境可持续发展的方法。

8.2.1 弹性

弹性是指结构在受到外力和内力时，保持它自身功能的能力。弹性系统具有灵活性和适应性。长期来看，在材料投资上，弹性系统能够得到更好的回报。弹性有 4 个特点：抗压性、冗余性、蓄能性和迅速性。抗压性是指系统能够承受指定程度压力的能力。冗余性指固有可替换程度，或者在遇到故障时一个部件或整个系统或特定功能被替代的缓和度。蓄能性指系统遭受中断等事故时，系统调集资源能力的大小。迅速性指在时间上，包容损失或阻止未来退化的能力。这个“4R”特性可以作为一个衡量系统或设施的可持续发展标准[7]。如果减少的投入会导致低弹性和系统功能的损坏，那么以使用最少材料和能量为目的而设计的城市设施从长远来看并不是可持续发展型。弹性标准能够防止目光短浅，虽然用心良苦，但不利于长期的可持续性。

8.2.2 寿命周期评估

寿命周期评估（LCA）指在整个寿命周期中分析某一特定产品所有阶段的影

响。可以用多种方法来定义寿命周期。从“起源到坟墓”是最普通的寿命周期。在这样的寿命周期中，可以考虑原材料的开采、加工、使用和废弃处理。大部分的注意力会用在产品的制造阶段。然而从影响来说，产品的使用阶段更为重要。比如，一辆汽车在使用阶段比制造阶段会用掉更多的材料和能量。

如果一种产品被循环利用而不是被抛弃，那么它就是从起源到起源。它的寿命周期就延长了。例如，由聚对苯二甲酸乙二醇酯（PET）制成的塑料苏打水瓶可以循环利用再被制成新的塑料瓶或其他不同产品。起源到起源寿命周期是为了减少资源浪费和原材料的使用。

其他方法比如“起源到门”或“门到门”方法也可以缩短寿命周期。“起源到门”只关注产品从原材料到加工的过程。这个方法或许只对加工厂或者使用和废弃处理阶段微不足道的产品有用。加工厂也会关注“门到门”的寿命周期评定。这种 LCA 只关注产品的生产链。在比较不同加工方法和工具的效率时，这种方法是有效的。

另外两个可以使用的 LCA 方法分别是“经济投入产出 LCA（EIO - LCA）”和“基于生态学的 LCA（Eco - LCA）”。卡耐基梅隆大学提出并发展了“EIO - LCA”，这个方法主要用于衡量制造一个产品需要的材料和能量对于经济的影响[8]。俄亥俄州立大学提出并发展了“Eco - LCA”[9]，这个方法更多强调对于一种产品在污染排放和经济流上的直接和间接影响的分析，并将它们添加到传统的“起源到坟墓”的 LCA 中。

回顾可持续发展，LCA 是一个有用的工具，然而它也有局限性。并不是所有的因素都可以被追踪或者轻易给出数量值，比如很难将一个产品的健康影响用数值表示，因为产品的有害性和运输路线很难量化。

另一个 LCA 的限制是中断问题。任何一个产品或加工过程都会有很多上游产品阶段和工序，一个 LCA 不可能把它们都包括进去。比如，制造汽车需要的各个部件也需要加工，这些部件需要成套的五金，开采金属的设备需要特定的金属，这些金属也需要特定的机器去制造，这个关系链会不断地延续下去。在 LCA 中，如果关系链的需求在某处被截断，就会导致漏洞百出。此外，LCA 的方法和市售的软件不同，如 SimaPro，被广泛地用于进行 LCA，可能使用不同的假设和数据会导致结果的变化，这一结果必须调和。

8.2.3　物质流分析

物质流分析（MFA）是在定义系统内评估质量和能量的流动过程，它可以以国家级的工程或其他规模进行生产。城市代谢是对城市特定区域物质流分析的一个典型工具。这种方法旨在把城市看成一个“暗箱”，只负责城市的流入和流出，而不用去管暗箱里面是如何反应和变化的。它给城市提供所需的大量的物资和能量，同时也产生等量的废料。然而，由于需要大量的材料，它的局限性就是需要大量信息的输入和输出。有些数据涉及国家级别，有些是某一产业内部的，但是在一些没有设控的州和城市，这些数据资源就很难找到和查到。这种方法在沿海的地方很适用，因为可以通过船只运进原料或者直接利用岛上的资源，然后运出成品。通过数据的收集整理，这种方法变得更加实用。城市发展的改善是跟踪资源的流入、废物的流出以及基础设施的建立来创造财富和为人们带来舒适的环境。基本的原则是用更少的资源创造大家所需的条件。实际上，很难将两个城市进行比较，因为它们可能在不同的国家，当地生产方式、气候、人口、居住条件都能对此结果产生很大的影响。

8.2.4 工业生态学

工业生态学可以定义为一个多学科的系统学科，旨在研究工业、经济和自然环境之间的关系，它利用一系列不同的工具来分析它们的关系。在工业中，随着设计、制造环境以及生态效率的发展，LCA 和 MFA 日益重要。一个行业的废物或副产品可能是另一个产业的资源，如果这两个行业都有足够接近的后勤能力，那么废物/副产品可以变为其他工业上的应用。例如，发电厂附近的水泥制造厂可以使用剩余的粉煤灰进行水泥混合，如果石膏板生产设备也是在附近，就使用水泥厂的硫酸钙作为其原料。因此，这些行业的废料减少，其用于交通运输的燃料也自然减少了。这些众多的工业生态评估工具让一个行业或城市来看看不同的设计如何影响投入产出以及对经济的总体影响。

8.2.5 城市可持续发展

城市可持续发展是城市系统可持续发展的系统性整体分析，特别是关于城市的基础设施。城市基础设施是一个复杂的网络，主要由 6 个部分组成：

1）私人住宅；

2）商业机构（包括教堂、学校等）；

3）水和废水；

4）能量；

5）交通；

6）土地使用。

城市可持续发展也包括社会经济的影响和形成城市系统特性的政治引导。随着人口增长和对基础设施的需求，城市需要相应地规划它们的基础设施。依照惯例，城市地区建立一种以自然生态来取代硬景观为市民提供城市基础设施的“大管概念”。自然生态被限制到路边，草坪和公园的树木比自然生长的本地植物需要更多的水分和养分，才能茁壮成长。然而，近来人们已经意识到生态系统和自然生态保护的重要性。

天然的替代物，如雨水管理的蓝色带，越来越多地被用来替代硬景观。利用这种方法，人们正在开发一种模型来评估不同的观点并能够决定什么样的社会经济才能够实现城市可持续发展。

8.3　目前的基础设施

虽然目前的基础设施不是最优的，但投入了大量的资金，人们仍然依赖它。提升可持续发展的选择之一是开发一个分散和集中的基础设施的混合动力系统，它在不增加资源数量的情况下增加了系统的冗余性。未来的规划也应引导系统如何相互作用，并制定相应的计划，以节省资源。下面就是对这种相互作用的阐述。

8.4　水与能源之间的联系

饮用水处理提供清洁的饮用水，污水处理用来清理污水。两者都通过一个巨大的能量转换来采集、处理和分配。2000 年，美国超过 500 亿 kWh 的能源用来提供、分配饮用水和处理废水[10]。预计到 2050 年，能量有巨大的需求空间。电力研究院 CEPRI 的水资源可持续发展报告显示，到 2050 年年底，这个数字将达到 750 亿 kWh（见图 8.1）。目前，约 4% 的水的总能源在美国出售。加利福尼亚州需要 18% 的能源。随着水的需求的增加，优质水资源变得更加难以获得，人们更愿购买能源密集型产业的股票，作为用先进的处理技术回收水或淡化水的

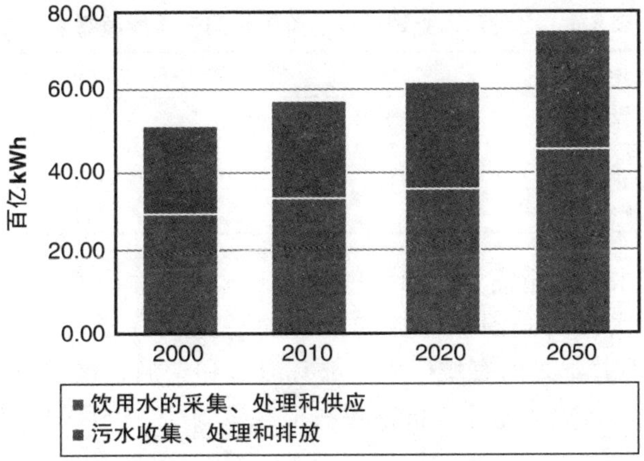

图 8.1　2000 ~ 2050 年，美国的饮用水和污水处理过程所需能量预测使用的数据

企业，他们的股票更容易上涨。因此，当一个城市正在考虑它们的水利基础设施时，就要同时考虑到水和废水的各种处理所需能量的成本。

法国核电

2003 年，法国经历了史上最热的夏天[15]。高温增加了空调和冷气的使用，从而对电力的需求急剧增长。反过来，增加的能源消耗产生更多的余热，又需要更多的水来冷却。虽然法国有足够的能源来发电，但它们 80% 的电力来自核电——热浪和干旱使它们没有大量的水资源来冷却核反应堆，因此它们迫不得已减少生产关闭了 17 个核反应堆。因此，法国不能再以 95 欧元/kWh 出售电力到其他欧洲国家，反而需要以 100 欧元/kWh 的价格进口电力。

处理水的方法有很多，但方法的不同也存在能量依赖性的差异。地表的水往往是干净的，因此仅需要少量的能量来收集和处理这些水资源（见表 8.1）。但地表水并不适用所有地区。地下水则需要更多的能量来获取，和地表水相比，海水淡化技术则需要 75 倍的能量。

表 8.1　各种水处理系统的美国全国平均能源需求[10,11]

水处理和收集	kWh/Mgal
地表水处理[11]	1422
地下水处理[10]	1824
地下苦咸水淡化[11]	3900 ~ 9750
海水淡化[11]	9780 ~ 16500

污水处理方法包括过滤池、活性污泥、硝化处理和不含硝的先进的处理技术。见表 8.2，滴滤池对能量需求最低，硝化的处理技术对能量需求最大。最简单的处理消耗最少的能源，但在对水质有很高的要求时，它不是一个切实可行的办法。废水处理和高质水处理对能源的需求是不一样的。

表 8.2　各种污水处理系统的美国全国平均能源需求[10]

污水处理和收集	kWh/Mgal
污水过滤器	955
活性污泥	1322
无硝化处理	1541
硝化处理	1911

最后，分配水资源也需要能源。理论上，远距离输送水需要更多的费用并且还不容易输送，密集的湖泊和河流的水源输送比较方便，一般需要 1400kWh/Mgal㊀的能量。但并不是所有城市周边都有河流和湖泊，这样使得地下水获取的难度更大。最后，排放废水需要的能量一般在 2350 ~ 3300kWh/Mgal。

㊀ 1gal = 3.78541dm^3。——译者注

能量用来生产、处理、分配水，反过来水又能生产、转换、存储能量，这就是能量的逆转。能量生产用水取决于能量的来源。在热电厂，水用来冷却；在水力发电厂，水就作为动力源。水也是主要能量来源——石油燃料处理的必需品。因此，虽然很多不同种类的能量形式的用处各不一样，但所有的能量都需要水，热能发电用水量淡水抽取占 39%，地表水抽取占 52%[13]。

热能发电的水大多都蒸发掉了，平均每天的损耗是 33 亿 gal[13]。有人会觉得，热电厂用水肯定比其他发电形式用水多（见表 8.3）。相对于大量能量的产生以及水的消耗，在美国，一般每千瓦时的发电就会有 2gal 的水蒸发。水力发电则有 18.27gal 的水蒸发，这个数字损耗是以煤为主要原料的火力发电厂水蒸发量的 35 倍以上。这意味着，水电只有在水资源丰富的地区是可行的，而光伏发电和风力发电则可以用在水资源比较匮乏的地方。

表 8.3　在美国，不同的能源水的蒸发损失

能源	gal/kWh（蒸发损耗）
水力	18.27
核能	0.62
煤	0.49
石油	0.43
光伏太阳能	0.030
风能	0.001

实例：水和能源需求：两个城市的故事

亚特兰大和菲尼克斯这两个城市的人口迅速增长，为此对水和能源的需求正在迅速增长。它们在不同的地区，它们对水资源的需求不一样。表 8.4 描述了这些城市的不同需求。例如，亚特兰大在室内使用更多的水，但菲尼克斯大多在室外。由于通勤时间长和拥挤的公共交通，亚特兰大每人每天耗油远远高于凤凰城。一个更重要的差别是由于菲尼克斯是一个干旱地区，非常炎热和干燥，而亚特兰大则更加潮湿。菲尼克斯的电力生产的耗水量是佐治亚州的 4 倍以上。电力消费的水供应和处理也是佐治亚州的 5 倍左右。因为把水送到菲尼克斯的难度更高，这些数字必然变得更高。亚特兰大需要能源的程度和菲尼克斯需要的水资源是差不多的。如前段所述，亚特兰大经历了大量的风暴和水灾，所以在科罗拉多河上的变化造成更多损失，很多事情都是相似的。表 8.4 还显示城市之间并不相同，所以一种方法是不能解决所有问题的。

表 8.4　菲尼克斯和亚特兰大城市水和电使用之间的关系

		菲尼克斯		亚特兰大	
居民用水需求	室内（gpcd）	48①	1999 年数据，第 4 章，城市水环境[37]	71	2001 年数据，世界的水 2008 ~ 2009 年：洁净水资源两年一次报告
	室外（gpcd）	110①		20	
用电	居民用电，kWh/人 - 天	36	2005 年数据[38]	41	2005 年数据 Brown 等人（2008）
	燃料，kWh/人 - 天	5.5		12.3	
电力生产用水	gal/kWh	7.85（亚利桑那）	美国国家可再生实验室（2003）	1.65（佐治亚）	Torcellini 等人（2003）
水处理用电	水，kWh/Mgal	8600	[39] 运输工具，4600 水泵，2600 水处理，100 水配置，1300	1700②	亚特兰大水管理[13,36]
	废水，kWh/Mgal	10700	[39] 废水收集和处理，1500 再生水，9200	1830②	

注：此数据显示了两个不同地区使用的差异，此类信息在每个城市的产能和用水计划中需予以考虑。

① 此数据是根据假定一户 4 人修正。

② 这些数据是以亚特兰大水、水生产和亚特兰大分水管理部门用电（Thoma 2007），南大西洋地区的水供应和废水处理的电力需求 DOE[13] 为基础进行评估的。

8.5　水和能量之间的外在联系

水和能量除了有内在联系外，它们在城市基础设施方面还有同样重要的关系（见图 8.2）。运输车辆需要能源，能源可供量影响交通方式。一个地区土地资源的利用带动了交通，而交通便利才能使土地更充分地利用。水的可用性影响土地的使用方式，土地的使用方式影响水资源如何获取和使用。同样，能量供应也影响水和土地的使用，土地的使用影响能源的需求和获取渠道。此外，水也被用于提取燃料和种植生物燃料，从而影响交通运输部门。

8.5.1　交通能源

各种运输工具包括飞机、火车、船舶、汽车都需要能源。这些交通工具的燃料也有很多种类，包括汽油、柴油、乙醇、甲醇、天然气、电力、氢、太阳能甚至是煤和木材（虽然后者在现代交通中可以忽略不计）。目前的趋势就是建立可以用两种以上能源的混合动力汽车。以 2009 年为例，美国有 72% 的石油用于交通行业，占能源消费总量的 28%[16]。运输业占天然气消费量的 3%、可再生能源的 12%，这些可再生能源主要以乙醇的形式存在。鉴于这些显著原因，在重新规划和改进城市建设时，需要考虑交通的因素。

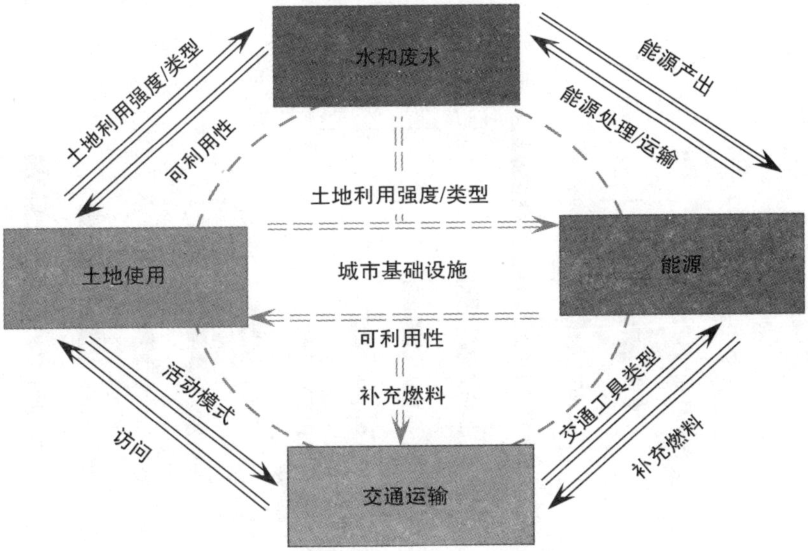

图 8.2 水、能源、交通和土地利用系统在城市地区的相互连接

8.5.2 交通运输、土地使用、能源

随着对机动性的需求增加，提高现有车辆的能源转换效率可以减少交通对环境的影响。如果转换成其他的运输模式，需要很大的改进。2007 年在混合动力汽车的研究中，太平洋西北国家实验室[6]发现，当前美国的电力基础设施能够支撑 43% ~73% 的轻型车辆的能源需求，这就导致汽车充电在下午 6 点到清晨 6 点时段受到限制。进一步的研究估计，如果 73% 的美国汽车转化为电动汽车，美国将不再需要进口石油，并且温室气体排放量可以减少 27%（即使所有的电力都是由燃煤发电厂生产的），虽然这样的大尺度分析可以提供有用信息，但需要注意的是，复杂的局部关系背后这些大发展的重要性。

Bras 最近在亚特兰大完成了对不同运输方式使用的能源和二氧化碳排放量评估。许多种类的车辆和燃料的研究包括传统的汽油、柴油、压缩天然气（CNG）、乙醇 85 灵活燃料汽车（E85 FFV）、火花点火（SI）汽油混合动力电动汽车（HEV）、柴油 HEV、火花点火插电式混合动力电动汽车（PHEV）、柴油 PHEV、电动汽车、柴油车。亚特兰大都市高速运输管理局 MARTA 的清洁柴油公交车、压缩天然气公交车和铁路是亚特兰大公共交通的主要形式，所有这些运输方式都以井泵（WTP）和泵轮（PTW）的能源使用和二氧化碳排放量为基础进行评估（见图

8.3 和图 8.4)。由于低运量，MARTA 的公共汽车和铁路无论是在二氧化碳人均排放量还是在能源人均使用上都是最糟糕的。增加载客量能大大提升这些指标。其他的研究结果表明，电动汽车不收费，比传统的汽油车和柴油车要好得多，部分原因在于佐治亚州对古老的低效燃煤电厂的依赖。总体而言，插电式混合动力电动汽车

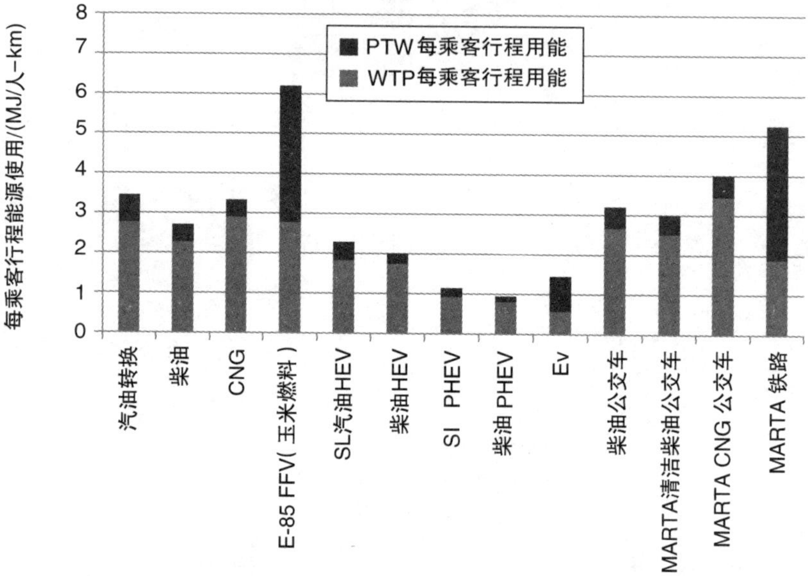

图 8.3 在美国佐治亚州亚特兰大市使用不同运输方式的人均行程的能源使用情况

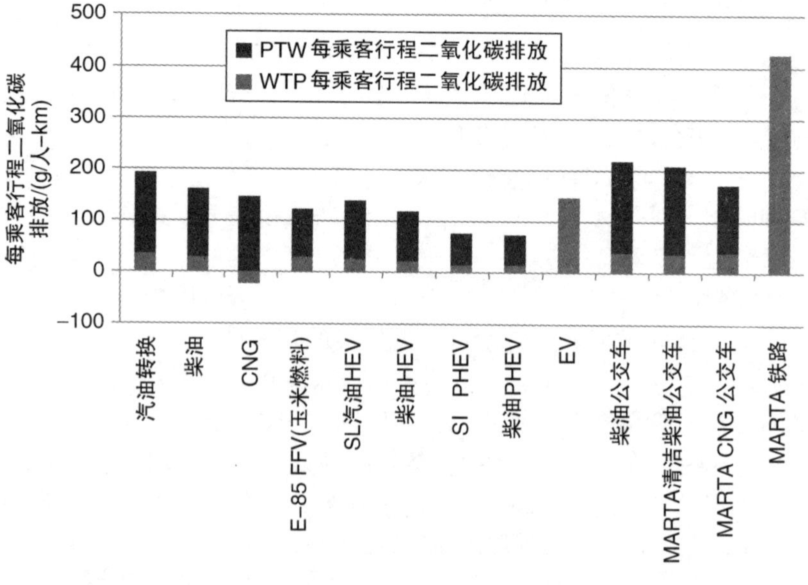

图 8.4 在美国佐治亚州亚特兰大市使用不同运输方式的人均行程的二氧化碳排放情况

使用最少的能源，人均二氧化碳排放量也是最低的。

亚特兰大效应的影响表明，除了汽车和燃料的其他变量以外，各种运输方式载客量的能源使用和二氧化碳排放量也很重要。规划发展、土地集约利用和城市交通的增长能显著提高可持续发展、降低对能源的依赖。土地利用方式影响交通模式及其效率。例如，紧凑型城市有利于步行、重轨和其他有效的公共交通工具。纽约市就是一个很好的例子，在那里停车费、煤气费和交通引导绝大多数的人口选择步行、坐地铁或乘坐公共汽车。一个相反的例子可能是亚特兰大，城市不够紧凑，无法让许多市民选择步行或使用公共交通。

8.5.3 水上运输

随着能源和土地利用，水也和运输联系起来。美国能源部[13]以及来自哈特（Harto）的 LCA 中的低碳燃料的数据[17]表明，石油消耗在 0.03 ~ 0.08gal/kWh 的能量/水之间[13]（见表 8.5）。天然气的生产采用了类似的量。尽管灌溉大豆生产生物柴油需要的水在 0.39 ~ 9gal/kWh。玉米乙醇的需求达到了 19gal/kWh，或 500 倍以上的油。从另一个角度来看，韦伯（Webber）[12]发现传统的汽油车每 100mile㊀消耗 7 ~ 14gal 的水，PHEV 则消耗 24gal 的水，而乙醇燃料的汽车则需要 130 ~ 6200gal。

表 8.5 各种运输燃料对水的依赖性 （单位：gal/kWh）

	低	高	
煤[13]	0.007	0.027	开采 + 洗涤
石油/油[13]	0.03	0.076	萃取 + 精炼
天然气[13]	0.01	0.01	处理提取
玉米乙醇[17]	1.26	19	假设美国 15% 的灌溉
纤维素乙醇[17]	0.13	0.431	无灌溉
纤维素乙醇[17]	16	19	灌溉
大豆生物柴油[17]	0.392	8.98	假设美国 4% 的灌溉
藻类生物柴油[17]	0.839	1.762	封闭
藻类生物柴油[17]	0.895	18.351	开放

8.5.4 密度的复合动力

城市密度获得很多可持续效益，通勤距离的缩短使公共交通四通八达。紧凑

㊀ 1mile = 1609.344m。——译者注

的生活也意味着建筑物距离水和能源的基础设施更近，减少了所需能源和材料的输送。通常情况下，在人口密集的城市地区，更复杂的电力和水网络有内置的冗余，可以补偿系统组件故障。最后，在热电联产、低影响开发的水利基础设施、提供休闲娱乐绿色空间等方面，密度为其提供异花传粉（Cross - pollinating）的机会。

8.5.5 就业机会、生活质量和税收收入

基础设施的关系超出了物理、功能、联网和环境架构，它也对一个地方的社会和经济福利产生影响。例如，重新考虑紧凑型城市设计的好处，大型私人住宅地段的土地不能由社会各界共同使用。另一方面，小型私人地段可保留大片可供休闲、野生动物栖息地和其他设施的土地，而且要有整体性。这些公共便利改进每个人的生活质量，创造一个更有利、稳定和创造更多就业机会的商业环境，同时提高价值。增加的税收收入再投入到基础设施的建设中，共同创建繁荣（见图 8.5）。

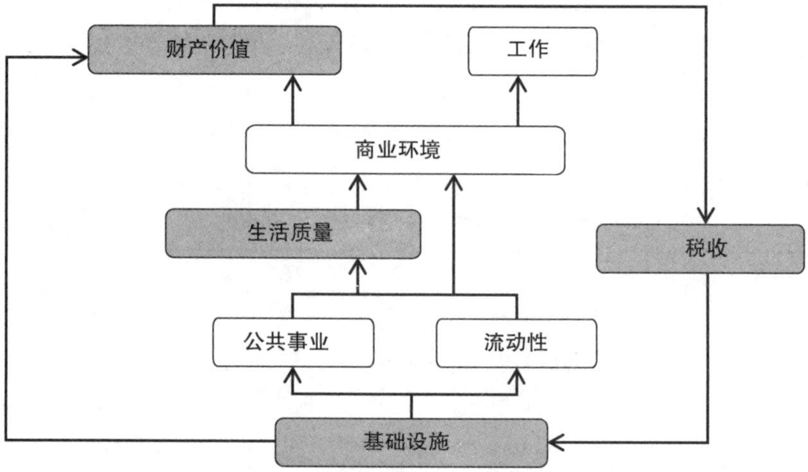

图 8.5 基础设施的改善和社会经济改善的直接关系

8.6 步入一个更加可持续发展的未来

8.6.1 水

雨水是不需要经过过多处理的清洁水来源，然而大多数城市目前尚不能有效处理这一资源。在大多数情况下，雨水流入城市或农村土地的表面或者分流到废水处理系统就受到污染。采用低影响开发收集和处理雨水（LID）技术带来了多种好处。首先从废水收集中分离雨水，其中一个立竿见影的效果就是用更少的水，而且在水处理过程中消耗较少的能源。减少废水流也降低了污水溢出流入表

面水域的风险。收集的雨水可以用于创建绿色空间、冲厕所、冷却或提供照明。下面就是一个可行的示例技术。

温哥华

温哥华市担心雨水和污水排入三文鱼生长的河流。[18]这个城市使用传统的分离和分散方法处理水，但后来发现集中雨水处理设施估计需要花费 40 亿美元，它们决定另寻出路。它们尝试采用 LID 技术开发和分散式处理来满足水处理的需求，同时也创造绿色空间、增加财产价值，预计增加 40 亿美元的税收收入。与此同时也解决了三文鱼生长河流的环境问题，并为其他野生动物改善条件，减少城市热岛效应。

污染控制的最佳管理措施

最佳管理措施（BMP）是控制水污染和水流的技术。这些技术落实到位，从土地转移到水源控制杀虫剂、除草剂、营养素和其他现有的污染物，比如药品和个人护理产品等新兴污染物。其中的一些技术可以简单地减少在用于耕作过程或农药使用的毒素量。一些结构技术包括滞洪区，这是暴雨天用来防止洪水泛滥的技术；另一技术是透水路面，让水流通过小孔流入，保持土壤中存有一些污染物。这些技术帮助管理雨水的流动，防止污水处理系统被淹没。它们往往依赖于像生物修复或湿地处理、清洁的水等天然技术净化水资源。这种天然技术耗能少、价格更便宜，是理想的替代品。

纽约

安全饮用水法案要求纽约市耗资 80 亿美元建立新的水过滤厂。由于资金问题，纽约没有使用未开发土地缓冲分水岭，而是发起了 BMP，与农业社区合作开发一个整体农场计划减少径流污染。利用低冲击开发收集和处理雨水技术减少雨水流量，并在该地区升级一些现有的下水道和化粪池系统。最终，这些举动取代了 80 亿美元的过滤厂，提高了娱乐用地、养殖业的经济效益，强化了农业径流、流域的保护。

屋顶绿化

绿色屋顶是指部分或全部覆盖植被的屋顶，它们增加城市的绿色空间、减少雨水径流、直接隔离二氧化碳、降低建筑能耗。它们可以以集中和广泛两种方式种在建筑物上。密集的屋顶通常是 8～12in㊀，厚重 $80 \sim 120\text{lb/ft}^2$㊁[20]。粗放的

㊀ 1in = 0.0254m。——译者注

㊁ 1lb = 0.45359237kg；$1\text{ft}^2 = 0.092903\text{m}^2$。——译者注

屋顶更薄、更轻（10~50lb/ft^2）。密集的屋顶通常建花园，但由于增加重量，必须更好地保养。粗放的屋顶不一定经常保养，但可以用较低的成本创造相同的效益。

本土植物

和外来植物相比，本土植物需要较少的水、肥料和杀虫剂。本土植物更适应当地的条件。由于适应自己的生长环境，它们不需要过多的保养，寿命也比其他植物长。另外，相对于生长缓慢的阔叶树植物，黄杨木和美国糖胶树具有优越的碳品质，能更有效地降低城市的碳足迹。

透水路面

透水路面是允许水通过地下回灌的路面，从而减少进入污水系统的降雨量。透水路面是一些大型、车流稀少场所的理想路面、如停车场、车道、自行车道和人行道。透水路面不仅减少雨水污水处理系统的负荷，也减少了养分和金属负载流量（分别为80%和90%）[21]。

基于成本效益分析，LID收集和处理雨水技术应该推行到每个城市，但并不是所有的城市环境都适合这项技术。但大多数的LID收集和处理雨水技术甚至是对传统的集中式供水系统和分散式系统都可提供额外的好处。运输和分配占水行业能源需求的80%[10]，分散式系统明显节能。此外，由于分散式系统水停留时间较少，水龙头出水的水质优秀。分散式系统和集中式系统相比，有较高冗余，增加了韧性。就是说，如果一个集中式系统出现故障，所有的客户都存在水供应中断的风险；当分散式系统失灵，附近的站点可以一直供水直到修好。

新开发的地区可以实现分散式供水。目前拥有集中式污水处理系统的其他城市不应该期待完全拆解基础设施。相反，它们应该考虑制定混合集中/分散模式。这可能是在快速增长的地区简单地增加分散式工厂，而不是扩大集中式工厂。而且LID收集和处理雨水技术，如雨水收集和低流量厕所减少污水处理厂的排放，LID收集和处理雨水技术和分散式系统同时奏效彼此增强。

8.6.2 能源

化石能源是有限的。正因如此，人们需要精明、有效地使用这些能源。改善运输、照明、机械、电力、供热、制冷的效率是一种策略。另一种策略也许是通过改变能源分布、加入可再生能源来重新设计能源系统并真正地开启多能源整合的计划。下面就描述了这样一个示例。

热电联产

发电消耗大量的能源，大约30%的能源投入用来产电供给消费者[23]。原油转化为电的过程中或分散在电网上损耗 70% 的能源。对于同样数量的能源投入，整合的热电系统能利用 85% 的投入能量（见图 8.6）。到 2030 年热电混合系统拥有为美国提供 20% 电力的潜能，这意味着每年可减少大约 2 亿 t 碳排放，系统也能每千瓦时平均减少 1/10 的氮氧化物（NO_x）排放[24]。芬兰赫尔辛基能源运用热电混合系统取得了巨大的成果[24]。1980～2004 年，硫氧化物的排放减少了 90%，这个计划也为芬兰节约了 600 万 t 煤炭。运用较少能量损耗意味着产生更少的温室气体，且随着气候如此剧烈地变化，减少气体排放是必要的。使用这样的系统发电，然后废热用于化学制造工艺、建筑物供暖或产生热水等各个领域，从而消除或减少能源和这些需求随之而来的环境影响[23,24]。

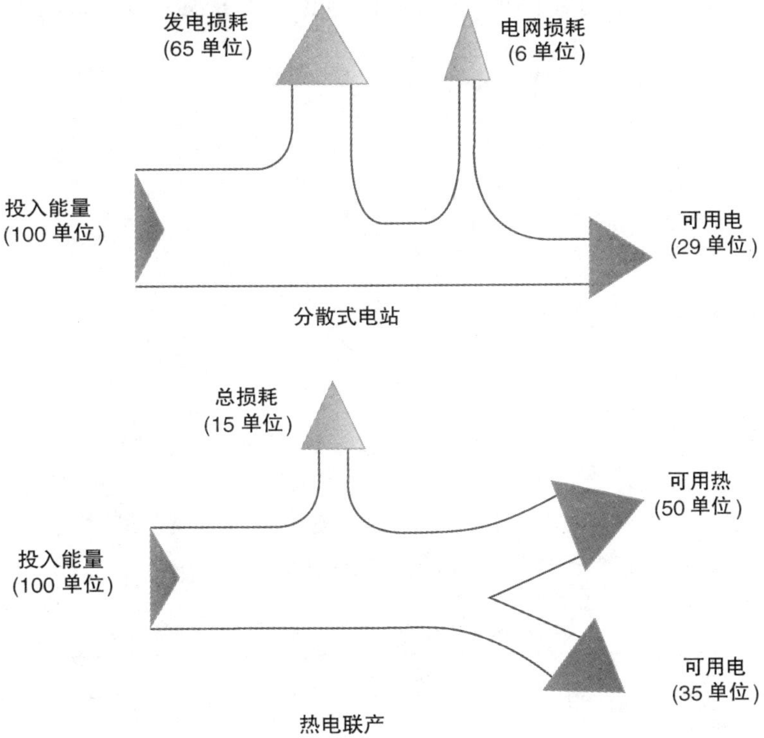

图 8.6　独立电力的能源利用和热电联产。由于热回收产生更多能量，独立电力系统的能量损失相当大

高效能源产品

在大多数情况中，简单地升级或更换能源消耗产品能提高效率，改善运行效果。当今即使制造低端的冰箱也会比 20～40 年前高效得多，短期回报也提供了更多的功能。但是当选择新的或更换原有的产品时，认证的能源之星产品使用的

能量比联邦标准要少20% ~30%[25]。符合条件的产品包括家电、电子、加热和冷却系统、照明、风扇、管道装置和建筑产品，如保温和屋顶。

光伏和其他的可再生能源

每天，太阳为生活在地球上的生物提供着超出其需要的能量。虽然大自然已经有效地收集了这一免费能源，然而人类所建造的系统也只能做到高成本效率(见图8.7)。将太阳能光伏时代与煤炭时代相比，表8.6展示出了各个资源的能量输出，包括水用、陆用、发电成本、员工成本在内的投资比率。虽然在较低的成本中仍然是煤炭占优势，但其他各项表明光伏是一项具有竞争力的选择。显然随着成本的持续走低以及煤炭变得越来越不受欢迎，光伏很快成为一个更好的选择。

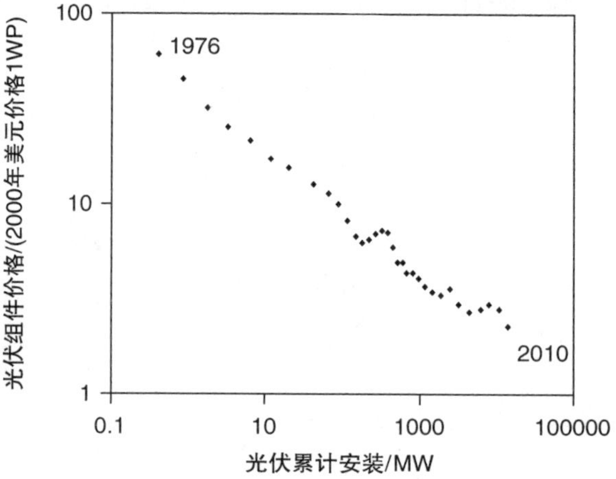

图8.7 每峰瓦光伏组件价格（2000年美元价格）随光伏累计安装兆瓦数的变化（1976~2010年）[27]

表8.6 光伏和煤发电比较

能源	光伏	煤
能源输出 能源投资[28]	9.0	5.0
水使用[29]	0.001gal/kWh	0.49gal/kWh
陆地使用	0.51kWh/acre① ［共振能量转移（RET）模拟屏］	690kWh/acre
隔夜成本[34]	4.75美元/kWh	2.84美元/kWh
总工作年限/GW h（平均）[32]	0.87	0.11

① 1acre = 4046.856m²。——译者注

风能、地热能、生物质能和水力发电正在变成越来越重要的可替代能源。比如，一项最近的研究表明，在美国水力发电拥有 29400MW 的发展潜力[26]，即使可再生能源固有的间歇性始终是一个问题。为了让这些可再生能源变得实用，需要开发大规模的廉价储能方法。这些方法应该包括各种类别的电化学组合、压缩空气和超导电磁储能，以及最早最少产能约束的、最流行的抽水混合蓄能。

分散式分布

除了电能产生的方式，也可以通过改变电力的分布来增加系统的弹性。固有的较小规模可再生能源发电，如光伏，意味着这些发电机可以在整个配电馈线的各个位置更容易被定位。微网是通过配电馈线分布到各个地区的支线来平衡发电机以及置于各地的负载而产生的（重合器类似于断路器，但并没有中断故障电流的功能，详见图 8.8）。把馈线从供给站的故障位置处分离，这样电网会保证支路仍旧能由其他的发电机供电，同时发电机故障也正在缓解。通过指标测量可提高可靠性，这些指标如 SAIFI 和 SAIDI（系统平均停电频率测量和持续时间指标）、CAIFI 和 CAIDI（用户平均停电频率和持续时间指标）和 ASUI 和 ASAI [平均服务（非）供给指标]。各方面指标（或复合指标）的改善，通常意味着更好的用户回馈，并能减少与重复停电相关的缩水损失，能够增加弹性余量。

例：分布式可再生发电：光伏发电

分布式发电站由小规模且分散式的电力能源系统组成，容量呈现多样化，通常是在几千瓦到几百兆瓦不等。为了分析光伏系统的各类微网对分布式电网的影响，需要精确且有效的系统分析算法。各类不同的影响可以通过适当的蒙特卡洛技术建模。

商业的光伏发电产业在 20 世纪 70 年代开始发展。尽管在过去的 40 年里，光伏组件的价格缩水了 70%，但通过光伏产业产生的电能仍然是太贵了以至于不能与其他传统能源相互竞争。在 80 年代初，美国政府的政策发生了变化，停止了对太阳能研究的资金支持。由于美国占有了几乎 80% 的全球太阳能市场，这使太阳能发展在全球范围内几乎处于停滞状态。2004 年，可再生能源占据了美国发电量的 9.8% 并占全世界的 18.6%。2008 年，中国在可再生资源装机容量上就处于世界领先地位（每年 598TWh 的电量是由可再生能源产出），2008 年全世界共有 3584TWh 的电量是可再生能源产出的，然而只有 12TWh 是由光伏发电站发出的。例如 16%（32887TWh）的电量是由混合发电站发出的。但是，光伏发电站已成为了增长最快的发电技术。光伏组件装载从 1986 年的 13%，匀速增长到 1996 年的 40%。潜在的增长也许能使光伏产业转变为一个 1000 亿美元的产业[35]。

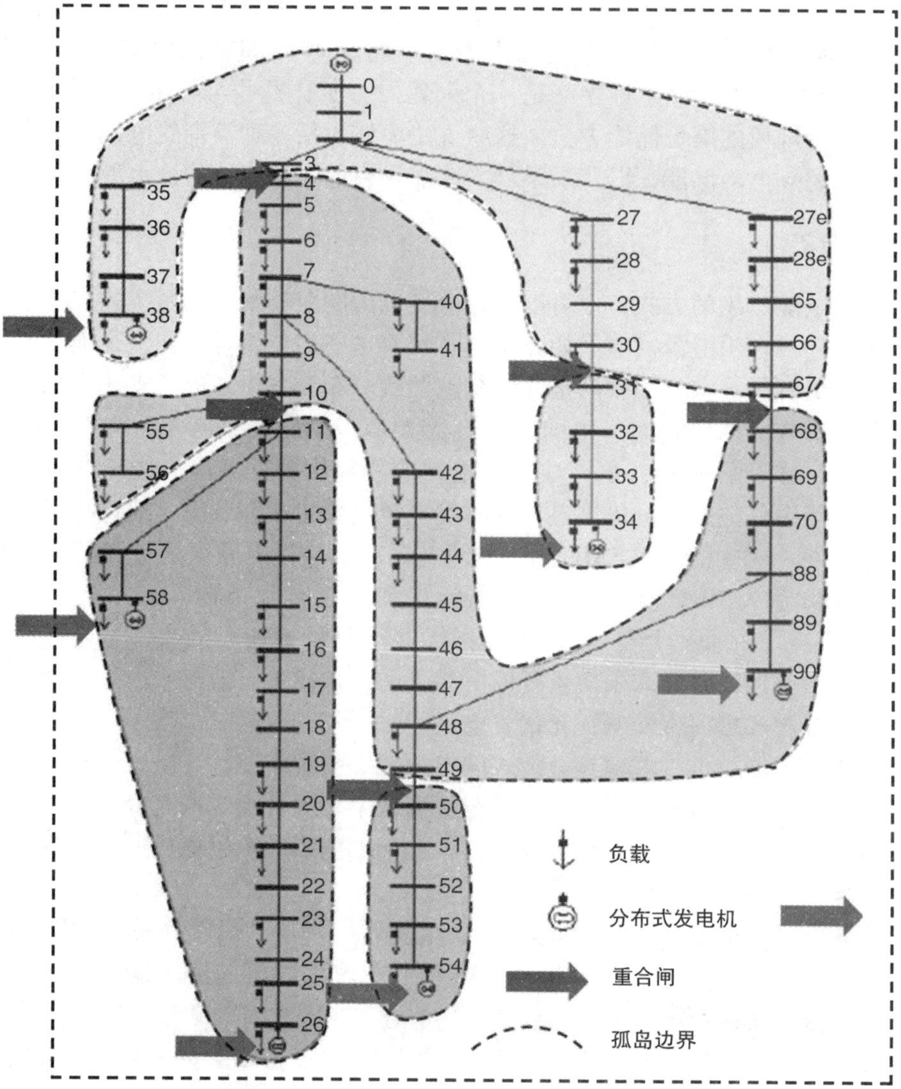

图 8.8 孤立的配电网的描述。该系统被分成多个区域：平衡分布式发电和负载（如由虚线和多种灰度显示）。有多个分布式发电机，每个岛在与其他区域临界的地方都装有重合器。允许各岛彼此切断以防干扰，保持网络的更大的一部分供给能量。一旦问题得到解决，孤岛系统可以自动地重新连接到电网（输电网）

从技术角度看光伏产业的扩张，电力设备并不急于建立其分布式电网与用户发电机（正如许多太阳能光伏装置一样）之间的联系（基本是由于运行上的原因）。实用的会将不实用的通过技术分析淘汰掉。相反，常规的机构通常会采纳有利于发电机所有者的措施，并支持这种联系使之变得更为简单可行。

光伏组件的主要对手是日趋增多的储能。图 8.9 显示了美国亚特兰大假定的光伏系统月发电输出年度预计。由于在同一支路上，光伏供电的容量范围是每年最大负载的 10% ~40%，图 8.10 展示了总的负载需求是怎样减少的，反映了这年在第 244 天系统运行的情况。如果分布式电机属于用户，应用的好处是在电费增长单上所体现的成本节约。如果分布式电网是属于公众的，好处在于避免了电力产品成为更令人们不满的更加昂贵的资源并减少输电与配电中的损失。这项优点意味着在两方面都能做到能源节约。

光伏发电系统的第二个影响是生态方面的影响。光伏的节能产出为减少碳排放（不是运用更有效的生态技术，比如煤炭、天然气）创造了机会。除了减少安装配电网络的有效负载馈线（从而也降低了输电网和配电网损耗），光伏发电也可以减少二氧化碳排放。它还可以通过避免热电导致水足迹减少水力发电和燃料减少，如煤、石油和热发电产生的天然气，见表 8.6。示例假设了光伏系统被定向为最大化有效的能源产品（如果主要的目标是削减最大负载的级别，那么将光伏系统向西推广是很有可能的，这样就能在最大化负载的时间间断使光伏输出激增）。

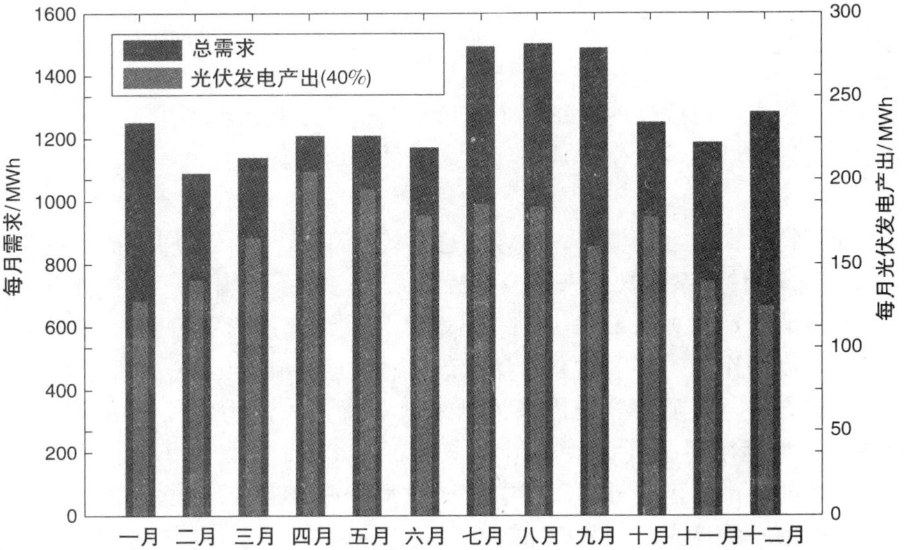

图 8.9　年度光伏发电和在典型的配电馈线上的负载需求。
假定使总的光伏容量等于峰值负荷需求的 40%

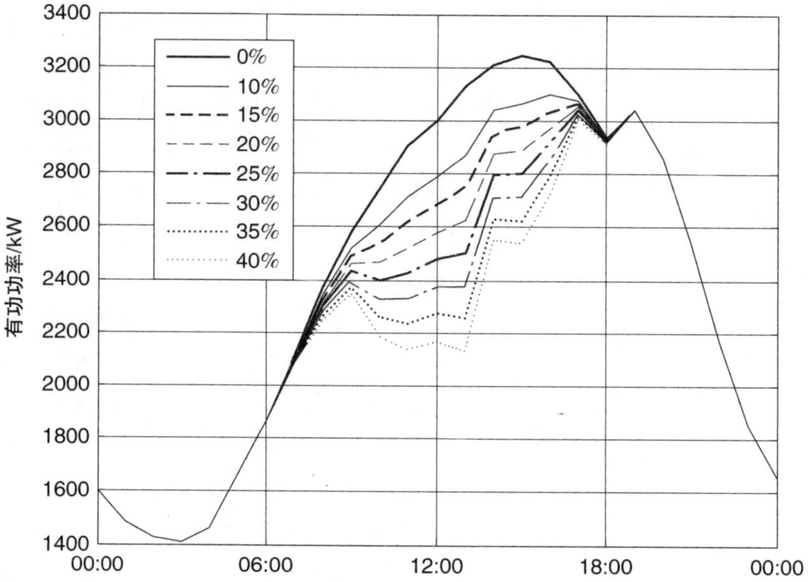

图 8.10 在一年中典型的一天光伏发电效果（横轴表示一天的时间）。假设光伏容量是每年最大负荷的 40%

理解总需求

当决定提高可持续性时，每一个城市都有一些因素需要考虑。输入必要数据构建一个合理的城市运行模式是一项巨大的任务，然而这样的模式也是一种有用的工具。

比如亚特兰大的运行模式，地理信息系统（GIS）工具是用于输入数据的基础设施。What if?^{TM}系统被用来模拟亚特兰大，这种系统用来展示各种基础设施在此区域里的稳定性。图 8.11 展现了 8 种不同用途。随着亚特兰大的持续发展，这种系统可以用作为了某些地方的合理布局而设计基础设施的一种工具。随着相适应的因素齐备，这项程序被用来预测未来亚特兰大的土地使用情况并预测了 2030 年的土地运用情况（即商业用地作为常备方案，见图 8.12）。这个方案旨在改善传统的城市的延伸方案，图中显示了大量的土地用于居民与办公中心扩展到远离城市中心的地方。图 8.13 提供了一组特别的比较，这是两种不同的增长方案中的一种：商业一如既往，预测到 2030 年呈紧凑型增长，这组比较使亚特兰大在应该如何发展上体现了不同之处，是需要更简洁的生活环境与更多未开发的地域还是需要持续进行城市延伸。

诸如 What if?^{TM}或 UrbanSim 这样的程序，都对未来给出了粗略的预计，但这些程序中的方案并不容易被用户接受。

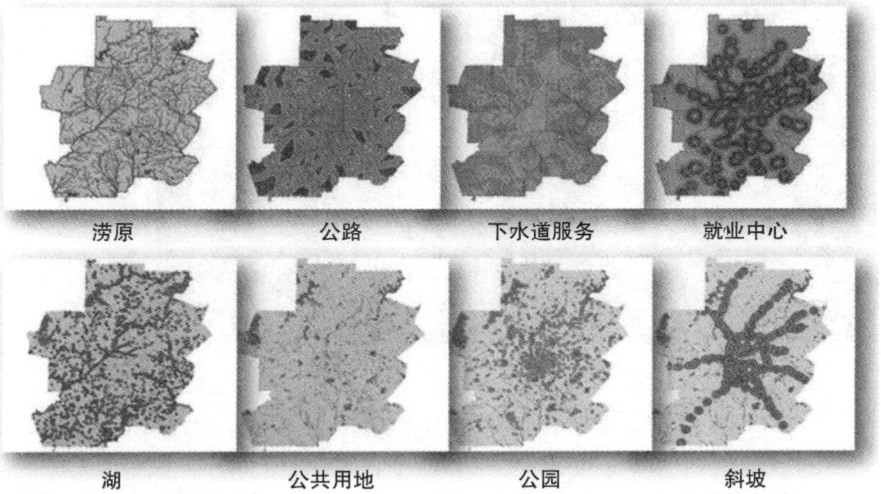

图 8.11　亚特兰大都市和县区图。以土地为基础，What if?™程序开发出适合不同类型的基础设施建设和土地利用（见封二彩图）

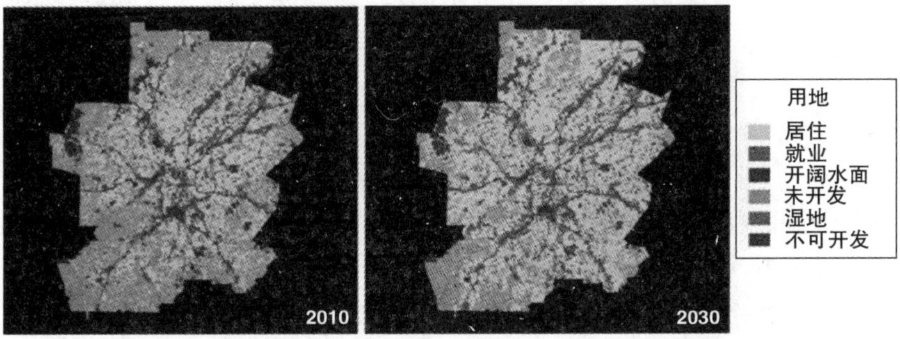

图 8.12　亚特兰大都市区 13 个县的土地使用权。What if?™软件提供的数据表明预期商业用地和以往一样。就业中心和居住区向外扩张了 20 年，只留下很少的区域未开发（见封三彩图）

迄今为止，公共设施计划已在各个不同方案中得到推广。这些方案适应了代理商所要求的趋势，也适应了代理商所服务的群体的要求。虽然，这个方案未能成为许多影响代理商决定的因素。但透过这一方案，以代理商为基础的模式构建了一个人们对不同限制与机会的反应的桥梁。比如说研究调查

图 8.13　2030 年亚特兰大地区的 13 个县市的潜在土地用途。这是依据 What if?™ 软件进行的模拟运行。显示了基于两种不同情况的开发比较：一切照旧和紧凑型增长。紧凑型增长表明，更多的土地未开发和住宅仍然都在城市附近，而一切照旧则显示土地扩张的增加（见封三彩图）

与行为分析可以用来研究一些算法，如人们对政策决定反应如何或人们对度量消费者意识的反应。这些反应虽然是由许多其他变量，诸如经济可行性、目前的基础设施状态或技术的可用性来磨练。建模可以提供许多解决问题的方案，这些方案事关整个城市的可持续发展。其中一些问题可以被列为以下方面：

- 人们愿意消费可再生能源的预期价格是多少？何种政策才能鼓励这种消费？
- 运输网络如何才能更好地设置，使公共交通更加有效，设定什么样的价格人们才会选择可持续的运输方式？
- 人们需要什么样的激励才能生活在一个更紧凑的空间？
- 如何来减少非可再生能源的消费？

以机构为基础的模式结合其他的建模工具，用来预测城市基础设施的需求，以及怎样建造与设计、应该用什么样的材料。

8.7　未来方向

在未来，有必要重新设计人类圈（人们居住的地方），以便人们可以通过各种自然方式生存：只运用可再生能源，大自然就能持续不断地供给人们能源，同时产生的废物大自然可以持续吸收。

未来的目标包括：

- 监控、建模、可视化并预测城市基础设施系统的应急性能和其抗压弹性。
- 了解资源和信息的流动，由于这些资源和信息通过城镇的新陈代谢体系移动。
- 为复杂系统的发展设计一个方案以便于城市综合系统的可持续发展。
- 整合人性视角和城市基础设施建设，产生社会可持续发展的政策和结果。
- 研究并发展可持续的水资源处理技术、材料以及能源产业。

致谢

作者感谢 Brook Byers 可持续系统研究所，High Tower 主席和佐治亚研究联盟所提供的财政援助。

感谢由美国国家科学基金会提供的赞助，赞助项目 grant0836046：EFRI - RESIN：能源与水供应可持续基础设施（SINEWS）。本书所及言论、发明、结论和建议只涉及作者本人，并不代表相关支持组织的见解。

参考文献

1. GreenBiz (2000) Why tackle the sustainability challenge? GreenBiz.com
2. Committee on Education (1987) Our common future, from one earth to one world. In: UN Documents: gathering a body of global agreements, UNO
3. Xu M, Crittenden J, Chen Y, Thomas V, Noonan D, Desroches R, Brown M, French S (2010) Gigaton problems need gigaton solutions. Environ Sci Technol 44:4037–4041
4. Toepfer K (2005) One planet many people. In: UNEP press release, 2005/27
5. UNEP (2009) Population division of the department of economic and social affairs of the UN Secretariat (2009). World population prospects: the 2009 revision and world urbanization prospects. United Nations Population Division, New York
6. Kintner-Meyer M (2007) Impacts assessment of plug-in hybrid electric vehicles on electric utilities and regional US power grids part 1: technical analysis. Pacific Northwest National Laboratory, Richland
7. Bruneau M, Reinhorn A (2007) Exploring the concept of seismic resilience for acute care facilities. Earthq Spectra 23:42–62
8. Carnegie Mellon University Green Design Institute (2008) Economic input-output life cycle assessment. http://www.eiolca.net
9. Ohio State University Process Systems Engineering Group (2009) Ecologically-based life cycle assessment. http://resilience.eng.ohio-state.edu/eco-lca/index.htm
10. Goldstein R, Smith W (2002) Water and sustainability (vol 4): U.S. electricity consumption for water supply and treatment – the next half century. EPRI Technical Report 1006787, EPRI, Palo Alto
11. Klein G, Krebs M, Hall V, O'Brien T, Blevins BB (2005) California's water-energy relationship. In: Integrated energy policy report proceeding (04-IEPR-01E). California Energy Commission, Sacramento

12. Webber M (2008) Catch-22: water vs. energy. Sci Am 18:34–41
13. US Department of Energy (2006) Energy demands on water resources. Report to Congress on the interdependencies of energy and water. US DOE, Washington, DC
14. Gipe P (1995) Wind energy comes of age. Wiley, New York
15. Kanter J (2007) Climate change puts energy into hot water. New York Times, 20 May 2007
16. US Energy Information Administration (2010) Annual energy review 2009. US Department of Energy, Washington, DC
17. Harto C, Meyers R, Williams E (2010) Life cycle water use of low-carbon transport fuels. Energy Policy 38:4933–4944
18. Engineering Services, City of Vancouver (2005) Crown street, sustainable streetscapes and fish habitat enhancement project. Engineering Services, City of Vancouver, Vancouver
19. USAID Water Team (2003) USAID water team case study in integrated water resources management. USAID, Washington, DC. http://www.usaid.gov/our_work/environment/water/case_studies_success.html
20. Culligan P (2011) Solving urbanization challenges by design – the science of green roofs. Columbia University, The Earth Institute, New York
21. Minnesota Stormwater Steering Committee (2008) The Minnesota stormwater manual: version 2. Minnesota Pollution Control Agency, St. Paul, pp 352–353
22. EPA (2011) WaterSense®: program accomplishments. http://www.epa.gov/WaterSense/about_us/program_accomplishments.html
23. Elliott RN, Spurr M (1999) Combined heat and power: capturing wasted energy. ACEEE, Washington, DC
24. UNEP (2005) Combined heat and power: clean and efficient energy production. United Nations Environmental Programme, Governing Council, http://www.unep.org/GC/GCSS-IX/Documents/FINLAND-combinedheatpower.pdf
25. US Energy Information Administration Database
26. Weise E (2008) The shape of lights to come? Not everyone's buying it. USA Today, 28 Feb 2008
27. Brown M, Gumerman E, Baek Y, Morris C, Wang Y (2010) Renewable energy in the south: a policy brief. Working paper
28. Pandit A, Jeong H, Crittenden JC, Xu M, Ariaratnam S, Begovic M, Bras B, Brown M, DesRoches R, French S, Georgakakos A, Karady G, Li K, Noonan D, Perrings C, Williams E (2010) Sustainable and resilient urban infrastructure design: a holistic approach. In: The 6th international conference on sustainable water environment, session 4.7: Infrastructure, Newark, DE
29. Gagnon L (2002) Life-cycle assessment of electricity generation options: the status of research in 2001. Energy Policy 30(14):1267–1278
30. Georgia Power (n.d.) Plant Branch. Retrieved from Georgia Power. www.georgiapower.com/about/pdf/Plant%20branch%20Brochure.pdf
31. Georgia Power (n.d.) Plant Branch. Retrieved from Georgia Power. www.georgiapower.com/about/pdf/Plant%20branch%20Brochure.pdf
32. Georgia Power (n.d.) Plant Robert W. Scherer. Retrieved 2010, from Georgia Power. www.georgiapower.com/about/pdf/Plant%20sherer%20Brochure.pdf
33. Georgia Power (n.d.). Plant Wansley. Retrieved from Georgia Power. www.georgiapower.com/about/pdf/Plant%20Wansley%20Brochure.pdf
34. US Energy Information Administration (2010) Updated capital cost estimates for electricity generation plants
35. Miroslav M, Begovic IK (2011) Distributed renewable PV generation in urban distribution networks. In: PSCE 2011, IEEE power systems conference and exposition, Phoenix
36. Borin S, Wang J, Thomas V (2009) City of Atlanta greenhouse gas emissions inventory. Report to the City of Atlanta, Atlanta
37. Westerhoff P, Crittenden J (2009) Urban infrastructure and use of mass balance models for water and salt. In: LA Baker, ed. The Water Environment of Cities. Boston, MA: Springer US, pp 49–68

38. Brown MA, Southworth F, Sarzynski A (2008) Shrinking the carbon footprint of metropolitan America. The Brookings Institution, Washington, DC
39. Scott C, Pasqualetti M, Hoover J, Garfin G, Varady R, Guhathakurta S (2009) Water and energy sustainability with rapid energy growth and climate change in the Arizona-Sonora border region. Report to the Arizona water institute (closed)

参考书

Agence France-Presse (2006) Heat wave claims lives in Europe, and hottest days are still to come. New York Times-Europe, 19 July 2006

US EPA Region 2 (2006) Report on the City of New York's progress in implementing the watershed protection program, and complying with the filtration avoidance determination. US EPA Region 2. New York City watershed team and New York State Department of Health Bureau of water supply protection. US EPA, Washington, DC

Tugend A (2008) If your appliances are avocado, they probably aren't green. New York Times, 12 May 2008

Klein G (2009) The water-energy-carbon footprint connection

Wei M, Patadia S, Kammen D (2010) Putting renewables and energy efficiency to work: how many jobs can clean energy industry generate in the US? Energy Policy 38(2):919–931

Bruno L (1931) Magic plates, tap sun for power. Pop Sci 118:41

Torcellini P, Long N, Judkoff R (2003) Consumptive water use for U.S. power production. NREL, Golden, p 5, Dec 2003

Annual Energy Review (2009) U.S. Energy Information Administration. US DOE, Washington, DC, p 230, Aug 2010

Lazard Ltd (2009) Levelized cost of energy analysis, version 3.0. Lazard, New Orleans, p 2, Feb 2009

第 9 章　可持续发展智能电网及政策框架的出现

Marilyn A. Brown 和 Shan Zhou

术语表

成本效益分析	成本效益分析是一种经济的政策评估方法。使用此方法分析与政策实施相关的预期成本和收益制成效益表，贴现未来值产生净现值。成本效益比率也用于评估现行政策或其他替代政策的制定。
需求响应	需求响应是一种减少顾客消费电力供应条件的手段。它不同于能源效率，包括使用更少的电力来执行特定的任务。
分布式发电	分布式发电需要生产许多小型发电能源设施（例如燃气轮机和太阳能光伏板），它有别于目前盛行的大型集中式发电设施。
上网电价	上网电价为可再生电力提供激励机制，各国政府和公用事业为可再生能源发电提供采购合同保障。随着技术发展和成本降低，个别电价可能会分时段定价。
自然垄断	当经济规模降低生产成本时，如一个公司可以以较低的成本比其他公司生产更多公共物品，这样就产生了自然垄断。通常自然垄断形成许多公共事业公司，包括电力、铁路和水力。
公共物品	公共物品具有非排他性和非竞争性。公共物品是昂贵的，不付费的人不能享受公共物品，而一个人对公共物品的消费不影响其他人的消费能力。自然防御和清洁的空气就是两个公共物品的例子。
可再生电力标准	可再生电力标准是一个政策目标，设定了可再生能源发电的最低要求。
可再生能源认证	可再生能源认证是可交易的能源商品。通常代表可再生能源发电产生的 1MWh 的电力。
分时段电价定价	分时段电价定价是指基于时间变化的电费，如高峰和非高峰时期。

智能电网的定义及其重要性

智能电网是一个电力网络，可以体现成本高效地整合不同类型的发电机，使消费者在管理电力需求方面、高水平的电能质量及系统安全中发挥积极作用[1]。政策推动智能电网，包括净计量关税和分时段定价；并网技术标准；补贴和目标；客户隐私保护法，规定可再生能源信用的所有权（见图 9.1）。

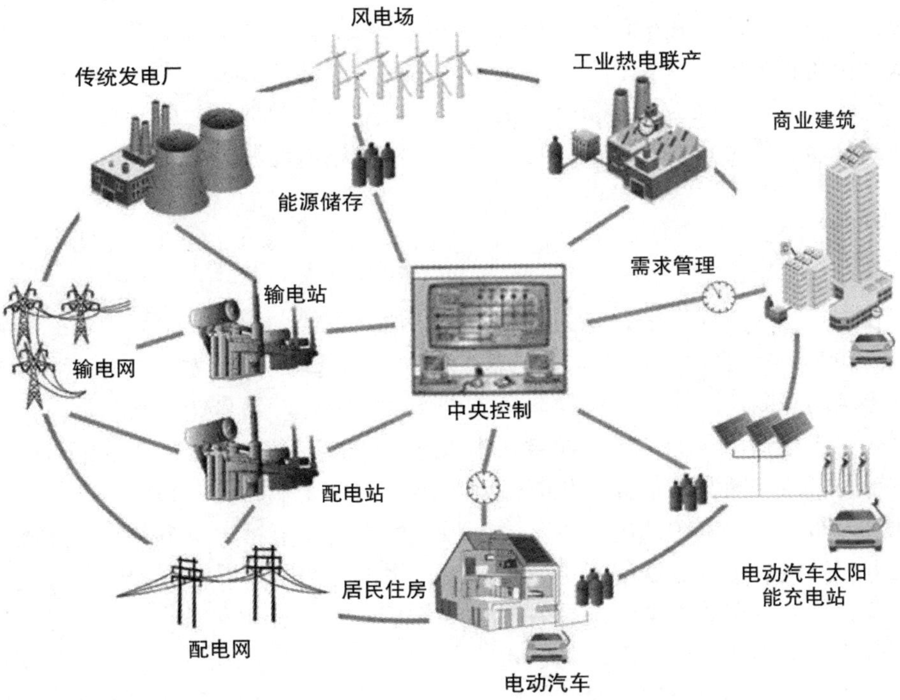

图 9.1　智能电网：未来的前景

- 智能电网是一种促进各种规模发电机的连接和操作的技术。分布式发电（DG）成本效益最近的改进已经强调了能力互连的重要性，公用事业国有资产分布式发电（如风电场和太阳能电场）以及顾客拥有的分布式电（如工业热电联产设施和建筑光伏一体化）。整合低碳和可持续能源资源是必要的，以减少电力系统供应的环境影响。
- 通过提供更多的信息和如何选择管理能源消耗，智能电网也使消费者参与优化操作系统。在智能电网技术和需求响应项目的帮助下，消费者可以自主减少他们在高峰时期的电力消耗量，从而减少发电成本、输电和配电投资[2,3]。持久关注石油安全和电动汽车的最新进展为智能电网可以支持电气化交通工具带来了希望。

- 通过积极的网络管理和自动响应，智能电网可以为持续增长的数字经济提供系统的安全性和可靠性以及高水平、高质量的电能。美国能源部（DOE）2008 年举行的智能电网执行研讨会强调了智能电网的预测能力、自愈方式应对系统干扰的能力、弹性抵抗自然灾害以及物理和网络攻击的能力[2]。

总之，智能电网提供了潜在的改善效率和支付能力，降低了环境影响，减少了对石油的依赖，保持了高水平电力系统的可靠性和持久性[1,4]。这些众多的好处包括两个关键的、积极的外部特性：气候变化的缓解和能源安全[137]。然而各种故障阻止智能电网获得快速和广泛的市场份额。因此随着智能电网技术的引入，出现了智能电网的推广策略。通过促进智能电网的部署，政府旨在保护公众利益为公众提供可负担得起的、可靠的和清洁的电力能源。

9.1 简介

在大多数工业化国家，电力基础设施的设计支持大型垄断、集中控制的电力系统。1990 年以前，大多数国家的电力系统由垂直整合（发电、输电和配电）高度管制的垄断。系统设计的逻辑依据是假设电力生产是自然垄断的，一个公司就可以完成整个市场的产量，而且成本低于其他所有竞争公司。在输电阶段，这个系统的自然垄断和持续监管仍然相对强劲，但自然垄断发电和分布削弱了引入小规模分布式电力资源的电力生产商。虽然由于引进市场竞争机制使许多国家地方配电和发电系统最近获益不少，主流的公用事业垄断在发电、配电和普遍反对消费者所有的分布式发电上继续发挥主导作用。由于其他障碍在本章后面讨论，因此智能电网仍然是一个新兴的技术。

智能电网是一个新兴技术，老化的基础设施、极端天气条件和恐怖主义攻击使垂直整合电力系统也变得越来越脆弱，大规模停电概率持续上升，高峰需求造成的大规模停电概率也持续上升，产生显著的经济损失。对于美国来说，仅停电中断成本每年就超过 1500 亿美元[4]。近几年中断越来越频繁，影响越来越多的人[4]。1987 年夏天，日本由高峰需求引发的停电影响了 280 万个家庭[5]。2003 年 8 月 14 日的停电影响美国 8 个州和加拿大两个省共计 5000 万人，估计总成本在 4 亿 ~ 100 亿美元[6]。2006 年，卡特里娜飓风袭击美国墨西哥湾沿岸造成 250 万用户停电[7]。

这些事件使越来越多的公众意识到电网现代化的必要性，然而过渡到智能电网需要实施政策来解决智能电网的部署和监管、数据访问和股权问题。

新的技术突破常常需要可行的发展政策框架。这就像医学界一直研究的干细胞和克隆一样，在运输业就像商业空间旅行和智能交通系统一样，通信行业类似于创建互联网和智能手机的广泛应用。所有的情况都必须确保政策框架，以创建智能电网的部署。因此，最近引入的智能电网技术已经出现新的智能电网政策。

本章首先概述智能网络部署的障碍，然后阐述推动程序，最后论述常见的鼓励智能电网投资的政策。然后转向对智能电网政策经验的回顾，以美国政策的分析和美国利益相关者的概况开始，以个别州和公用事业推出的电网政策举措为特点，对加利福尼亚州、佐治亚州、纽约州和德克萨斯州进行调研。本章还提供更深入地了解欧盟的智能电网政策，特别注重英国和意大利。为了说明在其他半球使用的智能电网政策，我们还描述了中国、韩国和日本的政策举措。本章结尾简要讨论未来的发展方向和结论。

9.1.1　智能电网部署障碍

全世界的利益相关者都普遍认同电网现代化的重要性。尽管许多智能电网发展需要技术，可如今，广泛地部署这些技术仍然是有限的。有效的政策促进电网的演变，有利于解决智能电网的部署障碍。下面将对到目前为止已发现的壁垒做一个简短的描述。

高成本：大笔费用是智能电网部署的最大挑战之一[8]。像许多其他绿色技术一样，部署需要大量的初始投资，但多年来还没见到由此产生的效益[3]。如果成本收回无时间表、智能电网投资无先例，公用事业和决策者都不愿投资智能电网技术[8]。

技术风险：实现智能电网需要升级整个电力系统。巨大的技术挑战是处理现有新技术基础设施渗透的潜在影响[8]。发展这样一个集成的系统也要求广泛的技术，特别是先进的计量基础设施技术（AMI）和具有成本效益的能源存储系统[8]。此外，从政策的角度来看，制造商以及与智能电网技术要求相关的不确定性需要高度灵活的规则来指导其发展[8]。

监管和垄断结构：世界上大部分的电力市场仍是自然垄断行业。典型的公共事业业务模型基于协商的回报率，充分恢复公用事业的资本投资[3]。由于它们的利润与销售额挂钩，公共事业用财务激励最大限度地提高电线电的吞吐量，因此它们往往不愿意采用提高供电效率的技术。此外，回报率监管要求实用率设置提供一个“合理”的投资资本回报率，并且公共事业必须证明增加的成本效益投资的合理性。由于监管者没有完全理解许多与智能电网相关的社会利益，导致公用事业承担所有的费用，因此很少有动力投资于这些技术。

从消费者的角度来看，目前的设计速度并不反映电力生产的边际成本或电力批发市场的条件，进而阻止电力市场的参与需求[9]。没有一个合适的定价机制，客户只接受一个月末账单往往不会对智能电网技术或最终用途感兴趣[10]。

在目前的政策方案指导下，智能电网技术和传统监管的电力系统竞争相比呈现劣势。为了确保系统可靠性、公用事业公司和监管机构常常构成严格的识别规则。现有电力供应商和配电（输电）公司机制抑制智能电网的部署障碍，提高电力市场的竞争潜力。

缺乏一致性的政策在不同级别的政府阻止有效的跨区域合作和一体化[9]。规范和标准的发展往往滞后于发展智能电网技术的发展，因此仍需要更多的努力来创建通用标准促进智能电网设备的互操作性和兼容性[9]。

信息不完全：许多消费者仍然没有看到智能电网的好处，他们也不了解相关的社会和经济成本和今天过时的电网系统。公用事业和政策制定者可能在确定和客户沟通智能电网好处的过程中起重要作用。

隐私和安全问题：许多能使智能电网展开的技术，比如智能电表和传感器，增加了智能电网的脆弱性，使其更易受网络攻击[3]。参与者的数量和分布发电机在电力系统的增加，增加了安全问题的复杂性[9]。消费者隐私的保护和智能电网发展之间的紧张关系在隐私保护规则方面也会带来更多的挑战。一方面，客户和智能电网服务提供商获得能源消耗数据以优化智能电网技术的使用是至关重要的；另一方面，消费者隐私保护可能是有利于目前的公用事业，这些公用事业控制着仪表和数据，因此对新智能电网成员进入市场造成了障碍[10]。

9.1.2 智能电网推动

除了障碍，还必须考虑有效的推动政策，促进智能电网技术的投资。在过去的几十年里，电力市场和技术已经经历了快速成长和发展，并且越来越注重可靠性。对清洁空气的渴望促使人们利用可再生资源、对石油的依赖促使人们使用电动汽车，这些都激起人们对智能电网的兴趣。

电力需求的增长：根据国际能源机构（IEA）能源技术展望 2010 年基线方案[11]，全球电力需求预计 2007 ~ 2050 年的增加超过 150%。建模结果表明，基于目前高水平的需求，发达国家呈适度增加而发展中国家如中国和印度出现高增长率[11]。

电力需求也因时间和季节而异。通常在白天有几个高峰期，一年中最大负荷通常是在夏季和冬季（见图 9.2 和图 9.3）。由于家用电器的快速发展和实时价格信号的缺乏，高峰需求稳步增加。自 1982 年以来，高峰电力需求增长，在美国已经超过输电系统的增长每年近 25%[4]；2009 ~ 2019 年，美国的高峰需求预计将以平均每年 1.7% 的速度增长[12]。由于存在不可预见的故障，越来越多的需求高峰强调电力系统需要更多的储备裕度。通过支持分时定价机制和需求响应项目，智能电网技术可以帮助减少需求；整合可再生分布式发电机可以提高电力供应的效率。

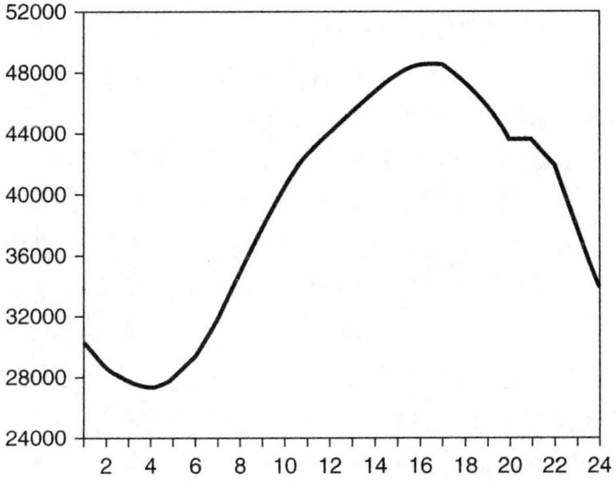

图 9.2　2005 年 7 月的加利福尼亚州负荷曲线（MWh）

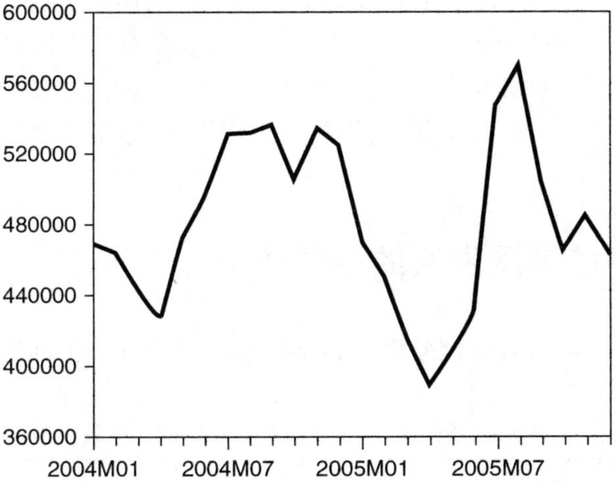

图 9.3　加利福尼亚州对电力的日需求量（MWh）[13]

能源价格调整和电力可靠性问题：石油价格的上涨已经对长期电力市场的不确定性提出警示。根据美国能源部的参考和高油价展望，世界石油价格预计将从 2009 年的 59 美元/桶增长至 2035 年的每桶 135～210 美元/桶[14]。许多国家正在应对油价上涨的趋势，从增加发电、选择更经济的资源到减少交通业对石油的依赖。

同时，老化的基础设施变得越来越容易停电和面临满足新需求的挑战。20 世纪初，许多发达国家的电力系统在很大程度上基于设计要求和技术发展。供电故障造成的巨大经济和社会损失激励人们努力提高供电的可靠性。电力不同于其他的能源产品，因为它不能大规模存储或在全球层面交易。电力生产和消费高度依赖于电网基础设施，因此必须不断监视和控制，以防止大范围的电气服务中断。智能电网技术，如传感器和智能电表允许公用事业基于实时信息监控网络系统，实现更多的需求响应项目和分布式可再生能源发电。

气候变化和洁净空气的困扰：与能源相关的人类活动是温室气体和空气污染物的主要来源。2009 年，美国的电力行业排放 21.6 亿 t 二氧化碳、2400 万 t 氮氧化物和 597 万 t 二氧化硫[15,16]。2009 年，电力和运输行业是最大的碳排放行业，分别占美国排放总量的 39.8% 和 34.1%[15]。许多国家已经制定了低碳减排和可再生能源发电的目标以对抗气候变化，这就需要大量更改当前的电力系统。智能电网可以充分利用低碳减排在能源领域改善空气质量，因为它鼓励低碳发电和运输系统，并且可以在传输过程中减少排放。

可再生能源与电动汽车的开展：努力对抗气候变化使得环保发电和运输技术快速发展。截至 2007 年，全球可再生能源发电达到 18.4%，到 2035 年这一数字将增加到 22.7%[14]。交通运输部门也正在经历一场电气化革命，预计到 2050 年消耗总发电量的 10%[11]。由于电动汽车重获市场份额，这也使得传统的电网基础设施很难提供可靠和稳定的电力服务[11]。可再生能源和电动汽车充电的间歇性必须管理智能化，以避免供应故障，这样就能为智能电网发展提供一个极好的机会。

9.2 促进智能电网发展的各种政策

本节概述主要的智能电网政策。目前的政策解决许多上面所提到的障碍，并与许多关键驱动一致（见表 9.1）。

表 9.1 解决故障和杠杆驱动的智能电网政策

	故障					驱动			
智能电网策略	高成本	技术风险	调整和垄断结构	信息不全	隐私和安全	电力需求的增长	能源价格升高和可靠性困扰	气候变化和清洁的空气	可再生能源发电和电动汽车的部署
净计量	×	×	×			×	×	×	×
互连标准	×	×	×	×	×	×	×	×	×
动态价格	×		×	×		×	×		×
智能计量目标			×	×		×	×	×	×
可再生能源补贴和规定	×	×	×			×	×	×	×

9.2.1　净计量

净计量允许用户使用电能表来测量流入和流出的电能，从而使他们的发电机能够与公用电网互连。使用净计量，用户可以使用现场发电设施，以抵消电能消耗并以零售价格出售多余的电能，鼓励部署用户拥有的分布式能源系统。通过允许公用事业公司回购剩余电能、净计量有助于克服分布式可再生能源设施所有者面临的经济障碍。回购价格是由公用事业监管机构制定，以反映电力输送到电网的价值，因此可以因地区而异。在美国一些州，如加利福尼亚州，净盈余补偿政策与国家的可再生能源政策密切相关，它包括所有权的规定、可再生能源可靠性和如何购买剩余电能的规定[17]。

净计量的额外政策目标包括多样化的能源、提高系统可靠性、减少环境影响和分销成本以刺激经济的发展[18]。净计量已经广泛应用于美国和加拿大。根据美国2005 年能源政策法案，要求所有公共电力公司为其客户提供净计量服务[19]。截至2011 年6 月，美国43 个州已经采用净计量政策[20]。

净计量通常需要公用事业公司向符合条件的客户提供净计量程序和设计净能量计量关税计划，赔偿客户净计量程序因地区而异。资格标准通常是由部门（例如，住宅、商业和工业）、可再生资源的类型［例如，太阳能、风能和热电联产（CHP）］和发电量（例如，小于10kW 或高达1MW）界定。净计量规则常由政策制定者更新，以满足市场的需求和优先事项。总的来说，这一趋势增加系统容量上限，如纽约和马萨诸塞州[21]拓宽符合条件的可再生资源。

9.2.2　并网规范

分布式发电系统连接到电网时，公用事业建立统一的互连标准流程和技术要求。电网允许分布式发电系统的开发人员预测成本和时间，并确保互连过程的安全性和可靠性。技术要求通常包括协议和标准、指导发电机如何与电网连接、从系统容量限制、发出电的类型、为达到可靠性目的所需的互连设备的类型到符合条件的发电技术类型。互连政策还包括简化和标准应用、连接和操作程序，从而可以减少不确定性和客户在获得入网许可时，避免时间延迟。例如，规定中特别指出小型系统付费和获得申请后有资格简化互连工艺。

政府和非政府组织广泛开发和采用互连标准。到2011 年，美国有42 个州采用互连政策[20]。美国联邦能源监管委员会（FERC）制定的互连标准程序最多发电2MW，发电机可以达到2 ~20MW，连接到电力公司输电系统的发电机可以大于20MW[22]。其他的组织像公用事业监管专员协会（NARUC）和国际电气工程师协会（IEEE）也开发了适用于分布式资源的互连标准[23,24]。

9.2.3 智能计量指标

智能电表是一种设备，它可以测量实时用电量同时把交流的信息反馈给公用事业公司。它通常涉及的技术包括实时或接近实时传感器、停电通知和电能质量监测。智能电表结合动态定价，是促进价格响应需求和电网成功必不可少的工具[25]。智能电表策略被广泛采纳，为公共事业公司建立智能电表部署计划，包括时间表和安装智能电表的类型和数量。有时，要求公共事业公司对提出的智能计量项目进行成本效益分析（CBA）。

9.2.4 需求响应和动态定价

电力需求响应的定义可以是一种变化，即终端用户使用正常的消费模式应对随着时间推移的电价变化做出反应，或是一种奖励，即在市场批发价格高或当危及电网的可靠性时，奖励旨在促使降低用电量[26]。电力公司和其他利益相关者提供了许多类型的需求响应项目，如动态定价、折扣高峰时间、直接负荷控制和可中断负荷。需求响应项目有助于减少峰值负载。以美国为例，截止到 2010 年，500 多个实体报告提供的需求响应资源超过 58000MW，或 7.6% 的峰值需求[26]。

作为一种最广泛的实现需求响应的程序，动态定价是以市场为导向的方法来提高电力市场需求反应。基本想法是向用户提供准确的价格信号，让他们决定是否以更高的价格继续消费或用电高峰时期减少用电。动态定价模式下，电力公司基于不同的利率、发电成本和电网条件收费不同，因此客户接触到某种程度的电价波动。

这里列举了很多动态定价策略，最常见的包括应用分时段定价、临界峰值定价还有实时定价。

- 分时段（TOU）定价。在实际中，不同时间段发布的电价是不同的。电价在峰值阶段高于低谷阶段，从而鼓励消费者将用电时间转移到低价时段，从而降低峰值阶段的用电需求。通常情况下，每年调价 2～3 次以适应批发市场的变化，然而在无法预知天气和设备损坏的情况下不适合分时段定价。
- 临界峰值定价（CPP）。在税率结构方面与分时段定价相似，但是这种定价方式会在市场平均汇率的基础上加一个税点。“关键高峰小时”是指在一年里有限的几小时，电价上升到能收回全部发电成本的水平，而在其他时间电价比这个时期低。在一年中会有一段临界峰值定价的日子，公用事业公司会提前通知用户。

● 实时定价（RTP）。定时定价反映了每小时或更短时间间隔电力的边际成本，从而可以在时间周期开始时或提前宣布。使用实时定价可以捕捉批发市场最真实的变动，但用户几乎没有时间来应对价格变化[27]。过去十年的技术革新增加了消费者对于使用实时定价的反应，消除提前通知价格和更准确的价格信号之间的冲突，从而使实时定价应用更多[27]。

相比于扁平率定价方案，对于促进能量安全动态定价更具效率。这里有这样的误解，消费者觉得因为动态定价，可能会使电费更昂贵，也有一些争论是关于消费者对于定时定价不够敏感[28]。调查显示，住宅消费者降低电量消费来应对电价上涨，而且分时段定价和临界峰值定价会诱导降低峰值需求[29]。也有经验表明，大部分低收入消费者从动态定价中节约花费，而不是受其负面影响[30]。然而由于社会政策，动态定价会带走扁平率定价提供的补贴，但实际上这也阻碍了能源保护[28]。

启用动态定价方案需要部署先进计量基础架构（AMI），会有100～200美元/m的花费。这些花费会从简单的操作上弥补回来，同时也能在降低峰值载荷上获益，避免额外的发电设施资本投资[31]。例如，和美国峰值需求减少5%相关的每年长远利益预计为30亿美元，在20年的时间跨度中折现值达35亿美元[31]。

9.2.5 可再生能源补贴和规则

可再生能源是智能电网不可或缺的部分。政策制定者已经制定了财政和监管政策，鼓励利用可再生能源发电，如上网电价（FIT）和可再生能源发电标准（RES）。

在鼓励可再生能源技术部署和扩大可再生能源发电方面，上网电价在全世界使用最广泛。上网电价为可再生能源的发出和输送提供了长期保证。政府通常会根据发电装置、系统容量、工程地点的不同按每千瓦时定价，税收也会因奖励政策而降低。截至2010年，75个行政区制定了上网电价规则，其中包括发展中国家，像中国、印度、坦桑尼亚和肯尼亚[32]。上网电价创造了一个开放且直接的框架，它不但确保售电收入的长期稳定，也降低了社会发展可再生能源的风险[33]。截至2008年，上网电价已经参与调度全球75%的光伏能源和45%的风能[34]。

可再生能源发电标准设定可再生能源发电或装机容量最低百分比。大部分可再生能源发电标准政策要求到2020年可再生能源发电占有5%～20%的份额。为了达成可再生能源发电标准目标，允许实体交易可再生能源证明，每个证明书代表和证明了每一部分可再生能源发电。截至2010年，全世界10个国家和46

个州/省级政府已经实施了可再生能源发电标准方案[32]。

9.2.6 其他

为发展小型电网制定了很多其他的规则，比如消费者保护规则和能量存储政策。消费者保护规则在为消费者和提供者创造一个平等市场中起了一个十分重要的作用[10]。通常情况下，这种类型的策略包括强制披露声明、合同条款及条件，这些政策可以帮助消费者更好地理解小型电网服务。政策的制定者也制定规则来规范顾客的个人信息、电力设施、用户以及第三方的耗电数据。通常情况下，公共事业公司必须通过用户批准才能把资料发给第三方。

相关政策包括能量储存技术的消费恢复模型、鼓励私人投资还有存储能量与电力交通工具的连贯性[35]。加利福尼亚州是少数几个完全能够接受能量存储政策的州之一。该政策给发展带电能存储装置的电网制定了强制要求。电力设施必须建立等于或大于装机容量的电能存储设备。

其他政策包括小型电网技术标准、顾客隐私保护法规、可再生能源拥有者信誉管理、小城市政策。正如图 9.4 中所提到的，这些政策囊括了本地和世界范围。

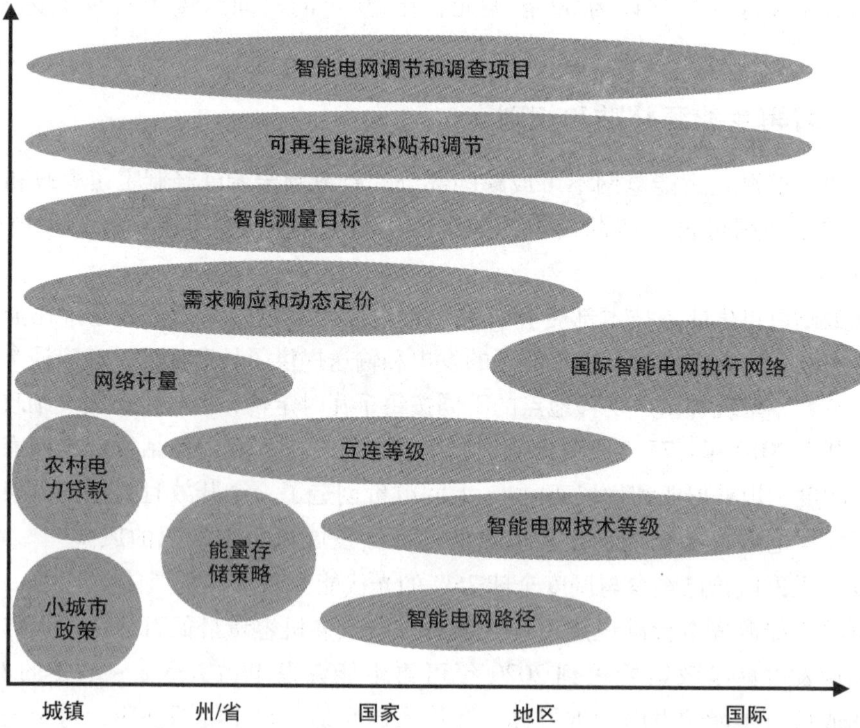

图 9.4 智能电网政策：本地及世界范围

9.3 美国的小型电网政策：联邦效应

美国已然成为追求低碳经济的先驱。美国政府意识到，一个更智能、更现代化而且更广泛的电力系统可以奠定美国在未来世界清洁能源领域的领先地位[36]。

联邦和州的政策发展正在促使电网迈向 21 世纪。本节首先总结了联邦政府主要的政策努力，便于利益相关者分析美国智能电网的政策制度。

9.3.1 智能电网的立法和政策背景

2005 年，议会通过了 2005 号政策法案，指导公用事业监管者考虑本州的定时定价和其他形式的需求响应[19]。2007 号能源独立和安全法案（EISA）是美国输配电系统现代化的重要立法。能源独立和安全法案第 8 条命令能源部建立智能电网咨询委员会和智能电网特别工作组以评估智能电网部署的影响，并在智能电网技术的研究、开发和示范方面起表率作用[37]。它也要求美国国家标准和技术研究院（NIST）发展智能电网的协调框架，从而给智能电网技术提供原型和标准。

2009 号美国复苏与再投资法案（ARRA）通过拨款 45 亿美元发展输电和努力建设能源可靠性来加速发展智能电网技术[38]。公用事业公司及其他投资者可以申请激励补助以支付高达 50% 的智能电网技术资格的投资。迄今为止，智能电网投资补助（SGIG）共有 99 个接受者，总的公共投资额达 35 亿美元[39]。表 9.2 显示了恢复法案授权项目总的义务和获奖者。

表 9.2　恢复法案概述[39]

项目	总债务/百万美元（2009 年）	受奖励者数量
智能电网调查补助	3483	99
智能电网区域和能量存储部门	685	42
劳动力开发部门	100	52
互连输电规划	80	6
恢复国家援助法案相关的电力政策	49	49
增加国家能源保险	44	50
增加本地政府能源保险	8	43
提出标准和框架	12	1

根据政策方向推出了重要立法，联邦政府在 2011 年 6 月发布了“21 世纪电网政策框架：确定人们未来能源的安全”[36]。这一框架表明的政策主要部分是：为达到国家全部电网设备现代化制定的 4 个目标：确立高效消费智能电网调查、发扬电力部门的创新潜能、授权消费者使他们做出明智的决定、让电网更安全[36]。

9.3.2 政府部门的作用

联邦政府承诺，电网现代化会对许多联邦部门和组织起到鞭策作用。美国能源部领导国家探索、发展、示范智能电网技术，美国联邦能源监管委员会和美国国家标准和技术研究院积极从事于智能电网技术标准的发展和启用。智能电网的调度与许多其他部门紧密相关，例如环境保护部门的清洁能源和气候改变调查、国家安全和部门防御会对电网的安全特别关注、商业部门的关注和清洁能源技术的创新。表 9.3 是美国政府部门提出的一个责任总结。

表 9.3 美国政府在智能电网发展中发挥的作用

机构	责任
美国联邦能源管理委员会（FERC）	通过其规定的输电和批发销售促进智能电网的发展； 批准和执行大电力系统强制性标准的可靠性； 采用互操作性的标准和协议； 给智能电网的发展提供引导
美国能源部（DOE）	实施智能电网恢复法案资金； 对智能电网技术和政策的研究与开发； 监控智能电网发展的进展
美国农业部（USDA）	在农村支持电网现代化； 为生产、运输、构建可再生能源提供贷款
美国国家标准和技术研究院（NIST）	为智能电网技术提供标准； 与生产企业交流让它们接受新标准
智能电网工作组	与政府联系，增强意识与智能电网相关的活动
州公共事业委员会	为智能电网立法，例如：智能电网标准； 动态价格方案； 净计量和互连的要求

很多股东，包括电力设备、消费者还有制造商、政府都参与智能电网部署。

让每一个股东明白智能电网部署的影响是十分重要的，在智能电网的决策中，每一个潜在的影响都十分重要。表 9.4 是股东关于美国智能电网的分析。

表 9.4　股东分析智能电网政策

股东	利	弊	主导地位	智能电网潜在影响
联邦政府	就业机会、清洁能源、经济竞争力、能源安全、可再生能源发展、减少排放	智能电网示范研究项目成本、不愿选择技术赢家	非常流行	高
国家立法机构和公用事业委员会	就业机会、能源安全、可再生能源发展、减少排放	智能电网的投资成本回收、网络攻击的脆弱性	非常流行	高
电力部门	减少峰值负荷、增加电网稳定性、提高操作效率	降低电价、高负载网络脆弱	中等	高
可再生能源智能电网制造商	增加技术和产品的价格	无	非常流行	中
普通能源公司	无	降低了化石燃料的销售	不流行	高
环境部门	减少了污染和温室气体	无	非常流行	中
消费者	更好的能源计划、降低了新产品和服务的账单	增加过高投资的风险	中等	低

9.4　美国智能电网政策：国家和地方的努力

根据不同的需求、监管环境、能源资源以及不同州的遗留系统，智能电网部署的规模和宽度自然而然会有所不同。分散的智能电网发展工作提供本地的灵活性和激励实验以及政策设计和实施的创新。因此，在国家和地方两个层次检查智能电网政策的发展是很有用的[138]。在本节中，选择美国 4 个州进行深入的调查：加利福尼亚州、佐治亚州、纽约州和德克萨斯州。

9.4.1 加利福尼亚州

加利福尼亚州是在美国智能电网技术部署方面排名靠前的几个州之一，其政策力度将在下面详细讨论：

- 净电能计量电价

根据加利福尼亚州公用事业法典第 2827 条，除了洛杉矶水力部门以外，在加利福尼亚州的全部电力公用事业都需要向安装小型太阳能和风能的用户提供净能量计量（NEM）电价，同时投资者拥有的公用事业发电设施也需要为沼气和燃料电池用户发电机提供新的电价[40]。净电能计量电价适用于符合条件的设施（1MW 及以下），如住宅、商业、工业和农业部门。符合条件的用户，发电机累计发电量不超过电力总用户需求高峰的 5%。

因发电超过现场负载，净电能计量电价用户可以从公共事业公司得到赔偿。净计量多余的电将以零售率的形式记入用户的下期账单。到 12 个月结束时，用户可以选择无限浮动利率信贷或获得经济补偿信贷，其税率由加利福尼亚州公共事业委员会（CPUC）确定。

可再生分布式发电设施所有者拥有与其发电设施相关的可再生能源证书，但公用事业公司也可以通过补偿客户多余的电力获得可再生能源证书。

- 并网标准：规则 21

1999 年，加利福尼亚州能源委员会制定法规来解决互连互通问题[41]，成为了第一个执行这一策略的实用委员会。为了与 ANSI/IEEE 的互连标准保持一致[42]，对由此产生的规则 21 不断进行修订。规则 21 规定分布式发电设施符合标准的互连操作和计量要求。申请人支付 800 美元的初步审查费和 600 美元的补充审查费之后公共事业公司才能评估发电设施的互连。对于不能通过简化互连连接到公共事业公司配电系统的发电设施需要必要的研究和额外费用。规则 21 免除符合条件的用户净电能计量，根据公用事业码第 2827 条，付清申请审查费的相关费用、互连互通研究和分配系统的修改费用。符合条件的用户有责任付清和互连设备相关的所有费用。

- 智能计量指标

2004 年，加利福尼亚州能源委员会领导的位于加利福尼亚州的三大投资者所有的公用事业公司（IOU）向先进计量基础架构提交了商业案例分析和部署提案[43]。这 3 个公用事业公司已经开发了智能电表的部署计划并把它作为其智能电网路线图的一部分，而且已获得授权在它们的领地部署智能电表（见表 9.5）。智能电表部署预计将在 2012 年完成，将安装约 1200 万台智能电表和 500 万台天然气表，净收益达到数亿美元。

表 9.5　加利福尼亚州大型公共事业公司智能电表的发展[44-47]

	太平洋燃气电力公司	圣迭戈燃气电力公司	南加利福尼亚爱迪生公司
目标	510 万电能表 420 万燃气表模块	140 万电能表 90 万燃气表模块	510 万电能表
总投资/美元	已批准 17.4 亿纳税人资金； 已批准 4.6676 亿项目升级请求	已批准 5.72 亿	16.3 亿升级请求
受益/美元	1.039 亿美元	4000 万～5100 万	900 万～3.04 亿
发展年限/年	2007～2011	2007～2011	2008～2012

- 智能电网的立法

加利福尼亚州于 2009 年通过了参议院法案（SB）17，为加利福尼亚州能源委员会和公共事业公司部署智能电网技术建立监管方法。该法案的目标是通过加强基础设施建设保持可靠和安全的电力服务、能够满足未来的增长需求以及实现其他的目标，如分布式发电资源整合、需求资源和智能技术[48]。参议院法案（SB）17 要求加利福尼亚州能源委员会打造智能电网部署计划，这为所有的三大投资者拥有的公用事业公司向加利福尼亚州能源委员会提交智能电网的部署计划奠定了基础。加利福尼亚州能源委员会还需要对国家有关能源的举措进行影响评估，如先进计量基础架构、可再生能源标准（KEX）部署和减少温室气体排放。该法案要求加利福尼亚州采纳的标准应与美国国家标准和技术研究院、联邦能源管理委员会、电网智能化建筑委员会、国际电气和电子工程师协会和北美电力可靠性合作组织（NERC）的标准兼容。如果公用事业公司不符合标准或在截止日期前才提出一项计划满足这一标准，它们将受到罚款处理。

为了便于 SB17 的实施，加利福尼亚州能源委员会对公用事业公司的“智能电网部署计划”设置了细节要求。公用事业公司必须显示智能电网的前景与立法行动一致，要求在部署计划中至少包括 8 个主题：智能电网的前景声明、部署的基线、智能电网的战略、电网的安全性和网络安全策略、智能电网路线图、成本和收益的估计和度量[49]。

- 客户隐私权保护规则

SB1476 与先进计量基础架构相关的客户隐私规定于 2010 年生效，该法案禁止公用设施共享、披露，或禁止访问任何第三方客户的电或天然气消费数据[50]。它也要求公用事业公司保护客户的能源消耗数据免受未授权访问、破坏、使用、修改或公开，以在没有授权的情况下，与第三方分享其个人信息及数据[50]。

- 动态定价

加利福尼亚州能源委员会规定，对所有类型客户的动态定价资费方案应通过每个公用事业公司设计应用的综合税率来解决[51]。此外，如果受到该委员会指示，加利福尼亚州能源委员会让每个公用事业公司把为大用户设计的“关键高峰定价”电价默认为下一个综合费率设计程序或其他适当的程序[52]。2010 年，加利福尼亚州能源委员会指导太平洋燃气电力公司实现默认和可选的关键高峰定价以及使用率的时间（合称高峰日定价，见表 9.6）[53]。每年将有 9 ~ 15 天高峰定价活动的日子，对于第一年的高峰日费率方案，用户可以稳定付费或选择任何时间付费[53]。

表 9.6　太平洋燃气电力公司峰值定价计划

适用行业	定价类型	选项
拥有先进仪表的居民用户	无时间分别	允许客户向两种收费方式中的一种过渡
大型商业和工业用户（≥200kW）	峰值定价，包括在非高峰日定价期间的时间	默认；允许客户退出到按使用时间收费或按其他时变收费
小型和中型商业和工业用户（≤200kW）	峰值定价，包括在非高峰日定价期间的时间	默认；允许客户退出到按使用时间收费或按其他时变收费
大型农业用户（≥200kW）	峰值定价，包括在非高峰日定价期间的时间	默认；允许客户退出到按使用时间收费或按其他时变收费
小型农业用户（≤200kW）	根据使用时间	默认

南加利福尼亚爱迪生公司也开发了几种动态定价方案，为所有用户自愿提供临界峰值定价，月峰值需求大于 500kW 的用户适用于按实时定价收费，出于一般的农业用途使用 70% 以上电的用户适用于按农业实时定价收费，或一般的水或污水泵适用于按水泵实时定价收费[54]。

- 能量储存议案

加利福尼亚州议会在 2010 年 9 月通过了美国第一能源议案（议会议案 2514）。该议案授权公用事业公司获得新的电网连接能量储存系统[55]。2013 年 10 月，加利福尼亚州委员会为公共事业公司分别制定了在 2015 年与 2020 年达到的能源储存指标[55]。

- 分布式发电和可再生能源信贷

由于可再生能源信贷是可再生分布式发电设施成本效益的关键，加利福尼亚州能源委员会已经颁布了几项规定，明确可再生分布式发电参与可再生电力标准。具体地讲，“可再生分布式发电设施的所有者拥有和这些设施发电相关的可再生能源信用[56]。决策 07 - 01 - 018 进一步指出，“公用事业不用计算可再生分布式发电设施的输出，这些设施由于可再生能源组合标准义务已经收到纳税人纳的税”。换句话说，可再生分布式发电设施业主将保留这些设施产生的可再生能源信用，不论是否收到纳税人对自发电奖励项目（SGIP 见下面所述）或净计量项目的资助[57]。加利福尼亚州能源委员会建立 SGIP 鼓励分布式发电技术的开发和商业化。SGIP 对安装分布式发电技术的某些实体提供财政奖励（如微型涡轮机、小燃气轮机、风力发电机、光伏电池、燃料电池以及内燃机）以抵消用户现场负载的某些部分（见表 9.7）[58]。由于资金不足，该项目在 2011 年年初终止[59]。

表 9.7　财政奖励和 SGIP 资格

奖励范畴	提供奖励/（美元/W）	项目成本的最大百分比（%）	符合条件的系统规模	技术资格
等级 1	4.50 光伏	50 燃料电池 操作 可再生燃料 风机	30kW	约 1MW
等级 2	2.50	40	≤1MW	应用不可再生燃料和利用余热充分回收的燃料电池
等级 3	1.00	30	≤1MW	利用余热充分回收来满足可靠性标准的微型风力机、内燃机和小型燃气轮机

9.4.2　佐治亚州

佐治亚州有广泛的动态定价方案，但与加利福尼亚州相比，其净计量和互连标准更加严格。佐治亚州也是美国可再生能源发电率最低的州之一[60]。

- 净计量

佐治亚大会（Georgia Genpral Assembly）通过了佐治亚州热电联产和分布式发电 2001 号法案，鼓励可再生能源的民间投资[61]。该法案要求公用事业公司为所有符合条件的用户提供净计量。分布式发电设施为顾客所有，他们使用光伏发电系统、风力机和/或燃料电池。符合条件的系统峰值发电量住宅用户小于 10kW，商业用户小于 100kW。净计量系统的累计发电量限于前一年的公用事业公司年度需求高峰的 0.2%（回顾一下，加利福尼亚州的上限要高得多，即电力公司总的用户需求高峰的 5%）。公用事业公司需要提供双向还是单向计量取决于分布式发电设施的安装。连接在表的用户端系统需要使用双向表，净剩余电将记入用户的下一个账单以税率的形式交给佐治亚州公共服务委员会。连接到公用事业公司端的系统使用单向表，每月收取客户最低服务费。

佐治亚州的净计量政策鼓励了太阳能光伏发电。该州的主要公用事业公司佐治亚电力公司经营太阳能回购项目，允许用户出售太阳能电池板设备产生的电力[62]。佐治亚电力公司负责仪表安装，但单向计量和双向计量分别收取每月3.97美元和1.31美元计量费。根据国家政策，太阳能购买税率是变化的。到2010年，太阳能购买价格是17美分/kWh，而能源采购总量限于2.9MW。从2011年开始，以低于太阳能成本购买太阳能光伏发电。

- 并网标准

热电联产和分布式发电2001号法案允许某些住宅（小于10kW）和商业设施（小于100kW）使用光伏发电系统、风力机和燃料电池并网，从公用事业公司那里获得净计量电价[61]。该法案要求顾客满足适用的互连要求，如国家电气法规、国家电气安全规范和IEEE标准。

- 智能计量指标

佐治亚电力公司自2008年以来已经安装了大约100万个智能电表，计划到2012年年底为每一位用户提供智能电表[63]。而且用户的能源账单不会添加附加费用。少数智能电表为消费者提供实时信息，他们大多是由公用事业公司自动收集消费数据。

- 动态定价

佐治亚电力公司已成功实施动态定价方案。一系列动态定价项目提供给不同类型的消费者，电价从晚餐非高峰期间的1.25美分/kWh到高峰期间的19.29美分/kWh（见表9.8）。例如，居民用户、电动汽车车主以及小型、中型和大型企业适用分时段定价，实时定价对一些用户基于提前一天或小时提供电价。2005年，佐治亚电力公司仅商业和工业实时定价项目就有1600个参与者，代表超过5000MW的合格负载[64]。

9.4.3 纽约州

纽约州是第一批制定并网标准的州之一，其中规定申请费以及对客户并网设备成本的限制。

- 净计量

纽约公共服务法要求公共事业公司对太阳能、风能、农场废物、微型热电联产和燃料电池发电设施提供并网和净计量[66]。发电量上限由技术和行业不同而不同（见表9.9）。风能总发电量上限是2005年公用事业公司总电力需求的0.3%；太阳能、沼气、微型热电联产和燃料电池系统相结合的聚集发电量上限被设定为2005年公共事业公司电力需求的1.0%（这个数值介于佐治亚州的低值和加利福尼亚州的高值之间）。纽约州公共服务委员会（PSC）和公用事业公司正努力增加总发电容量上限。

- 并网标准

表 9.8　佐治亚电力公司提供的动态定价项目[65]

适用用户	收费类型	发电率/(美分/kWh)
住宅	按使用时间收费	高峰：2～7pm，19.29 工作日，6～9 月 低谷：除了以上的所有小时：4.36
插电式 电动汽车	按使用时间收费	高峰：2～7pm，19.29 工作日，6～9 月 低谷：7am～11pm 双休节假日：5.83 10～5 月：7am～2pm 7pm～11pm，工作日，6～9 月 超低谷：11pm～7am：1.25 每月工作日
小公司	按使用时间收费	高峰：2～7pm：16.17 工作日，6～9 月（不包括节假日） 低谷：除了以上的所有小时 6～9 月 7.30（工作日） 10～5 月 7.30（不超过 1500kWh） 超过 1500kWh：2.79
中等公司	按使用时间收费	高峰：2～7pm：11.69 工作日，6～9 月（不包括节假日） 拥挤：12－2pm 7～9pm：4.32 工作日，6～9 月 （不包括节假日） 低谷：除了以上的所有小时：1.51
大公司	按使用时间收费	高峰：2～7pm：9.56 工作日，6～9 月（不包括节假日） 拥挤：12～2pm 7～9pm：4.32 工作日，6～9 月 （不包括节假日） 低谷：除了以上的所有小时：1.51
每月大于 250kW， 30min 峰值需求的用户	实时定价－提前 1 天	每天决定小时价格
每月大于 5000kW， 30min 峰值需求的用户	实时定价－提前 1h	价格每小时更新

表 9.9 纽约州符合条件的分布式设施普遍容量上限[66]

适用部门	太阳能	风能	生物质能	微型热电联产和燃料电池
居民用	25kW	25kW	—	10kW
非居民用	2MW	2MW	—	—
农用	—	500kW	1MW	—

纽约州公共服务委员会于 1999 年首先开发分布式发电的并网标准要求（SIR），此标准要求已修订了多次[67]。2010 年的并网标准要求包含的并网和应用程序适用于 25kW 及 25kW 以下的分布式发电设备以及 25kW ~ 2MW 的系统[68]。安装 25kW 及 25kW 以下的系统不需要缴纳申请费，但专用的变压器和必要的安全设备需要收费。对于超过 25kW 并且达到 2MW 的系统，不予退还 350 美元申请费，公用事业公司会初步审查和协调电力系统互连，以确定是否拟建设施造成任何继电协调、故障电流和/或电压调节问题。标准互连要求也决定了用户使用互连设备的最大支出。标准互连也设置了分布式发电设施的设计和运行要求，与 IEEE 1547 标准一致。

- 智能计量指标

纽约州公共服务委员会在 1997 年发布一项法规，把先进的计量作为一个潜在的方法来开发一个强大的和有竞争力的零售市场[69]。合格的大型商业及工业用户都装有委员会批准的仪表。根据用户的要求，公共事业公司至少免费提供 24 个月的用户能耗数据，在用户许可下，他们可以向任何第三方提供相同的数据。该法规还规定符合成本效益时，公共事业将投资于智能计量技术。2006 年，纽约州公共服务委员会通过了以鼓励电力公司在符合成本效益时投资智能电表项目的投资和试点项目，以测试不同方案智能电表部署[70]。公用事业公司也需要提交计划和建议，整合智能仪表进入它们的系统。

- 动态定价

2005 年，纽约州公共服务委员会指示本州主要公用事业公司加速对大用户[71]实行强制性按小时定价（MHP）。于 2006 年发布法令要求主要公用事业公司推行每小时零售价格的定价方法，以评估 MHP 的影响，并提交项目实施报告[72]。纽约州联合爱迪生公司针对高峰需求大于 1500kW 的用户进行强制性按小时定价。截至 2011 年 7 月，这一计划已经扩大了一倍，现在可为用户提供的峰值需求超过 500kW[73]。2006 年还要求美国国家电网对中型商业及工业用户实行强制性每小时定价，并要求纽约州电气和燃气总公司、罗切斯特天然气和电力公司、奥兰特和罗克兰公用事业公司对其用量在 1000kW 以上的用户实行强制性每小时定价[72]。2011 年，纽约州公用事业委员会批准罗切斯特天然气与电力公司计划把强制性每小时定价扩充到对峰值需求大于 300kW 的用户，这将额外增加 585 个强制性每小时定价用户[74]。

9.4.4　德克萨斯州

在这里，德克萨斯州是 4 个州中唯一一个经过审查的、需要公共事业公司根据净计量项目来提供无限累计发电量的州。

- 净计量

德克萨斯州没有州净计量政策，然而公共事业公司可以有净计量政策，但不要求补偿分布式可再生资源发电再返回电网的用户电力损失。根据德克萨斯州公共服务委员会（PUCT）要求，在德克萨斯州的公共事业公司应用户要求，提供 1 ~ 2 个可以单独测量电力流入和流出的仪表[75]。符合条件的设施包括容量达 2000kW 的分布式可再生能源发电机[75]。从 2009 年开始，德克萨斯州公共服务委员会要求各电力公司提供 50kW 以内的合格的可再生能源[76]。多余的电由公共事业公司以成本价购买，并且根据净计量项目，不限制累积发电容量[76]。

许多城市和大型公用设施在德克萨斯州拥有自己的净计量项目。例如，奥斯丁能源公司为发电量小于 20kW 的可再生能源系统提供了一个净计量项目[77]。符合条件的技术包括太阳能、风能、地热能、水力发电、潮汐能、生物质和生物质为基础的生物质能。

- 并网标准

德克萨斯州公共服务委员会法规解决现场分布式发电机设施的互连互通技术及程序问题[78,79]。法规建立的并网标准适用于最大装机容量小于 10MW 并且连接小于 60kV 的电压。对于发电机的要求、分布式发电机的电网互连和控制，保护和安全设备特别地被指定为确保并网的安全性和可靠性。不符合标准的用户不能连网。预连网研究和费用将依据分布式发电设施的特性。例如，用户使用的低于 500kW 的分布式发电设施，其导出总负载低于 15%，并且单一径向馈入最大潜在的短路电流少于 25% 时，将不再收取预控并网的研究费用[78]。

德克萨斯州公共服务委员会还出版了分布式发电并网手册，来帮助公用事业公司处理并网应用问题。手册包括分布式发电安装的安全和技术要求、适用规则、申请程序和形式、德克萨斯州公共事业公司联系人和设备预认证要求[80]。要求德克萨斯州公共事业公司基于预先设定的标准评估应用，包括设备尺寸、相对馈线负荷的分布式发电系统大小。

- 智能计量指标

目前，德克萨斯州还没有立法强制要求部署智能仪表，然而州议会已采取行动，对于智能电表的部署提供更多的监管激励措施。2005 年，德克萨斯州众议院法案（HB）2129 通过，以鼓励节能措施。该法案承认智能电表能够在电网现代化和能源保护方面发挥重要作用，并鼓励在德克萨斯州的公共事业公司部署智能仪表[81]。它还指示德克萨斯州公共服务委员会对公共事业公司设立非旁通附加费，以此来恢复先进的计量和计量信息网络部署产生的合理而且必要的费用[81]。随后德克萨斯州法律鼓励净计量和先进仪表信息网络的发展，允许能源需求管理，强化需求响应措施[82]。

虽然没有强制性的智能计量政策，但德克萨斯州公共事业公司一直在十分积极地部署智能仪表。德克萨斯州公共服务委员会已经批准三大公共事业公司在其管辖范围内部署智能仪表（见表 9.10）[83]。截至 2010 年 8 月，200 万台智能仪表已安装，2013 年年底总数将达到 660 万台。2010 年德克萨斯州的电力公司还成立了智能仪表德州门户网站，使用智能仪表可以为零售电商和用户提供 15min 的能源使用数据[84]。

表 9.10　德克萨斯州三大公共事业公司智能仪表部署

	Center point	Oncor	AEP Texas
目标	210 万电能表	340 万电能表	110 万电能表
到 2010 年 8 月 31 日实现	615518 电能表	1251838 电能表	78705 电能表
时间部署/年	2009 ~ 2012	2008 ~ 2012	2009 ~ 2013

- 客户隐私保护法

HB2129 对智能仪表的数据安全和隐私设立了相关规定。它指出，所有的仪表数据，包括用于计算收费的服务数据、历史负荷数据以及任何其他专有用户的信息，应隶属于用户。根据德克萨斯州公共服务委员会规定的规则和费用，用户可能允许零售电力提供商（销售代表）访问这些数据。

- 动态定价

根据美国联邦能源调整委员会需求响应的研究发现，德克萨斯州的需求响应策略最具潜力，预计到 2019 年超过 18 个网关（GW）[12]。目前需求响应相当少，动态定价没有相关的强制性法规，然而几个电力公司自愿提供动态定价电价。例如，分时段电价适用于德州公共事业公司总部能源住宅居民，这些居民已经在其处所安装智能仪表[83]。夏季下午期间参与用户需支付 21.9 美分/kWh（5 ~ 10 月，平日 1 ~ 6pm），在非高峰时段支付 7.9 美分/kWh。

9.5 欧盟智能电网政策

欧盟（EU）是世界上第二大能源市场，拥有超过 4.5 亿个用户[85]。欧洲 21 世纪能源政策目标是实现可持续的、有竞争力的和安全的能源供应[86]。智能电网的部署是欧盟气候变化和清洁能源举措的重要组成部分，因为它促进传统电力市场和电网的复兴。本节总结了欧盟的政策与智能电网技术的部署规定，还深入探讨了两个欧盟成员国，即意大利和英国的智能电网政策力度。

9.5.1　智能电网的立法和政策背景

- 指令 2001/77/EC

该指令要求其成员国在无偏见的前提下，确保可再生能源输电和配电[87]。各成员国必须发表并网标准和规则便于可再生能源集成到电网。配电系统运营商应该应用户要求提供全面详细的估算成本，并发布安装成本分担标准规范。

- 指令 2003/54/EC

该指令规定了发电、输电、配电及供电的一般原则[88]。它要求各成员国发布技术规范和标准控制系统的互操作性和互连活动。鼓励各会员国实施能源效率需求管理方案，以实现社会、经济和环境目标。

- 能源效率绿皮书（2005）

绿皮书广泛部署智能电表，实施动态定价计划，以促进更经济、合理的能源消费[85]。政策也旨在鼓励把集中发电转换成分布式发电。

- 绿皮书——一个可持续、竞争和安全的欧洲能源战略（2006）

2006 年出版的绿皮书强调欧洲已经进入了一个新能源时代[86]，它提供并建议以新能源政策计划为基础形成方案。此方案提出了欧洲网络代码鼓励统一电网接入条件，并允许用户可以从其他成员国的供应商处购买电力和天然气。这也表明，成员国要制定一个计划旨在提高国家之间的互连水平。

- 指令 2006/32/EC

该指令在欧盟旨在鼓励经济有效的、高效率的能源消耗。成员国必须在应用该指令的第 9 年达到 9% 的节能目标，住宅和商业部门电器和信息技术的部署在减少未来电力消耗方面发挥显著作用。例如，该指令推荐的智能计量系统就是一个符合条件的提高能效的措施[89]。鼓励各会员国进行资助以改善计量和计费信息的部署。

- 指令 2009/72/EC

该指令承认创新的定价模式、智能计量系统和智能电网是提高能源效率的重要举措[90]。它要求各成员国执行成本效益分析智能计量方案，并要求到 2020 年 80% 的消费者应配备智能计量系统。该指令还要求成员国鼓励发展智能电网，以促进分布式发电和能源保护。

- 2011 年 2 月 4 日的欧洲理事会结论

该结论设定的目标是：到 2011 年中期，电动汽车的充电系统采用技术标准，智能电网和仪表到 2012 年年末采用技术标准[91]。

- 沟通“智能电网：从创新到部署”

这种沟通总结了当前和过去应对智能电网部署的政策举措[92]。政府努力强调以下 5 个方面：共同开发欧洲智能电网标准；解决数据隐私和安全问题；监管激励智能电网的部署；在竞争激烈的零售市场中，体现消费者利益的智能电网；为创新和快速应用提供持续支持。

9.5.2 智能电网标准

2011 年 2 月 4 日的欧洲理事会结论证实，迫切需要采用欧洲标准的智能电网。迄今为止，欧盟委员会（EC）已经向欧洲标准化组织（ESO）发出 3 份有关欧洲标准化政策的授权。

- 欧盟委员会对标准化智能电表的授权（M/441）

此项授权邀请欧洲标准化组织制定欧洲标准，这一举措将使智能电表（电、气、水和热）具有互操作性[93]。

- 欧盟委员会对标准化电动汽车的授权（M/468）

授权要求欧洲标准化组织制定欧洲标准或检查现行标准，确保电动汽车充电的互操作性和连通性[94]。

- 欧盟委员会授权的标准化智能电网（M/490）

授权要求电子器材供应处（ESO）制定一个框架。此框架包括：技术参考架构、一套统一的标准、可持续标准化的流程和协作工具，以保证智能电网领域持续提高和发展[95]。

9.5.3 政府机构和组织

欧盟能源总局领导政策的实施以及能源有关的主题的贯彻，如智能电网、能源效率、能源供应安全、核能和可再生能源。在欧盟智能电网政策领域中能源市场与电网安全是最重要的部分。主管供应安全、能源市场与电网的 B 分局是欧盟智能电网政策领域最活跃的部门。其他重要的政府机构支持能源总局的工作，这些机构包括能源监管合作机构（ACER）和创新与竞争力执行机构（EACI）。

2009 年 11 月，欧洲智能电网特别工作组成立，旨在 2010 ~ 2020 年指导欧盟的智能电网政策。此工作组还负责与本领域其他主要利益相关者的协调与合作，以促进智能电网在欧洲部署，包括智能电网欧洲技术平台、智能电网论坛和欧洲电网倡议（EEGI）。

9.5.4 筹资机制

作为主要金融工具的框架计划（FP）广泛支持欧盟智能电网技术的研究和开发项目。目前的框架计划——第 7 框架计划（FP7）自 2007 年运行以来到 2013 年总预算已达到 505.21 亿欧元（715 亿美元）[96]。在过去 10 年中，智能电网试点项目已经花费大约 3 亿欧元（4.244 亿美元）[92]。

2009 年 10 月欧盟委员会采纳了关于动员信息和通信技术的建议，推动经济向节能、低碳经济过渡[58]。信息和通信技术（ICT）是达到欧盟能源和气候目标的重要贡献者[97]。许多智能电网项目由 FP－ICT 资助，如政策支持项目能源效率和竞争力与创新框架项目（CIP）[98]。

- 需求和分布式能源资源全面整合的有效配电网项目

需求和分布式能源资源全面整合的有效配电网（ADDRESS）项目是由欧盟第 7 框架计划在能源领域资助的一个大型项目，名为“智能能源网络——发展互动分布式能源网络”。此项目总预算为 1600 万欧元（2300 万美元），欧盟金融赞助 900 万欧元（1300 万美元）[99]。2008～2012 年，在欧洲最大的公用事业——意大利国家电力公司协调下，来自 11 个欧洲国家的 25 个合作伙伴组成的财团执行这一项目。这些合作伙伴包括高等院校、科研院所、输电和配电网运营商、能源供应和零售公司、电气设备制造商、家电制造商和顾问以及信息和通信技术供应商与电力设备制造商。项目目标是使中、小型用户参与电力市场，最终实现欧洲智能电网技术平台的前景，即开发一个灵活、可靠、方便、经济的电网。

9.5.5　意大利和英国的智能电网政策

- 意大利

与欧盟的 2009/28/EC 指令一致，意大利政府于 2010 年 6 月颁布了“意大利国家可再生能源行动计划”。该计划规定了鼓励输电和配电网现代化的措施、各类发电系统及负荷（包括电动汽车）以及可再生能源发电的综合管理[100]。

欧盟委员会已于 2007 年 12 月批准了可再生能源和节能的区域间执行计划，目的是为“增加可再生能源和能源效率供给负载的比值，促进 4 个意大利南部地区本地发展的机会。这 4 个意大利南部地区包括：坎帕尼亚、普利亚、卡拉布里亚和西西里[101]。2007～2013 年共分配给该计划 16 亿欧元（23 亿美元），欧洲区域发展基金会（ERDF）提供 8.03 亿欧元（12.3 亿美元）[101]。该计划的一个重点是提高基础设施输电网，以促进可再生能源的结构、热电联产发电，欧洲区域发展基金会和意大利国家资金为其提供 1 亿欧元的资助[100]。在此背景下，经济发展部和意大利国家电力公司在意大利南部地区联合推出 7700 万欧元的“智能中压电网项目”，使中压配电网更有利于装机容量在 100kW～1MW 的光伏发电系统[100]。意大利公用事业监管机构（Autorità perl’ Energia Elettricaedil Gas）已奖励 8 个以税率为基础的活跃中压电网，以证明有必要通过一定规模的先进电网管理和自动解决方法来整合分布式发电[102]。

意大利拥有世界上最大的和最广泛的智能计量方案之一。意大利国家电力公司是意大利最大的电力公司，其装机容量位于欧洲第二，目前在其配电系统中已经完成了智能电表的安装。3200 万用户已经可以享有智能电表带来的更高效、更灵活的服务，如 2005 年引入的按小时计算的收费体制[103]。该公司已计划为天然气分布网安装智能仪表，以及将智能计量系统扩展到其在西班牙的配电网，2010 ~ 2015 年准备在那里安装 1300 万台智能电表[103]。意大利国家电力公司于 2008 年在 3 个意大利城市（罗马、米兰和比萨）还推出了电子迁移力项目[104]，该项目将在这 3 个城市中向选定的司机提供 100 辆电动汽车，并建立 400 个智能型电动汽车充电站。

- 英国

在英国，可再生的目标是到 2020 年从可再生能源中获得 15% 的能量，这就需要到那个时候 30% 的电力来自可再生能源[105]。英国政府在 2011 年发布了碳计划，建立了一个坚定、长期、具有法律约束力的框架，到 2020 年碳排放至少减少 34%，到 2050 年至少减少 80%，低于 1990 年的基线[106]。英国政府把智能电网当作一个满足能源安全和气候变化挑战的有效途径，以实现低碳经济。在低碳计划中，智能电表被认定为是一种提高能源效率的方法，因为它可以改变消费者行为。在 2008 号能源法案第 88 ~ 91 节中，允许国务大臣修改能源分销及供应许可，强制许可持有人安装或促进智能电表的安装[107]。该法案还介绍了上网电价（FIT），适用于发电能力低于 5MW 的低碳发电设施。符合资格的技术包括生物质、生物燃料、燃料电池、光伏发电、波浪和潮汐、风能、太阳能发电、地热源以及发电容量为 50kW 或少于 50kW 的热电联产系统。

2010 ~ 2011 年的能源法案和新“绿色新政”的规定在 2010 年 12 月首次推出。它的目的是通过对住户、民营业主和企业提供财政奖励，促进该国能源效率的提高[108]。智能电表是“绿色新政”的重要组成部分。

2010 年 7 月，能源与气候变化部（DECC）和天然气电力市场办公室（Ofgem）发布了“智能电表实施计划：计划说明书”，对智能电表的交付和在英国的所有家庭和小型企业安装的智能电表列出了详细的建议。此计划说明书规定了设计要求、中央通信、数据管理以及智能电表部署计划的试运行，并就一些问题寻求公众的反应[109]。

2011 年 3 月，DECC 和 Ofgem 联合发布了政府应对智能仪表计划书[110]。根据该文献，供应商须向较小的外国部门提供智能电表，智能电表和家用显示器（IHD）将提供给国内用户。智能电表设备和装置必须符合随文件公布的功能需求目录中列出的技术标准。至于隐私保护，用户将能够选择如何使用和由谁来使用他们的消费数据，除非这些数据是用于监管的目的。英国政府预计，到 2019 年智能计量将全面铺开。据估计，将安装超过 5000 万台智能电能和煤气表，总财政投入超过 110 亿英镑（176 亿美元），净利润超过 70 亿英镑（112 亿美元）[110]。然而由英国国家审计署公布的一份报告得出的结论是对于智能电表对用户的能源消耗模式的改变非常不确定[111]，它建议 DECC 和 Ofgem 发展效益，实现计划和用户沟通策略，以尽量减少潜在的风险。

9.6　其他国家的智能电网政策

9.6.1　日本

由于其每年每户只有 16min 的停电时间，和美国的 162min 相比，日本的电力供应具有高度可靠性[112]。然而，和 1990 年的水平相比，日本的目标是到 2030 年将碳排放量减少 30%[113]。可再生能源和能源效率有望在实现这一目标上发挥重要作用。因此，需要智能电网的投资。

日本的部署方法与其他国家略有不同。智能电网的部署为日本创造产业机会使其在全球市场获得竞争力。“智能社区”的概念，指的是一个新的、智能的、可持续的生活方式，不仅激励电力市场的变化，同时也激励汽车、通信和家电行业的创新。

日本经济、贸易和工业部（METI）是负责智能电网发展的主要政府机构，其目标是：进一步整合可再生能源，促进电动汽车和充电设施的发展，为智能电表和 ICT 网络创建新的服务[114]。2009 年，日本经济产业省在三个示范项目上投资超过 7300 万美元，这 3 个示范项目包括孤岛智能电网项目、智能充电项目和智能大厦项目。测试的技术包括电池储存、电动汽车充电系统、住宅光伏、燃料电池和家电需求响应。2010 年，日本 METI 在关西科学城、横滨市、北九州市和丰田城推出 4 个大型智能社区示范项目[115]。这些项目的主要目标是开发社区能源管理系统，此项目是多种技术的组合，包括智能电表、家庭能源管理系统、建筑和能源管理系统、电动汽车、光伏和电池。位于新墨西哥州（美国）、夏威夷（美国）、里昂（法国）和马拉加（西班牙）的 4 个智能社区示范项目已由新能源产业技术综合开发组织（NEDO）和日本 METI 贯彻实施[116]。这些项目旨在为大规模设备引进可再生能源、电力储存和电动汽车的管理系统。

在日本的公共和私营部门，有关智能电网部署的合作与协作越来越多。例如，NEDO 在 2010 年成立的日本智能社区联盟为广泛的利益相关者提供了一个参与平台，这些利益相关者来自于工业、电力公用事业公司、政府机构和科研院所[117]。东芝公司、东京电力有限公司和东京电力公司还合作推出了一个智能电表商业化的合资企业[118]。从 2013 年开始，智能电表将大规模部署，其目的是要在东京的所有住户电力服务区域内安装智能电表。

日本面临的另一个挑战是能源安全，日本 90% 以上的能源消耗依靠进口。日本政府的目标是到 2030 年零排放能源发电达到 70%，而且几乎是不依赖能源的1倍[113]。为了实现这个目标，政府正在开发FIT计划购买日本的可再生能源。2009年11月1日推出“新光伏发电采购制度”[119]。太阳能光伏发电产生的剩余电力居民购买是48日元/kWh（0.59美元/kWh），工业、企业和学校购买是24日元/kWh（0.30美元/kWh）。根据太阳能光伏发电创新和太阳能光伏技术的价格趋势，回购价格将逐年下降。

9.6.2 韩国

相比于其他许多发达国家，韩国的电力系统更加高效可靠[120]，然而该国石油和液化天然气高度依赖进口。总能量消耗的90%依赖进口，只有2.7%来自可再生能源[121]。韩国的温室气体排放量预计也比许多其他发达国家增加迅速：从2002年的基线开始，到2035年其碳排放量将增加35%，所有经济合作与发展组织的国家少于15%[121]。虽然作为非附属缔约方，韩国没有义务依据京都议定书减少碳排放，但韩国政府自愿制定目标在业务照常的情况下到2020年将其温室气体排放量减少30%[121]。减少国家的能源依赖和碳紧张是韩国政府的首要任务之一。

自2005年智能电网技术的部署已经开始。韩国推出电力信息技术国家计划，以发展数字化、环保、智能的电力设备和系统，推动韩国电力和电气工业发展[122]。10个项目被选定为系统实施，包括开发能源管理系统、智能输电及配电网、先进的变电站综合自动化系统、电力设备监控系统、电力线载波通信技术的普及、电源半导体和消费者门户系统。

2008年8月，韩国总统李明博宣布了“韩国国家绿色增长战略”在2009～2013年总投资达到107万亿韩元（1010亿美元）[121]。智能电网的部署技术是这个五年计划的关键部分。在国家计划所列27个核心绿色技术中，超过1/3是有关发展智能电网和智能城市的。

韩国政府公布了“2030智能电网路线图”，从长远来看，为打造低碳、绿色的经济增长模式迈出了关键一步[123]。该路线图将在5个部门实施：智能电网、智能消费者、智能交通、可再生能源和智能用电服务。到2030年，将建立一个全国性的智能电网及27140个电动汽车充电站，到2020年，智能电表和先进计量基础设施的普及率将达到100%。此外，韩国将有11%的能源来自可再生能源，并实现到2030年至少降低最大值的10%。2012年每年每家停电时间是15min，到2030年减少到9min，到2030年，输配电损耗率将从2012年的3.9%下降到3.0%。共有27.5万亿韩元（约合258.5亿美元）拨给技术开发和基础设施建设，预计每年将产生50000个新的就业机会，总共减少排放2.3亿t温室气体。

2009年6月，作为实施路线图的第一步，韩国政府在济州岛做了一个试点项目，其中包括 6000 户完全集成智能电网系统、风电场和 4 个配电线路[124]。2009 ~ 2013 年总共有 5000 万美元的公共资金和 1.5 亿美元私募基金的投入，来自汽车、可再生能源、电力、电信、家电行业的 100 多家公司参与了该计划。

9.6.3 中国

20 世纪 80 年代以来，由于经济的快速发展，中国的能源消费量以前所未有的速度增长。1990 ~ 2010 年，其发电量从 621.2TWh 增加到 4206.5TWh[125]。2001 年的年增长率超过 10%，2003 年达到了 15%，超过了预计增长率 6%[126]。2005 年起，停电事故和电力短缺已经损害到中国的经济[127]，为了满足日益增长的需求，确保经济增长，中国政府加大了对电力基础设施的投资。近年来，中国也将从传统的制造业经济向高科技、高附加值的制造业和服务业的经济转型。新能源产业和运输系统是两个关键环节，得到了政府的支持。

2009 年 5 月，中国国家电网公司宣布，计划到 2020 年发展一个全国范围的“强大智能电网”规划[127]。在中国，超高压（UIHV）输电和高效的配电变压器使输电和配电容量增大，减少损耗是开发和部署的关键。这个计划表明，中国智能电网的开展不同于世界的其他地方，尤其是发达国家。在中国，由于诸如煤和水力等主要的发电能源位于偏远地区，在不同的地区之间的发电有巨大的差异，因此规划关注的是输电而不是配电。聚焦输电的其他原因可能是在输电的配电端相对原始的结构，以及公用事业部门和电力市场的资产所有权和管理结构[128]。

可再生能源法的修正案（2009）敦促公共事业部门发展和应用智能电网以及能源储存技术提高电网的运行和管理，促进分布式可再生能源并网[129]。中国政府也支持在电网未覆盖的地区建立独立可再生微网。促进清洁能源和智能电网的发展是政府的首要任务之一，这一点在已于 2011 年 3 月 14 日全面施行的“十二五”规划中注明[130 - 132]。

“十二五”规划对能源密集度设立了不同的目标（到 2015 年减少 16%），非化石燃料能源（到 2015 年占主要能源消费总量的 11.4%），每单位国内生产总值（GDP）的碳排放量（到 2015 年减少 17%）。智能电网与清洁能源技术被视为实现这些目标的有效途径。新能源产业（核能、风能、太阳能、生物质能和智能电网）和新能源汽车产业（插电式混合动力汽车和电动汽车）作为 7 个战略性新兴产业中的两个，将得到政府在财务和管理上的支持。到 2015 年，将建造一些长距离特高压输电线路和 200000km 输电线路（333kV 及以上）。该规划还提出了“农村供电工程”来提升农村电网，以满足农村地区的需求增长。目标包括发展 1000 个光伏示范村、200 个绿色能源示范县、300 个水电农村电气化县和 10000MW 的小水电。2011 ~ 2015 年，中国将在智能电网部署上投资 2860

亿元人民币（440 亿美元）。

各国目前都在智能电网部署的不同阶段。智能电网政策往往是用来解决国家所面临的需求和挑战。表 9.11 总结了上述 5 个国家和地区能源和气候变化的目标以及智能电网政策的驱动力和重点。

表 9.11　国家目标、国家政策驱动力和重点

	目标		政策驱动	政策重点
	碳减排情况	可再生能源（一次能源供应总量的份额）		
美国	到 2020 年比 2005 年减少 17%	在不同州：加利福尼亚州 – 到 2020 年 33%；德克萨斯州 – 到 2020 年 5880MW；纽约州 – 到 2015 年 29%；佐治亚州 – 没有目标	电力系统可靠性；可再生能源和能源效率；经济振兴	技术和操作标准；智能仪表；动态定价和需求响应计划
欧盟	到 2020 年比 1990 年减少 20%	到 2020 年 20%	可再生能源和能源效率；减少碳排放	技术和操作标准；智能仪表；
日本	到 2030 年比 1990 年减少 30%	到 2030 年 13%	能源安全；减少碳排放；提升本国产业竞争力	智能小区；太阳能光伏发电
韩国	到 2020 年减少 30% BAU	到 2030 年 11%	能源安全；减少碳排放；提升本国产业竞争力	智能电网；智能交通；可再生能源；智能电力服务
中国	碳排放强度；到 2015 年比 2011 年减少 17%	到 2015 年 11.4%	经济发展；降低发电区域之间差距；降低能源/碳排放强度；经济结构战略性调整	超高压区域输电；升级城市和农村电网使之现代化

9.7　国际合作

成立于 2004 年的欧洲智能电网技术平台旨在努力提高欧洲、国内和区域间智能电网一致性的水平。该平台的一个重要作用是与其他国家合作，特别是北美和日本，以确保智能电网国际发展路径与开发商业产品是相辅相成、一致的[134]。

由国际能源署（IEA）14 个成员国在 2006 年 7 月 14 发布了国际能源署电力网络分析、研究与发展执行协定（ENARD）。它的任务是就输电和配电网的当前和预期发展问题向主要的利益相关者及政策制定者提供全面的、无偏见的信息、数据和建议[135]。一些密切相关的智能电网的工作方案包括附件Ⅱ（分布式发电系统集成）、附件Ⅲ（基础设施资产管理）以及附件Ⅳ（输电系统的问题）。ENARD 目前的主要活动是在 IEA 成员国内部，然而它也向非国际能源署成员国、私营部门及民间组织开放。

成立于 2010 年 4 月的全球智能电网联盟（GSGF）汇集了智能电网全世界的利益相关者，如美国智能电网联盟、澳大利亚智能电网、加拿大智能电网、爱尔兰智能电网、韩国智能电网协会、印度智能电网论坛以及日本智能社区联盟[136]。它的目标是促进政府与民间组织的合作，支持智能电网技术的发展和促进知识共享。国际智能电网行动网络（ISGAN）由华盛顿第一清洁能源部推出，华盛顿在 2010 年 7 月加快在全球层面的智能电网技术的发展。ISGAN 主要集中在 5 个主要领域，包括政策、标准和监管；金融和商业模式；技术和系统开发；用户和消费者的参与；劳动力的技能和知识[137]。包括 4 个项目：全球智能电网的库存；智能电网的案例研究；成本收益分析；工具包和决策者的综合见解。

9.8　未来方向

技术的互操作性是智能电网大型综合部署不可或缺的，在国家和全球层面的标准发展在未来特别重要。建立领导协调机构来协调各级政府将有助于标准化过程的建立，解决网络安全问题。

电力行业面临着巨大的机遇，在新兴的低碳经济中越来越重要。智能电网的全面部署花费巨大，目前政府仍然是智能电网的主要投资者。这表明需要一个策略框架来吸引民间资本投资，尤其是可再生项目开发商及通信和信息技术公司。

竞争性的电力市场鼓励可变的商业模式可以提高电力系统的灵活性，支持可再生能源发电技术的日益普及。改革阻碍当前公用事业对先进技术投资的利率设计机制，确保成本和收益在利益相关者之间的共享也是很重要的未来发展方向。消除竞争的能源市场障碍的监管政策的变化也可以优化整体运营和成本，从而使智能电网增加社会净效益。

随着智能电网部署的进展，需求响应和分布式发电可能会显著降低高峰用电需求，并产生一些发电设施的冗余。这就要求在智能电网部署的早期阶段做出富有经验的资源规划和成本效益分析。智能电网用户策略，如动态定价和用户保护，高度依赖于对用户行为的理解，应该基于消费者对智能电网技术和法规的反馈和行为变化来进行社会科学研究，开发新政策。

智能电网的标准和示范项目的经验分享合作可以减少智能电网部署工作的重复和重叠。分享最佳实践非常有益于发展中国家，也会使电力基础设施迅速发展。

9.9 小结

本章强调了新兴智能电网政策的新颖性。随着近期智能电网技术的出现，涌现出了新一代的法规和财政政策，以确保市民的利益得到保护。

访问实时计量数据说明新问题需要公共规制。各州开始制定关于数据安全和智能电表隐私的要求。例如，德克萨斯州已经确定所有表的数据，这些数据包括用于计算收费的服务数据、历史负荷数据和任何其他专有的用户信息，都将归属于用户，然而根据德克萨斯州公共服务委员会制定的规则和收费标准，用户可以允许零售电力供应商访问这些数据。

用户拥有的可再生能源设施产生的可再生能源信用所有权也是一个现在才澄清的问题。这一问题很重要，由于区域经济共同体有显著的经济价值，而对于其所有权有明确的规章制度可以帮助减少与智能电网的投资相关的混乱和不确定性。这一政策问题也是有争议的，因为它涉及若干政策制度的思考和设计，包括可再生能源标准、净计量政策、并网政策和可再生能源项目实用补贴。

由于典型的新政策旨在解决与技术创新相关的问题，所以在智能电网的目标和政策的设计上有很大的变异性。

• 例如，虽然美国大多数州都有净计量和互连标准，但这些政策的细节有很大的不同。由于在促进可再生能源技术、符合条件的技术和用户类型方面有不同的偏好，造成净计量和并网的标准不尽相同。净计量和互连评估程序的应用也反映了对电网安全性和可靠性的不同担忧。

• 在过去的10年中，众多不同类型的动态定价率已经出现。正如预期的那样，不同的定价机制在不同的细分市场非常突出。通常，试点项目已经由大工业用户首先推出，其次是商业和大型非住宅用户。动态定价率之间的变化也反映在成本回收和需求响应计划政策目标的差异上。一般来说，提供用户保护、宣传和教育活动往往是提高公众意识的动态速率。

• 还有一系列政策支持分布式发电，特别是可再生能源（更多有限的努力已经解决了燃料电池和热电联产系统的部署）。监管政策和财政激励措施广泛用于支持分布式发电系统的投资。例如，有29个州已经实施了可再生能源标准。财务奖励包括：生产税收抵免、投资税收抵免、贷款。到目前为止，成本估算和分配是至关重要的。对于可再生能源，34个州提供了贷款项目，同时24个州提供了税收抵免。

尽管有这种广泛的政策变化，但一些政策原则在不断产生：

• 为它们可以促进新的智能电网基础设施的投资。设计政策建立私营和公共部门之间的费用分担规则，有时，所有受益于该项目的顾客分摊费用。政府补贴常常被用来把并网费用限制在可以负担得起的水平。例如，在加利福尼亚州，净计量合格的用户免除政府收取的费用，仅支付与他们的互连设备相关的费用。

• 成本效益分析及评价标准是必不可少的，一些政府机构也开始收集这些信息。在某些情况下，政府机构将投资于智能计量技术。只有在规划和评估的数据显示智能电网的投资补贴产生比成本更大的利益时，政府机构才会资助智能电网的投资。

过去 10 年的证据表明，快速和广泛的智能电网技术部署离不开政策支持。本章回顾了美国、欧盟、日本、韩国和中国新兴的智能电网政策，制定有效的政策框架已经取得了相当大的进展。然而需要进一步的发展来协调跨国、跨州和跨地区的政策，并从新一代电网技术中获得经验[138]。

参考文献

1. The European Smart Grid Task Force (2010) Task Force Smart Grids – vision and work programme
2. U.S. Department of Energy (2008) Metrics for measuring progress toward implementation of the smart grid: results of the breakout session discussions at the Smart Grid Implementation Workshop, Washington, DC
3. The Electricity Advisory Committee (2008) Smart grid: enabler of the new energy economy, U.S. Department of Energy, Washington, DC
4. U.S. Department of Energy (2008) The smart grid: an introduction. Washington, DC
5. Kurita A, Sakurai T (1988) The power system failure on 23 July 1987 in Tokyo. Paper presented at the 27th IEEE Conference on Decision and Control, Austin, TX
6. U.S.-Canada Power System Outage Task Force (2004) Final report on the 14 August 2003 blackout in the United States and Canada: causes and recommendations. U.S. Department of Energy/Ministry of Natural Resources, Washington, DC; Ottawa, Canada
7. The White House (2006) The federal response to hurricane Katrina: lessons learned. http://library.stmarytx.edu/acadlib/edocs/katrinawh.pdf
8. U.S. Department of Energy (2009) Smart grid system report. Washington, DC
9. National Energy Technology Laboratory (2007) The NETL modern grid initiative powering our 21st-century economy: barriers to achieving the modern grid. U.S. Department of Energy, Washington, DC
10. Brown A, Salter R (2010) Smart grid issues in state law and regulation. Galvin Electricity Initiative
11. International Energy Agency (2010) Energy technology perspectives 2010. OECD/IEA, Paris
12. The Brattle Group, Freeman Sullivan & Co. and Global Energy Partners, LLC (2009) A national assessment of demand response potential. Federal energy regulatory commission staff report. Federal Energy Regulatory Commission, Washington, DC

13. Tseng P (2007) Modeling regional electricity generation. U.S. Energy Information Administration, Washington, DC
14. U.S. Energy Information Administration (2010) International energy outlook 2010. Washington, DC
15. U.S. Energy Information Administration (2011) Emissions of greenhouse gases in the U.S. Retrieved 23 June 2011, from http://www.eia.gov/environment/emissions/ghg_report/ghg_overview.cfm
16. U.S. Energy Information Administration (2010) Electric power industry 2009: year in review. Retrieved 23 June 2011, from http://www.eia.gov/cneaf/electricity/epa/epa_sum.html
17. California Public Utilities Commission (2011) Net Surplus Compensation. Retrieved 21 June 2011, from http://www.cpuc.ca.gov/PUC/energy/DistGen/netsurplus.htm
18. California Public Utilities Commission Energy Division (2005) Update on determining the costs and benefits of California's Net Metering Program as required by Assembly Bill 58
19. Public Law 109–58: Energy Policy Act of 2005. (119 Stat. 594; Date: 8/8/2005). Text from: United States Public Laws. Available from: ProQuest® Congressional; Accessed 23 May 2011
20. Database of State Incentives for Renewables & Efficiency (2011) Summary maps. Retrieved 20 June 2011, from http://www.dsireusa.org/summarymaps/index.cfm?ee=1&RE=1
21. Doris E, Busche S et al (2009) Net Metering Policy Development in Minnesota: Overview of Trends in Nationwide Policy Development and Implications of Increasing the Eligible System Size Cap. National Renewable Energy Laboratory, Golden, CO
22. Federal Energy Regulatory Commission (2006) Generator Interconnection. Retrieved 21 June 2011, from http://www.ferc.gov/industries/electric/indus-act/gi.asp
23. National Association of Regulatory Utility Commissioners (2003) Model interconnection procedures and agreement for small distributed generation resources. U.S. Dept. of Energy, Washington, DC
24. Institute of Electrical and Electronic Engineers Standards Association (2010) 1547 series of interconnection standards. Retrieved 21 June 2011, from http://grouper.ieee.org/groups/scc21/dr_shared/
25. Brown MA, Chandler J et al (2009) Making homes part of the climate solution: policy options to promote energy efficiency. Oak Ridge National Laboratory, Oak Ridge, TN
26. Federal Energy Regulatory Commission (2011) Assessment of demand response and advanced metering staff report. Washington, DC
27. Borenstein S, Jaske M et al (2002) Dynamic pricing, advanced metering and demand response in electricity markets. The Center for the Study of Energy Markets (CSEM) working paper series. University of California Energy Institute, Berkeley, CA
28. Faruqui A, Hledik R (2009) Transitioning to dynamic pricing. The Brattle Group, San Francisco, CA
29. Faruqui A, Sergici S (2009) Household response to dynamic pricing of electricity – a survey of the experimental evidence. The Brattle Group, San Francisco, CA
30. Faruqui A, Palmer J (2011) Dynamic pricing of electricity and its discontents. The Brattle Group, San Francisco, CA
31. Faruqui A, Hledik R et al (2007) The power of five percent: how dynamic pricing can save $35 billion in electricity costs. The Brattle Group, San Francisco, CA
32. Renewable Energy Policy Network for the 21st Century (REN21) (2011) Renewables 2010 global status report. REN21 Secretariat, Paris
33. Couture TD, Cory K et al (2010) A policymaker's guide to feed-in tariff policy design. National Renewable Energy Laboratory, U.S. Department of Energy, Golden, CO
34. DB Climate Change Advisors (2010) GET FiT program: global energy transfer feed-in tariffs for developing countries, Deutsche Bank Group
35. KEMA (2009) Electricity storage: policy issues. Retrieved 13 Jul 2011, from http://www.kema.com/Images/KEMA%20Energy%20Storage%20Policy%20Briefing.pdf

36. Executive Office of the President of the United States (2011) A policy framework for the 21st century grid: enabling our secure energy future. Executive Office of the President of the United States, Washington, DC
37. Public Law 110–140: Energy Independence and Security Act of 2007. (121 Stat. 1492; Date: 12/19/2007). Text from: United States Public Laws. Available from: ProQuest® Congressional; Accessed 3 June 2011
38. Public Law 111–5: American Recovery and Reinvestment Act of 2009. (123 Stat. 115; Date: 02/17/2009). Text from: United States Public Laws. Available from: ProQuest® Congressional; Accessed 6 June 2011
39. U. S. Department of Energy (2011) American Recovery & Reinvestment Act – Recovery Act Overview. Retrieved 21 June 2011, from http://www.oe.energy.gov/american_recovery_reinvestment_act.htm
40. California Public Utilities Commission (1995) California Public Utilities Code Section 2827
41. The Public Utilities Commission of the State of California (1999) Order instituting rulemaking into distributed generation
42. California Public Utilities Commission (2006) Rule 21 model rule draft to implement D.05-08-013
43. California Public Utilities Commission (2004) Administrative law judge and assigned commissioner's ruling adopting a business case analysis framework for advanced metering infrastructure. California Public Utilities Commission. Rulemaking 02-06-001
44. California Public Utilities Commission (2006) Final opinion authorizing Pacific Gas And Electric Company to deploy advanced metering infrastructure. Decision 06-07-027
45. California Public Utilities Commission (2009) Decision on Pacific Gas and Electric Company's Proposed Upgrade to the Smart Meter Program. Decision 09-03-026
46. California Public Utilities Commission (2007) Opinion approving settlement on San Diego Gas & Electric Company's advanced metering infrastructure project. Decision 07-04-043
47. California Public Utilities Commission (2008) Decision approving settlement on Southern California Edison Company advanced metering infrastructure deployment. Decision 08-09-039
48. California Public Utilities Commission (2009) An act to add Chapter 4 (commencing with Section 8360) to Division 4.1 of the Public Utilities Code, relating to electricity. Senate Bill No. 17
49. California Public Utilities Commission (2010) Decision adopting requirements for smart grid deployment plans pursuant to Senate Bill 17 (PADILLA), Chapter 327, Statutes of 2009. Decision 10-06-047
50. California Public Utilities Commission (2010) An act to add Chapter 5 (commencing with Section 8380) to Division 4.1 of, and to repeal Section 393 of, the Public Utilities Code, relating to public utilities. SB 1476
51. California Public Utilities Commission (2005) Decision closing this rulemaking and identifying future activities related to demand response. Decision 05-11-009
52. California Public Utilities Commission (2006) Decision adopting default critical peak pricing for 2007. Decision 06-05-038
53. California Public Utilities Commission (2010) Decision on peak day pricing for Pacific Gas and Electric Company. Decision 10-02-032
54. Southern California Edison (2010) Demand Response Programs. Retrieved 27 June 2011, from http://asset.sce.com/Documents/Shared/100818_Demand_Response_Program_ Guide.pdf
55. California Public Utilities Commission (2010) An act to amend Section 9620 of, and to add Chapter 7.7 (commencing with Section 2835) to Part 2 of Division 1 of, the Public Utilities Code, relating to energy. AB 2514
56. California Public Utilities Commission (2005) Opinion clarifying participation of renewable distributed generation in the renewable portfolio standards program. Decision 05-05-011
57. California Public Utilities Commission (2007) Opinion adopting methods to determine the renewable energy credits from renewable distributed generation. Decision 07-01-018

58. California Public Utilities Commission (2001) Interim Opinion: Implementation of Public Utlities Code Section 399.15(b), Paragraphs 4–7; load control and distributed generation initiatives. Decision 01-03-073
59. California Public Utilities Commission (2011) Assigned commissioner's ruling directing temporary suspension of accepting customer reservation requests under the self-generation incentive program. In: Proceeding R10-05-004, San Francisco
60. Brown MA, Gumerman E, Baek Y, Wang J, Morris C, Wang Yu (2011) Renewable energy in the South. Southeast Energy Efficiency Alliance, Atlanta, GA. Retrieved 29 June 2011, from http://www.seealliance.org/PDFs/RENEWABLE%20ENERGY%20IN%20THE%20SOUTH.pdf
61. Georgia General Assembly (2001) The Georgia Cogeneration and Distributed Generation Act of 2001. Senate Bill 93
62. Georgia Power (2011) Electric service tariff: renewable and nonrenewable resources schedule: RNR-7. Retrieved 29 June 2011, from http://www.georgiapower.com/pricing/pdf/11.10_RNR-7.pdf
63. Georgia Power (2011) Your meter is about to get smarter. Retrieved 29 June 2011, from http://www.georgiapower.com/residential/smartmeter.asp
64. Charles J, Black Energy Economics (2011) Dynamic Pricing Evaluation for Washington. National Association of Regulatory Utility Commissioners (NARUC) Grants & Research Department
65. Georgia Power (2011) Business pricing – Georgia power. Retrieved 29 June 2011, from http://georgiapower.com/pricing/gpc_rates.asp
66. State of New York Public Service Commission (1997). New York Consolidated Laws, Public Service Law, Article 4. Provisions Relating to Gas and Electrical Corporations; Regulation of Price of Gas and Electricity. NY CLS Pub Ser § 66-j & 66-l
67. State of New York Public Service Commission (1999) Opinion and oder adopting standard interconnection requirements for distributed generation units. Case 94-E-0952
68. New York State Public Service Commission (2010) New York state standardized interconnection requirements and application process for new distributed generators 2 MW or less connected in parallel with utility distribution systems
69. State of New York Public Service Commission (1997) Opinion and order establishing regulatory policies for competitive metering. Opinion No. 97-13.Case 94-E-0952
70. State of New York Public Service Commission (2006) Order relating to electric and gas metering services. Case 94-E-0952, Case 00-E-0165, Case 02-M-0514
71. State of New York Public Service Commission (2005) Order instituting further proceedings and requiring the filling of draft tariffs. Case 03-E-0641
72. State of New York Public Service Commission (2006) Order denying petitions for rehearing and clarification in part and adopting mandatory hourly pricing requirements. Case 03-E-0641
73. Consolidated Edison Company of New York, I (2009) Mandatory hourly pricing (MHP) program. Retrieved 1 Jul 2011, from http://www.coned.com/escos/news/ESCONewsletters/2009/ESCO%20Newsletter_2009-23.pdf
74. State of New York Public Service Commission (2011) CASE 09-E-0717 proceeding on motion of the commission as to the rates, charges, rules and regulation of rochester gas and electric corporation for electric service: plan for implementation of expansion of mandatory hourly pricing
75. Public Utility Commission of Texas (2008) Chapter 25. Substantive rules applicable to electric service providers – metering for distributed renewable generation. § 25.213
76. Public Utility Commission of Texas (2009). Chapter 25. Substantive rules applicable to electric service providers – arrangements between qualifying facilities and electric utilities. §25.242 (h)
77. Austin Energy (2010) Distributed generation from renewable resources rider. Retrieved 13 Jul 2011, from http://www.austinenergy.com/About%20Us/Rates/distributedGeneration FromRenewa bleSources.htm

78. Public Utility Commission of Texas (2001) Chapter 25. Substantive rules applicable to electric service providers – §25.211 interconnection of on-site distributed generation (DG). §25.211
79. Public Utility Commission of Texas (1999) Chapter 25. Substantive Rules applicable to electric service providers – §25.212 Technical requirements for interconnection and parallel operation of on-site distributed generation. §25.212
80. Public Utility Commission of Texas (2002) Distributed generation interconnection manual
81. Public Utility Commission of Texas (2005) An act relating to energy-saving measures that reduce the emission of air contaminants. H.B. No. 2129
82. Public Utility Commission of Texas (2007) An act relating to energy demand, energy load, energy efficiency incentives, energy programs, and energy performance measures. H.B. No. 3693
83. Public Utility Commission of Texas (2010) Report to the 82nd Texas legislature: a report on advanced metering as required by House Bill 2129, Austin
84. Smart Meter Texas (2011) Frequently Asked Questions. Retrieved 28 June 2011, from https://www.smartmetertexas.com/CAP/public/learn_more/learn_more_ faq.html#a2
85. Commission of the European Communities (2005) Green paper on energy efficiency or doing more with less. COM(2005) 265 final, Brussels
86. Commission of the European Communities (2006) Green paper: a european strategy for sustainable, competitive and secure energy. COM(2006) 105 final, Brussels
87. The European Parliament and the Council of the European Union (2001) Directive 2011/77/EC of the European Parliament and of the Council of 27 September 2001 on the promotion of electricity produced from renewable energy sources in the internal electricity market. OJ L 283/33, Official Journal of the European Communities
88. The European Parliament and the Council of the European Union (2003) Directive 2003/54/EC of the European Parliament and of the Council of 26June 2003concerning common rules for the internal market in electricity and repealing Directive 96/92/EC.OJ L 176/37, Official Journal of the European Communities
89. The European Parliament and the Council of the European Union (2006) Directive 2006/32/EC of the European Parliament and of the Council on energy end-use efficiency and energy services and repealing Council Directive 93/76/EEC. The European Parliament and the Council of the European Union, Official Journal of the European Union. OJ L 114/64, Official Journal of the European Communities
90. The European Parliament and the Council of the European Union (2009) Directive 2009/72/EC of the European Parliament and of the Council of 13 July 2009 concerning common rules for the internal market in electricity and repealing Directive 2003/54/EC. The European Parliament and the Council of the European Union, Official Journal of the European Union. OJ L211/55, Official Journal of the European Communities
91. General Secretariat of the Council (2011) European Council 4 February 2011-conclusions, Brussels
92. European Commission (2011) Communication from the Commission to the European Parliament, The Council, The European Economic and Social Committee and the Committee of the Regions: smart grids: from innovation to deployment. COM (2011) 202 Final
93. European Commission (2009) Standardization mandate to CEN, CENELEC and ETSI in the field of measuring instruments for the development of an open architecture for utility meters involving communication protocols enabling interoperability, M/441 EN. European Commission, Brussels
94. European Commission (2010) Standardization Mandate to CEN, CENELEC and ETSI concerning the charging of electric vehicles, M/468 EN. European Commission, Brussels
95. European Commission (2011) Standardization mandate to European Standardization Organizations (ESOs) to support European Smart Grid Deployment, M/490. European Commission-Directorate General for Energy, Brussels
96. European Commission (2011) Understand FP7. Retrieved 5 Jul 2011, from http://cordis.europa.eu/fp7/faq_en.html

97. The Commission of the European Communities (2009) Commission recommendation of 9.10.2009 on mobilising information and communications technologies to facilitate the transition to an energy-efficient, low-carbon economy. Sec(2009)1315, Sec(2009)1316. Commission of the European Communities, Brussels
98. European Commission (2011) ICT for sustainable growth. Retrieved 6 June 2011, from http://cordis.europa.eu/fp7/ict/sustainable-growth/energy_en.html#smartgrids
99. ADDRESS (2011) Towards the smart grids of the future. Retrieved 5 Jul 2011, from http://www.addressfp7.org/
100. Italian Ministry for Economic Development (2010) Italian National Renewable Energy Action Plan
101. European Commission (2007) Development Programmes -Operational Programme Renewable Energy and Energy Efficiency. Retrieved 5 Jul 2011, from http://ec.europa.eu/regional_policy/country/prordn/details_new.cfm?gv_PAY=BG&gv_reg=ALL&gv_PGM=1040&gv_defL=4&LAN=7
102. International Energy Agency (2011) Technology roadmap – smart grids. OECD/IEA, Paris
103. Enel (2011) Smart metering system. Retrieved 5 Jul 2011, from http://www.enel.com/en-GB/innovation/project_technology/zero_emission_life/smart_networks/smart_meters.aspx?it=0
104. Enel Distribuzione (2011) E-mobility. Retrieved 5 Jul 2011, from http://www.enel.com/en-GB/innovation/project_technology/zero_emission_life/mobile_sustainability/e-mobility.aspx?it=-2
105. Redpoint Energy and Trilemma UK (2010) Electricity market reform analysis of policy options
106. HM Government (2011) Carbon plan. Department of Energy and Climate Change
107. UK Parliament (2008) Energy Act 2008
108. The UK Parliament (2011) Energy Bill [HL] 2010–11. Retrieved 5 Jul 2011, from http://services.parliament.uk/bills/2010-11/energyhl.html
109. Department of Energy and Climate Change and Office of the Gas and Electricity Markets (2010) Smart metering implementation programme: prospectus
110. Department of Energy and Climate Change and Office of the Gas and Electricity Markets (2011) Smart metering implementation programme: response to prospectus consultation
111. National Audit Office (2011) Department of Energy and Climate Change: preparations for the roll-out of smart meters, London
112. Nakanishi H (2010) Japan's Approaches to Smart Community. Technical regulations, standards and conformity assessment policy division. Ministry of Economy, Trade and Industry, Japan
113. Ministry of Economy, Trade and Industry, Japan (2010) The strategic energy plan of Japan. Retrieved 6 Jul 2011, from http://www.meti.go.jp/english/press/data/pdf/20100618_08a.pdf
114. Ito S (2009) Japan's initiative on smart grid – a proposal of nature grid. Information Economy Division, Ministry of Economy Trade and Industry (METI)
115. Ministry of Economy, Trade and Industry, Japan (2010) Announcement of master plans for the demonstration of next-generation energy and social systems. Retrieved 6 Jul 2011, from http://www.meti.go.jp/english/press/data/20100811_01.html
116. New Energy and Industrial Technology Development Organization (2011) NEDO projects – news list (2011). Retrieved 9 June 2011, from http://www.nedo.go.jp/english/archives2011_index.html
117. Japan Smart Community Alliance (2010) What's JSCA. Retrieved 5 Jul 2011, from https://www.smart-japan.org/english/tabid/103/Default.aspx
118. Yogasingam A (2009) Toshiba partners with two companies to commercialize smart meters, EE Times
119. Ministry of Economy, Trade and Industry, Japan (2009) The new purchase system for photovoltaic electricity will be launched 1 Nov 2009. Retrieved 7 Jul 2011, from http://www.meti.go.jp/english/press/data/20090831_02.html
120. Bae H, Wheelock C (2010) Smart grid in Korea-smart power grid, consumers, transportation, renewable energy, and electricity service: market analysis and forecasts, PikeResearch

121. United Nations Environment Programme (UNEP) (2010) Overview of the Republic of Korea's National Strategy for Green Growth
122. Ministry of Knowledge Economy and Korea Smart Grid Institute (2005) 10 Power IT Projects. Retrieved 7 Jul 2011, from http://www.smartgrid.or.kr/Ebook/10POWER_IT_PROJECTS.PDF
123. Ministry of Knowledge Economy and Korea Smart Grid Institute (2010) Korea's smart grid roadmap 2030: laying the foundation for low carbon, green growth by 2030. Retrieved 7 Jul 2011, from http://www.greentechmedia.com/images/wysiwyg/News/SG-Road-Map.pdf
124. Korea Smart Grid Institute (2010) Korea's Jeju smart grid test-bed overview. Retrieved 9 June 2011, from http://www.smartgrid.or.kr/10eng3-1.php
125. BP (2011) BP Statistical Review of World Energy June 2011. Retrieved 12 Jul 2011, from http://www.bp.com/sectionbodycopy.do?categoryId=7500&contentId=7068481
126. Austin A (2005) Energy and power in China: domestic regulation and foreign policy. The Foregin Policy Centre, London
127. State Grid Corporation of China (2011) The acceleration of smart grids. Retrieved 5 Jul 2011, from http://www.sgcc.com.cn/ztzl/newzndw/cyfz/03/243983.shtml
128. Li J (2009) From strong to smart: the Chinese smart grid and its relation with the globe, Asia energy platform
129. The National People's Congress Standing Committee (2009) Renewable Energy Law of the People's Republic of China (Amended)
130. Xinhua News Agency (2010) Report on the work of the government of China 2010, Beijing
131. Xinhua News Agency (2011) Report on the work of the government of China 2011, Beijing
132. Xinhua News Agency (2011) The 12th five-year plan for National Economy and Social Development of the People's Republic of China, Beijing. Retrieved 2 Jul 2011, from http://www.gov.cn/2011lh/content_1825838.htm
133. Smart Grid China Summit (2011) China's leading smart grid gathering for interaction and knowledge sharing. Retrieved 10 Jul 2011, from http://www.smartgridchinasummit.com/smartgrid/
134. Directorate-General for Research (2006) European smart grids technology platform -vision and strategy for Europe's electricity networks of the future, Brussels
135. Baker JN (2011) International energy agency implementing agreement on electricity networks analysis, research and development: programme of work. International Energy Agency
136. Global Smart Grid Federation (2011) About the global smart grid federation. Retrieved 1 Jul 2011, from http://www.globalsmartgridfederation.org/about.html
137. The International Smart Grid Action Network (2011) Fact sheet: international smart grid action network. Retrieved 2 Jul 2011, from http://www.cleanenergyministerial.org/pdfs/factsheets/CEM2_Fact_Sheet_ISGAN_07April2011.pdf
138. Brown MA, Sovacool BK (2011) Climate change and global energy security: technology and policy options. MIT Press, Cambridge, MS

参　考　书

Gellings CW (2009) The smart grid: enabling energy efficiency and demand response. Fairmont, Lilburn, GA

Heffner G (2011) Smart grid – smart customer policy needs. An IEA paper submitted to the Energy Efficiency Working Party. International Energy Agency, Paris

Willrich M (2009) Electricity transmission policy for America: enabling a smart grid, end-to-end. Energy innovation working paper series, Massachusetts Institute of Technology